JN162939

新装版

# プレートテクトニクスの拒絶と受容

## 戦後日本の地球科学史

泊 次郎

東京大学出版会

Rejection and Acceptance of Plate Tectonics
A History of Earth Science in Postwar Japan
[New Edition]

Jiro TOMARI

University of Tokyo Press, 2017
ISBN 978-4-13-060319-5

# 新装版へのまえがき

この本の初版が出てから9年がたつ．この間，拙著を読んで下さった多くの方から手紙をいただいた．プレートテクトニクスに対する反対があったことは知っていたが，当時は何が起きていたのかよくわからなかった．この本を読んで，何があったのか，その歴史的・思想的背景を初めて知り，モヤモヤ感が解消した，という感想が一番多かった．新聞や雑誌，インターネットでも多くの書評や感想が掲載された．そのほとんども，好意的なものだったことに感謝している．

この本の元になったのは，「まえがき」に記したように，東京大学総合文化研究科に10年前に提出した博士論文である．その博士論文審査での出来事が忘れられない．博士論文審査は公開の場で行われる．私の場合も，論文内容の説明，それに対する審査委員からの質疑応答，傍聴者からの質疑応答と形通りに進んだ．異例だったのは，その後である．傍聴者を退出させた後，私一人だけが残され，再度応答を迫られたのである．一人の審査委員（教授）からの質問，あるいは要請は「地団研（地学団体研究会）に対する批判が厳しすぎる．もう少し表現を和らげられないか」というものだった．この教授は，地団研にシンパシーを感じていたからではない．思想的にはその対極に位置する人物である．地団研が私を批判するかも知れないことを心配してくれたのか，批判が審査委員にまで及ぶのを心配したのかは定かではない．私は，この要請を断った．

とはいえ，この本で批判的に描かれた人たちから，どのような反響が返ってくるかは気がかりであった．本が公刊されてからは身構えた日々が続いた．地団研からの直接の反応はなかった．地団研が唯一動いたのは，日本地球惑星科学連合のニュースレターに掲載された拙著の書評（評者は上田誠也・東京大学名誉教授）(1) に抗議したことである．この問題は後日，同じニュースレターに地団研運営委員会の名前で「書評『プレートテクトニクスの拒絶と受容』の中の事実誤認について」という記事を掲載することで決着がついたが(2), 本来なら私に向けられるべき批判が，上田先生に向けられたような気がした.

手紙や感想を寄せていただいた方々の多くは，私と同時代を生きてきた人たちであった．ほとんどの手紙に，それぞれの「プレートテクトニクスの拒絶と受容」の体験談が綴られていた．大学で地質学や地球物理学を学んだという人が多かったのは当然だが，生物学や社会学，政治学など他分野の人も少なくなかった．日本の戦後史の一断面として読んだ人も多かった．本に書かれたようなことがあったことが信じられない，という感想もあった．これは主に，他分野の人や私よりも二回り以上若い世代からのものだった.

いただいた手紙を読んで改めて感じたのは，プレートテクトニクスの拒絶と受容の歴史は，大学によって，あるいは研究室によって大いに異なる，という点だった．たとえば，東京大学地学科（現在は地球環境科学科）で「プレートテクトニクス」の講義が行われるようになったのは 1986 年からである．ところが，大学院レベルでは 1960 年代末には海洋研究所の奈須紀幸教授が海洋学特論という講義を行い，この中で海洋底拡大説について詳細な紹介・解説を行っていた．奈須教授は東京大学地質学科を卒業した後，1951 年から約 4 年間米国カリフォルニア大学スクリップス海洋学研究所に留学し，断裂帯の発見者であるメナードや海洋底拡大説の提唱者の一人であるディーツらと知り合っていた(3)．帰国後は東京大学に戻ったが，1962 年に東京大学海洋研究所が発足すると，海底堆積部門の教授になった．そこでは地球物理学者と共同研究を行う機会も多く，1968 年にはプレートテクトニクスの考え方によって西太平洋の海底がどのように説明できるかをテーマにした「西太平洋の海底に関するシンポジウム」の開催を主導したこともあった(4)．後に述べるように，本文で紹介した以外の地質学関係者の中にも，プレートテクトニクスを早くから受け入れていたと見られる人は他にも少なくなかった.

言い訳がましくなるが，こうした例外があることには本書の執筆時にも気づいてはいた．とはいえ，日本の地質学界全体としてみれば，プレートテクトニクスを受け入れるのが欧米や地球物理分野に比べ 10 年以上遅れたのは事実である．本書は，なぜこのような事態が生じたのかの説明を試みたものである．このような遅れを生じさせた原因として本書では，①日本の地質学が日本列島第一主義的・記載主義的・地史中心主義的な性格の強いものとして発展してきたこと，②戦後の日本の地質学界に大きな影響力を及ぼした地団研の有力会員の多くが，プレートテクトニクスに対して批判的な態度をとったこと，③東京大学地質学教室の木村敏雄・名誉教授を中心とした「佐川造山輪廻」説へのこだわり，の3つをあげた．この説明は，マックス・ヴェーバーの「理念型」を意識している．その点で，いささか類型的・図式的であることは否めない．いわば，この本は総論とでもいうべき本である．

この本に続いて各論が書かれるべきかもしれない．大学では，地質学科や地学科の設立の時期，どのような教授がいたか，あるいは地団研の活動が活発であったかどうかによって，状況は大きく異なっていた．また，地団研の会員といっても，すべてがプレートテクトニクスを拒絶していたわけでもなく，地団研がつくりあげた「歴史法則主義的」な伝統や「地向斜造山論」をすべての会員が信じていたわけでもない．大学，研究機関，地域によって地団研の影響力には大きな違いもあった．

新装版の刊行にあたっては，当初は大幅な改訂を考えた．以上のような大学や地域ごとの状況を少しでも盛り込み，生き生きした現実の歴史に近づけたいと思ったからである．しかし，作業を始めてみると，限られた時間と私の能力を以てしては，目標を達成するのは至難である，と思い知ることになった．その結果，本文の方は，データを更新する必要のある個所や，文章表現上まずいと思ったところなど最小限の修正にとどめ，その後判明した事実やどうしてもつけ加えておきたいことだけを，以下（敬称略）に記すことになった．

その1つは，ヴェゲナーの大陸移動説は「彼の死とともに忘れ去られ，1950年代になって劇的に復活した」と今なお語られることが多いが，これは誤りである，という点である．旧制静岡高校教授であった望月勝海は1948年に著した『日本地学史』で，「大陸移動説は，わが国の学界，なかでも地球物理学者にはよく受け入れられ，寺田寅彦の『日本海沿岸の島列について』（英文，1927年）はよくその消息を物語っている」などと書いていた(5)．望月には「大陸移動説は忘れ去られた」という認識がなかったことは明らかである．

問題の言説がいつごろから流布するようになったかはっきりしないが，海洋底拡大説を一般の人にも知らしめた本として名高い竹内均・上田誠也の『地球の科学』には，「多くの議論の果てに，大陸移動説は一つの異端の説と見なされるに至り，しだいに忘れられていく」などと書かれている(6)．日本地質学会が創立75周年を記念して1968年に刊行した『日本の地質学』には，ヴェゲナーの大陸移動説は彼の遭難死とともに葬り去られた，との記述がある(7)．最近でも，日本地質学会地学読本刊行小委員会発行の『地学は何ができるか』でも，「［大陸移動説は］当時の多くの地質学者と地球物理学者から無視され，彼の死後，ほとんど忘れ去られてしまいました」と書かれている(8)．

これに対して本書では，第1章で地質学，地球物理学の教科書の大半には大陸移動説が紹介されている事実をあげ，大陸移動説は1930年代以降もさまざまな地球の理論の1つとして健在だったことを指摘しておいた．その後，大陸移動説を作業仮説とした多くの論文が発表されたり，大陸移動を検証するための測量も行われていたりしていたことが判明したので，追記しておく．

ヴェゲナーの大陸移動説が日本の学界でしばしば取り上げられるようになるのは1922年である(9)．大陸移動説の中核は第1章でも指摘したように，①大陸塊（シアル）は流動性に富んだシマ（マントル上部）の上に氷山のように浮いており，移動が可能である，という主張と，②石炭紀の地球には超大陸が存在したが，ジュラ紀から第三紀にかけてそれらは分裂・移動し現在の大陸ができた，と考えれば，地質学・生物学・古気候学上の多くの事実をうまく説明できる，という主張である．日本列島に関連しては，アリューシャン列島，千島列島，日本列島，琉球諸島などの東アジアの島弧は，アジア大陸塊が西方移動した際に取り残されてできた，と主張しており(10)，流動性あるシマの上にシアルが浮いているというヴェゲナーの考えは，日本の地球科学界に少なからぬ影響を及ぼした．

日本で大陸移動説を作業仮説として最もよく使ったのは寺田寅彦である．

1927年に発表した「日本列島の島列に就て（英文）」で寺田は，日本海に存在する島として，大陸に近い側から，①対馬，竹島，大和堆，②舳倉島，天売・焼尻，奥尻，③五島列島，壱岐，隠岐，能登半島，佐渡島などをあげ，これらの島は3つあるいは4つの島列を作っているとみなした．そして，こうした島列は日本海が拡大し日本列島が太平洋側に移動した際に取り残されたと考えられる，と主張した(11)．翌年には，水あめなどの上にカタクリ粉などを浮かべた実験を行い，水あめを流動させることによって，日本海に見られるような「島列」が出現することを確かめている(12)．寺田は1927年に発表した論文では，大地震の発生する場所が時間につれて移動する現象を，大陸移動によって説明しようと試みている(13)．

地震の原因の1つとして，大陸移動を考える研究者は他にも多かった．1923年の関東大震災の後には，寺田のほか今村明恒も関東地震の原因として大陸移動をあげた(14)．長岡半太郎も地震の原因として大陸移動が重要と考えられるので，大陸移動説を研究すべきことを説いた(15)．1927年に起きた北丹後地震では，丹後半島に郷村，山田断層が出現した．中央気象台の地震課長であった国富信一は，ヴェゲナーのいうように丹後半島地塊が両断層を境に北西に移動しようとしたことが地震の原因である，と主張している(16)．

1920年代から30年代にかけては日本学術振興会の資金によって，大陸移動を検証するための天文観測が行われた．日本海の孤島・飛島（山形県）や南洋諸島のサイパン島などに観測隊を派遣して，緯度・経度を正確に測り，過去の観測結果との比較がなされた(17)．大陸移動を肯定するような結果は得られなかったが(18)，観測隊まで派遣されていた事実は，大陸移動説の社会的認知度もかなり高かったことをうかがわせる．

地質学界では，東京高等師範の藤本治義が1935年に関東山地の堂平山付近で，地層が大規模に褶曲した押被せ構造を発見したことは第3章でも紹介した．藤本はその形成機構として「褶曲山脈は大陸移動によってできたものと考えられるようになった」と述べている(19)．また，地震研究所の大塚弥之助はシマに浮かぶ陸塊という考え方をもとに，日本島弧の火山や日本海溝の成因，深発地震の発生原因はともに，地殻の下の玄武岩層の流動が原因である，と主張した論文を発表している(20)．1941年に発表された小林貞一の「佐川造山輪廻説（英文)」でも，小林は日本列島が長距離にわたって移動した可能性を主張しており，小林も大陸移動説を肯定的に見ていたことは第2章でも紹介した．

以上あげた例から見ても，1920年代-1940年代の日本の地球物理・地質学界では，地塊は流動性に富むシマの上に浮かんでおり，移動可能だという大陸移動説の中心的な考え方は，多くの研究者の作業仮説として採用されており，大陸移動説は生きていた，といえる．

読者からの手紙などから判明した新たな事実も多い．その1つは，東北大学地質学古生物学科（現在は，地圏環境科学科）と，プレートテクトニクスとの浅からぬ縁である．同教室の初代教授になった矢部長克は，地層をその中に含まれる化石によって分類する生層序学の日本での開拓者として知られる．矢部の教えは教室の伝統として受け継がれ，特に有孔虫の化石の研究では戦前から世界的な評価を得ていた(21)．戦後に同教室を視察した連合国軍総司令部（GHQ）の地質学調査団の団長でスタンフォード大学の教授であったシェンク（H. G. Schenck）は，研究レベルの高さに驚き，帰国すると大量の外国文献を教室に寄贈した．これをきっかけに同教室とスタンフォード大学地質学教室との交流が始まった(22)．1953年には金谷太郎がスタンフォード大学に留学したのを皮切りに，地質学古生物学教室からスタンフォード大学に留学する研究者・学生が続いた．金谷は珪藻化石を研究し，その化石の年代区分は米国のモホール計画で掘削された堆積物の年代推定に生かされた(23)．

1963年には大学院を終えた斎藤常正がコロンビア大学のラモント地質学観測所の研究員となり，浮遊性有孔虫の年代区分の研究で多くの業績を上げた．そして斎藤は，1968年12月に始まった米国の深海海洋掘削船「グローマー・チャレンジャー号」の第3次航海に乗り組んだ．この航海によって，大西洋の9カ所の地点で掘削された海洋底の微化石年代をもとに，大西洋では海洋底拡大が年間2cmの速度で進んだことが実証されたことは第1章で紹介したが，この研究者の一人が斎藤であった(24)．

こうした情報は，東北大学地質学古生物学教室にも別刷り交換などを通じて伝わっていたので，プレートテクトニクスは早い時期から学生の間でも身近な存在になっていた，という(25).

日本列島の地質が，付加体で構成されているという卓見を披露していた人物として，京都大学名誉教授の槇山次郎の名前をあげておくべきであった．槇山は，新生代の貝類や象などの化石の研究が専門で，「ナウマンゾウ」の命名者としても知られる．日本古生物学会や日本地質学会などの会長を務めた．その一方で1930年代後半からは，地層の褶曲のメカニズムにも関心を抱き，構造地質学や岩石力学に関する著書や論文も多数残した(26)．槇山が1970年に書いた論文（出版は1971年）の1つが「海は広がる」である(27)．京都大学を退官して11年が経っており，槇山は当時，帝塚山大学で教えていた．

槇山のこの論文の目的は，海洋底拡大説が誕生してプレートテクトニクスが成立するまでの過程やその考え方についてやさしく解説することにあった．「[プレートテクトニクス説は] 今では仮説でも臆説でもない，立派な定説である．ただ日本ではまだ良く知れわたっていないので，敢えて筆をとったわけである」と述べている．そして，西南日本の地質構造が「海溝に厚くたまった水成岩層がプレートのもぐり込む動きによって先の方からはがされ集積する」というプロセスの結果として理解できることや，今でいう付加体の特徴を以下のように明解に述べている(28).

プレートのもぐり始めるところに海溝がある．このあたりは大陸に近いから水成岩層がかなり厚くなっていたわけだが，もぐりの動きにつれて剥がされ，先の方にたくしこまれて，集積する．日本列島の南西陸上はこうして集積した水成岩層の地帯になっている．ここではジュラ紀以後の各世代水成岩が褶曲し，あたかも蛇腹をたたんだようになっており，そのまま太平洋側へ倒れたように傾き，下へ下へと突き込んだ形になっていて，等斜構造の見本となっている．

槇山のこの論文には参考文献が付けられていない．そのため，槇山がこうした洞察をどのようにして得たのか分からない．しかし槇山は本文中で，数多くの外国文献に触れているところから判断すると，海溝での付加体形成について論じた外国文献（第7章参照）を読んでいたのではないかと推察される．槇山のこの論文はしかし，目立たたない雑誌に掲載されたために，引用されることはほとんどなかった．

槇山が1959年まで教えていた京都大学地質学鉱物学科（現在は地球惑星科学系）では，物理地質学講座が異色の存在であった．初代教授の松山基範の時代（当時は理論地質学講座）から，地質学を物理学の手法で研究するという伝統が受け継がれていた(29)．松山が，地球の磁場が逆転していた時代があったことを世界に先駆けて発見したこともあって，古地磁気研究は物理地質学講座の中心的な研究テーマであった．戦後も日本列島各地や朝鮮半島の岩石の残留磁気を測定し，その岩石が形成された時代の緯度，経度を推定する古地磁気の研究が盛んに行われた．こうした研究伝統が影響したのか，物理地質学講座の教官も学生も地団研とは距離をおいていた(30)．

第1章で紹介したように，1950年代になって大陸移動説への関心が再び高まったのは，古地磁気学の研究の成果であった．このため，古地磁気学の研究が盛んな物理地質学講座では，海洋底拡大説やプレートテクトニクスを受け入れることには，ほとんど抵抗がなかったと考えられる(31)．助教授であった笹島貞雄らは1966年には，西南日本の岩石の古地磁気の分析から，8000万-9000万年前の白亜紀には日本列島は現在の位置より数百km南西に位置していたが，それ以降年間約1cmの速度で北東に移動してきた，との仮説を発表した(32)．現在では，これは日本列島を形作る付加体のもとになっている岩石が形成された場所を指すと解釈されている(33)．1980年代に入ると，乙藤洋一郎らが2100万-1100万年前に日本海が誕生して，その際に日本列島が大陸から切り離され，現在の日本列島をできたとする論文を発表した(34)．

地団研は大学の教官人事にも大きな影響力を持っていた．地団研のこうした動きに教授会が抵抗した例もあった．1971年に行われた京都大学理学部地質学鉱物学科の岩石学講座の教授選考問題である．

京都大学名誉教授の瀬戸口烈司によると，この問題は岩石学講座の教授であった吉沢甫が1970年3月末に定年退官した後の教授を誰にするかをめぐって争われた．物理地質学講座の教官は，岩石学講座助教授の早瀬一一（いちかず）をおしたが，地質学鉱物学科の研究者会議（大学院生も含む）では同年秋，早瀬ではなく，東京教育大学助教授の牛来正夫を教授候補にすることに決定した．これを承けた教官会議でも，牛来を教室の推薦候補とすることを決めた．理学部の公募に応じて，教室主任は牛来を教授候補者として推薦した(35)．

牛来は，井尻正二らと並んで地団研の創設メンバーの一人であり，1948年に行われた日本学術会議の初の会員選挙では，地団研の推薦を得て最年少で当選を果たした．1950年代に行われた「岩石学論争」の火付け役でもあった．しかし，牛来のいた東京教育大学は，文部省が筑波に新設する新構想大学の開学に伴い，1978年には閉学する予定であった．

理学部の公募に対しては，助教授の早瀬も大阪大学基礎工学部教授の川井直人（物理地質学講座の出身）の推薦を得て応募した．教授会での選考は牛来と早瀬の間で争われ、投票の結果，早瀬を教授にすることが決まった．理学部の教授人事で，教室の推薦する候補者が落選した例は、これが初めてであった．この決定に対して，地質学鉱物学教室の大学院生会や職員組合理学部支部・助手会は，「教室の意向が否定されたことについてどう考えるか」「教室が推薦した候補を否決するに当ってどのような討論をしたのか」などとの公開質問状を出すなどして抗議した．地団研も『そくほう』でこの問題を報じ，教授会決定を非難した．

瀬戸口が2010年になって当時の複数の理学部教授会メンバーに会って聞いたところ，物理地質学講座の関係者が，牛来に票を入れないよう，他学科の教授に働きかけたという．その理由の1つは，牛来がプレートテクトニクスを否定していたこと，東京教育大学で教授に昇進できなかった人物を京都大学でなぜ教授に昇進させるのか，などという点であった．他学科の教授の中にも，学問的業績以外の観点から教室候補者が決定されたのではないか，という不信感があったという．中には，牛来が否決されたことで「理学部の自治が守られたと感じた」と語った教授もいた，という(36)．

新装版が刊行されることになったのは，東京大学出版会など10出版社共同企画「書物復権」のたまものである．この企画に敬意と謝意を表すとともに，表紙のデザインを一新していただいた加藤光太郎さんと，今回も編集のお世話になった小松美加さんに感謝したい．

## 参考文献と注

(1) 上田誠也・書評「プレートテクトニクスの拒絶と受容—戦後日本の地球科学史」*JGL*, Vol. 5, No.2 (2009).
(2) 地学団体研究会全国運営委員会「書評『プレートテクトニクスの拒絶と受容—戦後日本の地球科学史』の中の事実誤認について」*JGL*, Vol. 6, No.1 (2010).
(3) 奈須紀幸『海に魅せられて半世紀』海洋科学技術センター, 2001年, 21-31頁, 173-179頁.
(4) 奈須紀幸ほか編『西太平洋の海底』出光書店, 1970年.
(5) 望月勝海『日本地学史』平凡社, 1948年, 161頁.
(6) 竹内均・上田誠也『地球の科学』日本放送出版協会, 1964年, iv頁.
(7) 山下昇・藤田至則・垣見俊弘「日本の構造地質学研究」, 日本地質学会編『日本の地質学』(1968年), 123-146頁.
(8) 日本地質学会地学読本刊行小委員会編『地学は何ができるか』愛智出版, 2009年, 93-94頁.
(9) 谷本勉「Global Tectonics論の形成と受容—我が国における大陸移動説の場合」『法政大学教養部紀要』76号 (1991年), 17-32頁.
(10) アルフレッド・ウェゲナー, 竹内均訳『大陸と海洋の起源』講談社, 1975年, 249-252頁.
(11) Torahiko Terada, "On a Zona of Islands Fringing the Japan Sea Coast—with a Discussion on its Possible Origin", *Bulletin of the Earthquake Research Institute,* **3** (1927): 67-85.
(12) Torahiko Terada and Naomi Miyabe, "Experiments on the Modes of Deformation of a Layer of Granular Mass Floating on Liquid—Some Application to Geophysical Phenomena", *Bulletin of the Earthquake Research Institute,* **4**(1928): 21-32.
(13) Torahiko Terada, "On a Long Period Fluctuation in Latitude of the Macroseismic Zone of the Earth", *Proceedings of Imperial Academy,* **3**(1927), 275-278.
(14) 寺田寅彦「大正12年9月1日の地震に就て」『地学雑誌』36年 (1924年), 395-410頁. ならびに今村明恒「関東大地震調査報告」『震災予防調査会報告』100号甲 (1925年), 21-65頁.
(15) 長岡半太郎「地震研究の方針」山本美編『大正大震火災誌』改造社, 1924年, 37-50頁.
(16) 国富信一「北丹後地震成因概説」『東洋学芸雑誌』43巻 (1927年), 297-302頁.
(17) 無署名「欧亜大陸から日本は遠ざかるか, 寺田博士の熟願かなって6年ぶり飛島へ観測隊」『読売新聞』1934年7月16日7面. ならびに無署名「大陸は動くか？南洋へ乗り出して地球の謎調べ」『読売新聞』1935年10月22日7面. ならびに無署名「美しい日本慕って動く太平洋諸島, マーシャル群島で実測, 東京天文台技師・宮地政司」『朝日新聞』1936年2月9日10面.
(18) 無署名「'大陸は不動だ'移動説を覆す重要測定をして中野技師ら帰る」『読売新聞』1936年12月26日夕刊2面.
(19) 藤本治義「秩父山中に我が国最古の地層を発見 (上)」『読売新聞』1936年2月29日4面, ならびに藤本治義「秩父山中に我が国最古の地層を発見 (下)」『読売新聞』1936年3月1日4面.
(20) Yanosuke Otuka, "A Geologic Interpretation on the Underground Structure of the Sitito-Marian Island Arc in the Pacific", *Bulletin of the Earthquake Research Institute,*

**16**(1938): 201-211.

(21) 東北大学百年史編集委員会『東北大学百年史 5』東北大学（2005 年），367 頁．谷本勉「Global Tectonics 論の形成と受容—我が国における大陸移動説の場合」（注 9）によると，矢部は大陸移動説には批判的であった、という．

(22) 新妻信明「最終講義『静岡大学とプレートテクトニクス』」『静岡大学地球科学研究報告』35 号（2008 年），1-27 頁．

(23) 東北大学百年史編集委員会『東北大学百年史 5』（注 20），

(24) 斎藤常正「海洋掘削によるプレートテクトニクスの証明」『地質学論集』49 号（1998 年），33-42 頁．

(25) 新妻信明「最終講義『静岡大学とプレートテクトニクス』」（注 22），6 頁．

(26) 池辺展生「槇山次郎先生を悼む」『地質学雑誌』93 巻（1987 年），165-166 頁．

(27) 槇山次郎「海は広がる」『帝塚山大学論集』2 号（1971）53-65 頁．

(28) 槇山次郎，同上論文，61 頁．

(29) 笹島貞雄編著『物理地質学その進展』法政出版，1991 年，409-410 頁．

(30) 瀬戸口烈司「プレート・テクトニクスに対する京大地質の対応」『深田地質研究所年報』10 号（2009 年），1-12 頁．

(31) 瀬戸口烈司，同上論文，6-7 頁．

(32) 笹島貞雄・島田昌彦「西南日本内帯白亜系における古地磁気の研究—本州島漂移の仮説」『地質学雑誌』72 巻（1966 年），503-514 頁

(33) 笹島貞雄編著『物理地質学その進展』（注 28），269 頁．

(34) たとえば，Yo-Ichiro Otofuji, Takaaki Matsuda, and Susumu Nohda, "Opening Mode of the Japan Sea inferred from the palaeomagnetism of the Japan Arc", *Nature,* **317**(1985): 603-604.

(35) 瀬戸口烈司「ひっくり返された教授人事—京大理学部地質学鉱物学教室の人事」『深田地質研究所年報』12 号（2011）1-13 頁

(36) 瀬戸口烈司，同上論文，9-12 頁．

# まえがき

地震や火山，造山運動などの地質現象の原因を，地球の表面を覆う厚さ100 km 程度の十数枚のプレート（板状の岩）の運動によって説明するプレートテクトニクス（Plate Tectonics；以下，本文中ではPTと略す）は，1960年代後半に出現し，欧米では70年代初めには多くの地質学者，地球物理学者に受け入れられ，地球科学の支配的パラダイムとなった．

すなわちPTの登場によって，さまざまな理論が混在した20世紀初めから1960年代までの地球科学の研究状況に終止符が打たれ，統一した地球像が描かれるようになったのである．それは，「動かない」地球観から，生き生きと躍動する地球観への転換でもあった．別々の学問分野として発展した地質学と地球物理学は，1つのパラダイムを軸にして，地球科学あるいは地球惑星科学と呼ばれる新しい学問分野に再編成されたのである．欧米では，この変革がどのようにして起き，どのように受容されていったかについて，科学史家ならびに地球科学者によってさまざまな著作が発表されている．

しかしながら，日本では様相が異なった．日本でも地球物理学分野ではPTは1970年代初めに受け入れられたが，地質学の分野では根強い抵抗があった．地質学の多くの研究者が，PTとそれにもとづいた日本列島論を受け入れるようになるのは，1980年代半ばを過ぎてからであり，欧米に比べると10年以上の遅れが見られた．これに伴って，地球科学諸分野の再編成にもやはり時間を要した．日本ではなぜこのような特異な事態が生じたのか，その解明を試みたのが，本書である．

序章では先行研究について触れた．第1章では，大陸移動説の誕生から海洋底拡大説の誕生，PTの確立までの歴史を振り返るとともに，欧米や旧ソ連，中国ではPTがいつ，どのように受け入れられたかについて紹介する．

第2章では，明治以降，太平洋戦争終了時までの日本の地球科学の発展の歴史を振り返り，日本の地質学は地域主義的，地史中心主義的なものへと成長したことを述べた．第3章から第5章までは，戦後の民主主義運動の中から誕生した地学団体研究会（以下，地団研と略）に関する記述である．地団研が生み出した「歴史法則主義」的と呼べる独自の学風や，それから派生した日本独自の「地向斜造山論」，ならびに地団研が地質学界で大きな影響力を持つようになったのはなぜなのか，に焦点をあてた．

第6章では，海洋底拡大説やPTが日本で紹介された時に，どのような反応が見られたかについて述べる．第7章では，日本でのPTの受容のきっかけになる「日本列島＝付加体」説がどのように誕生し，どのように受容されたかについて紹介する．終章では，日本の地質学界でPTの受容に時間を要した原因は結局のところ何だったのかが，明らかにされる．

本書は，東京大学大学院総合文化研究科での私の博士論文に大幅な改訂を加えたものである．論文作成にあたっては，磯崎行雄・東京大学教授，上田誠也・東京大学名誉教授，勘米良亀齢・九州大学名誉教授，斎藤靖二・神奈川県立生命の星・地球博物館館長，杉村新・神戸大学元教授，平朝彦・海洋研究開発機構地球深部探査センター長，松田時彦・東京大学名誉教授ら約20人の方々に体験談を聞かせていただいたり，資料を貸していただいたり，討論の相手になっていただいたりした．しかしながら，聞き取った体験談のうち，重要であると思われるものは，それを裏付ける史料がほとんど見つかったので，聞き取り結果を直接利用した叙述は，ごく限られている．聞き取り結果は，公刊された膨大な学術論文，評論，回顧談などを読み解く際に，どの史料が重要なのか，また史料相互間の関係などを知る上で多いに役立った．貴重な時間を割いていただいたことに，深く感謝している．東京大学大学院での科学史や地球惑星科学専攻の講義からも多くの教えを受けた．

東京大学大学院総合文化研究科の佐々木力教授と岡本拓司准教授には，研究の初期の段階から，丁寧な指導と励ましを受けた．佐々木教授，岡本准教授をはじめ，磯崎教授，上田名誉教授，杉村元教授，松田名誉教授，谷本勉・法政大学教授にも草稿段階での論文を読んでいただき，貴重なコメントをいただいた．完成した博士論文も多くの方に読んでいただいて，さまざまな意見をいただいた．ここには名前をあげなかったけれども，ほかにも多くの方々の協力と指導，励ましをいただき，深く感謝している．

本書がきっかけになり，あまり取り上げられなかった日本の戦後の地球科学の歴史研究に関心が向けられることになれば幸いである．

なお，本書で使用した用語について少々の説明を加えておきたい．「地質学」には広い意味での地質学と狭い意味での地質学の２つの用法がある．広い意味の地質学は，鉱物学や岩石学，古生物学，地史学，堆積学・層序学，構造地質学，火山学，地震地質学などを含む学問全体に対して使われる．狭義の地質学は地史学と，侵食・堆積・火山・地震・造山など地球上で見られる地質現象の過程やその原因を探究する一般地質学の２つを含んだ学問分野を指す．本書では「地質学」は，特に断らない限り，広義の地質学を指す．

一方，「地球物理学」は19世紀後半に，物理学の理論を応用して物理的・数学的な手法によって地球上に起きる現象を研究することを目指して誕生した学問分野で，地質学に比べるとその歴史も新しい．地質学と研究手法が違うこともあり，制度的に地質学とはまったく違う分野として発展した．このために，特に日本では両分野の交流はほとんどなかった．地球物理学も，地震学や測地学，火山学を中心とした固体地球物理学と，気象学や海洋物理学，超高層物理学などを中心とする流体地球物理学とに分けられる．

「地球科学」は，広義の地質学に地球化学，固体地球物理学，流体地球物理学，自然地理学などを加えたものである．本書で使われている「地球科学」は，「固体地球科学」といった意味合いが強い．「地球科学」や「地球惑星科学」が日本で実質的に１つの学問分野となるのは，PTが受容されてからである．

本書の引用文中に登場する（　）と〔　〕の使用法についても，断っておく．（　）は引用原文にもともと存在するもので，〔　〕の中の語句は引用者が付け加えたものである．

しばしば登場するペルム紀，三畳紀，ジュラ紀，白亜紀などの地質年代については，末尾に参考として付けた「地質年代表」を見ていただきたい．

秩父帯，美濃・丹波帯など日本列島の地質帯の所在・分布についても，特に必要のある場合を除いて，本文中では説明を省略した．末尾に付けた「日本列島の地質帯の区分」を参照していただきたい．

# 目次

# 序章 プレートテクトニクスと日本の科学史

プレートテクトニクス（以下，PT と略）の受容に際し，日本の地質学界では地球物理学界や欧米に比べてなぜ長い時間を要したのか，その理由を明らかにしようとするのが本書である．まず，海外ならびに日本での先行研究によって，どのような点がすでに明らかにされているかを概観し，探究すべき課題として何が残されているかをまとめておこう．

## 0.1 海外でのプレートテクトニクス歴史研究

PT の直接の母体になったのは，1960 年代初めに誕生した海洋底拡大説である．それは，米国の科学史家で科学哲学者でもあるクーン（T. S. Kuhn）が *The Structure of Scientific Revolutions*（『科学革命の構造』）を世に問うた時期とたまたま一致していた(1)．その影響が大きかったのであろう．欧米では PT はクーンの「科学革命」(2) の格好のモデルの 1 つに例えられ，1970 年代初めから，その革命に関係した地球物理学者・地質学者，科学史家・科学哲学者らによって，体験談や思い出話を始め，革命がどのようにして起き，どのようにして受け入れられるに至ったのか，はたしてクーンのいう「科学革命」の例にあてはまるのかなどを中心にして，多くの著作が発表されている．まずは，こうした著作の中から代表的なものをいくつか紹介しておこう．

初期の著作には，この革命にかかわった地球物理学者や地質学者によるものが多かった．米国の地球物理学者コックス（A. Cox）が編集・執筆した *Plate Tectonics and Geomagnetic Reversals* は，1973 年に出版された(3)．

コックスはこの本に，地球の磁場が逆転していた時代があったことを確かめた自らの論文を含め，PT の確立に貢献した約 40 の研究論文を収録すると同時に，その論文が果たした歴史的役割を解説している．

同じ年に出版された英国の地質学者ハラム（A. Hallam）の *A Revolution in the Earth Sciences* には，ドイツのヴェゲナー（A. Wegener）が唱えた「大陸移動説」から PT の確立までの歴史が，コンパクトにまとめられている(4)．ハラムは，海洋底の研究から出発した PT が陸上の地質学にも適用され，新しい考え方をもたらしたことを評価しながらも，この時点ではまだ解明されていない問題が多いことも指摘している．

インサイドストーリーとして面白いのは，米国カリフォルニア大学スクリップス海洋学研究所の海洋地質学者メナード（H. W. Menard）の著した *The Ocean of Truth*（1986 年）である(5)．メナードは，中央海嶺に直交して存在する断裂帯（fracture zone）の発見者として知られる．この本では自身の研究や交流のあった研究者の思い出，論文発表にまつわる裏話などもまじえ，主に第二次大戦以降の海洋地質学の発展と PT の成立までの歴史を紹介している．

米国の科学史家オレスケス（N. Oreskes）が編集した *Plate Tectonics*（2003 年）にも，地磁気異常の縞模様が生じるメカニズムを発見したヴァイン（F. J. Vine）ら，PT の確立に貢献した 17 人の研究者の回顧録が集められている(6)．これらの回顧録は「革命」から 30 年後に書かれたものではあるが，論文には現れない研究生活の実情が伝わってくる．

科学史家の書いた歴史の中では，米国のグレン（W. Glen）の *The Road to Jaramillo*（1982 年）が比較的早い時期に書かれた．グレンは古地磁気学の研究の歴史に焦点を絞り，それが地磁気異常の縞模様が生じるメカニズムに関する仮説を生み，海洋底拡大説の検証につながるまでの経緯を，研究者へのインタビュー結果をまじえながら生き生きと描いている(7)．

オーストラリアのルグラン（H. E. LeGrand）が書いた *Drifting Continents and Shifting Theories*（1988 年）は，ヴェゲナーが登場する前の 19 世紀の地質学の状況から始め，PT が成立するまでの歴史全般を扱っている．そして，PT の革命は米国の科学哲学者ローダン（L. Laudan）のいう「研究伝統」の考え方(8) が比較的よく合う，と主張しているのが特徴である(9).

米国の社会学者スチュワート（J. A. Stewart）の *Drifting Continents and Colliding Paradigms*（1990 年）は，「大陸移動説」から PT の成立までの歴史を描くと同時に，この過程はどのような科学研究のモデルに最もよくあてはまるかを検討した書である．スチュワートの結論では，クーンの「科学革命」のモデルが最もよくあてはまる，という(10).

これらの著作に共通するのは，1960 年代から 1970 年までに起きたこのような大きな変化は，「革命」と呼ぶに値するものであった，とする点である．米国の科学史家のコーエン（I. B. Cohen）は，その渦中にあった研究者自身が「革命」と考えていたことを最大の理由にあげている(11)．革命の開始点がヴェゲナーの大陸移動説にすえられることにも，科学史家の間ではほとんど異論はない．ヴェゲナーの役割は，ニュートン革命の際のコペルニクスにしばしば例えられる．また，大陸移動説については，米国では批判の方が多かったが，欧州ではそれに比べると受容的であったとの見解が多数を占める.

20 世紀初めから 1960 年代までの地球科学には，だれもが受け入れるような地球の理論は存在せず，地球科学各分野間の相互の交流は少なく，専門分化が著しく進んだものであった，という点についても異論は存在しない.

欧米では 1970 年代前半に PT がほとんどの地球科学者に受け入れられ，PT が地球科学の支配的なパラダイムになったこと，これに伴い地球物理学と地質学が融合し，地球惑星科学，あるいは真の地球科学と呼べるものに発展したことについても議論はない．陸上の地質学の研究者は，PT を生み出した海洋地質学者や地球物理学者に比べると PT を受容するまでに若干時間がかかったが，米国では 2 年程度の差があったにすぎなかった，とされる(12).

革命につながった大きな理由は，第二次大戦後の海洋底を中心とした研究や古地磁気学の進展などによって，多くの新しいデータが集積したことである．また，PT というグローバルな理論の建設には，名前をあげきれないほど多くの地球物理学者・地質学者が貢献したことについても異論がない．もっとも，その舞台になったのは，ケンブリッジ大学，コロンビア大学ラモント地質学観測所，カリフォルニア大学スクリップス海洋学研究所，プリンストン大学など，ごく限られた数の研究機関であった．専門分野の異なる多くの研究者がこれらの研究機関を相互に行き来し，競争と同時にデータやアイデアを交換し合ったことが，短期間でのPTの確立につながった，とされる(13)．

見解が異なるのは，ヴェゲナーの大陸移動説からPTの成立までの過程は，ポパー（K. R. Popper）(14)やクーン，ラカトシュ（I. Lakatos）(15)，ローダンらによって提出されたどの科学研究のモデルが最もよく合うか，という点である．

地球科学の研究者には，ポパー流の反証主義的な科学観を好む人が少なくないが(16)，大西洋中央海嶺付近の海底から古い岩石が見付かっている事実など，PTに対する反証事例は結構多いにもかかわらず，PTが受け入れられたことなどを考えると，ポパーの反証主義をあてはめるのは難しいことが，多くの科学史家によって指摘されている．

ラカトシュの研究プログラムの適合性についても，多くの困難が指摘されている．たとえば，PTが受け入れられたのは，その問題解決能力あるいは説明能力の大きさゆえであり，必ずしも新しい事実をより多く予言したためではなかった．反証事例に際して考え出されたアドホックな仮説，たとえば新しい地質時代に誕生したはずの大西洋の中央部で古い時代の岩石が見付かるのは，大陸分裂に際して取り残されたためであるという仮説は，何か新しい事実を予測したわけでもなかったし，検証可能性も持たない退行的性格のものであった．それに，PTの成立以降はPT以外の研究プログラムは存在しなくなったことなどは，ラカトシュのモデルで説明するのは難しい．

コックスやメナードら革命の当事者の多くは，この革命はクーンの「科学革命」の典型例だと考えている．しかし，古いパラダイムが新しいパラダイムに転換すると考えるクーンの科学革命のモデルに従うと，PTのパラダイムは，どのようなパラダイムにとって代わったのかという問題が生じる．PT成立以前の地球科学には，1つの支配的な地球論は存在しなかった．それぞれの研究者が，自分に都合のよい理論を適当に組み合わせて議論を組み立てていた．この状況を英国の地質学者ハラムは，ニュートン登場以前の光学に例えている(17)．

しかしながら，地質学は19世紀の初め，生層序学が確立されて近代的な科学になったとされている．ハラムのいうように，パラダイムを持たない未成熟な科学であった地質学が，PTの出現によって成熟した科学になったわけではない．これに代わってスチュワートは，大陸移動説の出現からPT成立以前の地球科学はマルチパラダイムの段階にあったと解釈する(18)．

スチュワートがいうマルチパラダイムは，ローダン流に研究伝統と言い換えた方が理解しやすいかも知れない．20世紀前半の地球科学には多くの研究伝統が存在したが，PT成立以降は1つの研究伝統が支配的になった．ヴェゲナーの大陸移動説は，「動かない大陸，静的な地球」という概念的な問題と衝突したがゆえに受容されなかったが，PTはこの概念的な問題を上回る経験的問題を解決したがゆえに受容された，と考えられる．PTの成立によって，「生き生きと動く地球」という世界観が新たな研究伝統，ないしは新たなパラダイムの中心を占めるようになったということもできる．

それでは，クーンのモデルと，ローダンのそれと，どちらが現実の歴史的経緯によくあてはまるのか．その議論は，PT支持者とそれまでのパラダイムあるいは研究伝統の支持者の間の対話に，通約不可能性(19)が存在したのかどうか，PTへの「改宗」は，その問題解決能力の評価だけでなされたのか，それに加えて単純性，首尾一貫性，審美性など他の要因も加わっているのではないか，などをめぐって戦わされている．

ただし，クーンの支持者もローダンの支持者も，この革命がなぜ起きたのかをそれぞれのモデルだけで説明するのは，難しいこともまた認めている．名声や学問上の利害をめぐっての「闘争」や，その根底に存在すると思われる社会的な側面も無視できないと考えられるからである．

日本でのPTの受容の過程もそのような視点で考察される必要があるだろう．本書の歴史叙述では，ローダンの研究伝統という考え方を中心にすえながら，クーンの科学革命の考え方や社会的な「闘争」の側面にも目を向けることにしたい．

一方，地質学の歴史を描いた著作の中にもPTが登場する．フランスの地質学史家ゴオー（G. Gohau）の『地質学の歴史』は，古代ギリシアからPTの成立までの地質学の歴史を，斉一的な思考（現在主義・定常主義）と，激変的な思考（不連続主義・定向主義）との対立の歴史として描いている．ゴオーは，PT は現在主義的な思考の産物ではあるが，PT を陸上の地質学に適用するにつれて，造山運動の間欠性や隕石衝突などの異変も注目されるようになり，不連続主義的な思考もまた重要であることが明らかになりつつある，と結んでいる(20)．

また，英国の科学ジャーナリスト，ウッド（R. M. Wood）の『地球の科学史―地質学と地球科学との闘い』は，19 世紀以降の地質学の歴史を，邦訳の副題にもあるように地球科学（地球物理学）と地質学との戦いの歴史として描いている(21)．ウッドによれば，PT の成立は地球物理学の勝利を物語るもので，これによって地質学は滅んだ，としている．しかしながら，PT の成立以降も地質学は存在しており，ウッドの見方は悲観すぎたようである．

PT の受容は国によっても差が見られ，旧ソ連などでは PT の受容に時間がかかった，と指摘されている(22)．しかしながら，PT の受容の時期やその形態が国によってどのように異なったかを本格的に論じた研究はほとんどない．中国での大陸移動説と PT の受容について論じた揚静一らの研究がある程度である(23)．日本での受容について，具体的に言及した研究は存在しない．

## 0.2 日本の科学史とプレートテクトニクス

日本での PT の受容の歴史について初めて問題を提起したのは，東京大学地震研究所教授であった松田時彦である．松田は 1991 年，PT の研究に貢献した同研究所教授の上田誠也の退官を記念した『月刊地球』特集号に寄稿した論文で，PT が日本に紹介された 1970 年代の地球科学界の動きを振り返り，地質学界では PT に対する強い批判があり，PT を自らの作業仮説として受け入れる地質学者が少なかったことを指摘した(24)．

そして松田は，毎年 1 回行われる日本地質学会の学術大会で行われる講演要旨集から，1960 年以前にはなかったプレート，拡大，沈み込み（もぐり込み，サブダクションを含む），スラブ，トランスフォーム断層，三重（会

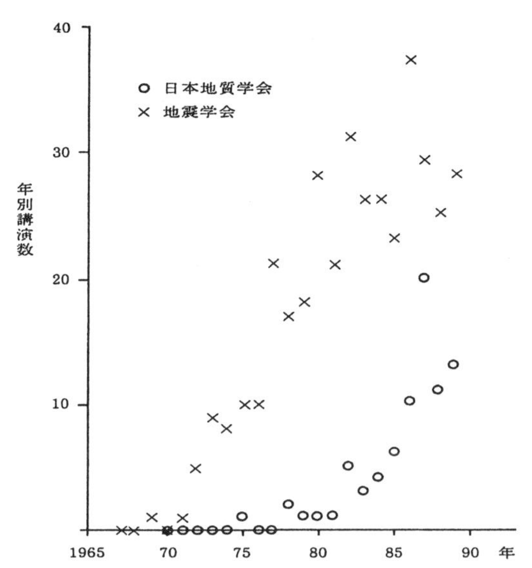


**図 0-1** 松田時彦が調査した，講演題名に「プレート語」を含む講演数の推移
（松田時彦「新しい地球観—日本における 1970 年代」『号外地球』3 号（1991 年），220 頁より）

合）点，収束，付加，オブダクション，衝突の 10 語を含む講演の題名を抜出し，その数を年次別に調べた．一方，主に地球物理学者で構成される地震学会（現在の日本地震学会(25)）での講演についても同じ調査を行い，両者を比較した．

松田の調査によって得られた「プレート語」を含む講演数の変遷を**図 0-1**に転載した．これを見ると，日本地質学会では PT に関する講演数が急増するのは，1985 年ごろからである．1970 年代には，「プレート語」を含む講演は皆無に近い．これに対し，地震学会では 1970 年代前半から「プレート語」を含む講演数が急増しており，松田は日本地質学会は地震学会に比べ「少なくとも 10 年おくれている」とし，米国の地質学界では PT を受け入れるのがもっと早かったことも指摘した．

その上で松田は「この日本地質学界の態度は，世界の趨勢にくらべたとき，きわめて異質である．その事情の解明は，今後の日本の地質学界のために有意義であろう」と述べ，日本での PT の受容の歴史解明を訴えた．

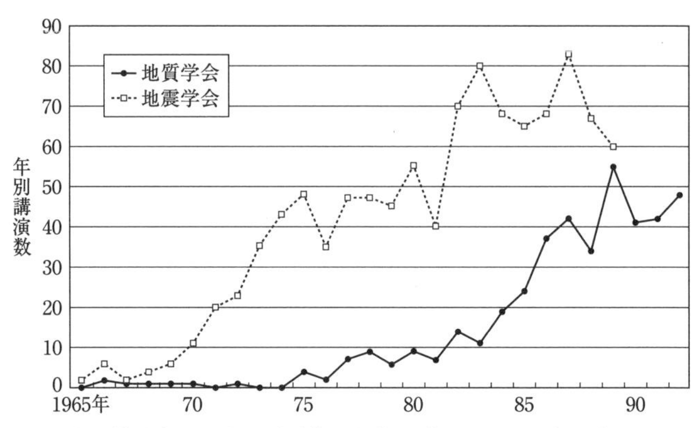


**図 0-2**　日本地質学会と日本地震学会の大会で「プレート語」が使われた講演数の推移

松田の調査は，講演の題名だけで判断しているために，題名には現れなくても，実質的には新しい地球観にもとづいた講演を見落としている可能性がある．そこで，題名だけでなく，講演要旨についても全文を読み，「プレート語」が含まれている講演の数を同様に調べてみた．ただし，この調査では「プレート語」として，マントル対流，地磁気異常の縞模様，リソスフェアの3語を新たに加えた．また，「プレート語」が否定的・批判的に使われている場合には，カウントから除外した．その結果を，**図 0-2** に示す．これを見ると，「プレート語」を含む講演数は，日本地質学会，地震学会ともに松田の調査結果の2倍以上に増えてはいるが，大きな傾向は変わらない．

松田も1992年には退官し，これを記念して『月刊地球』がやはり特集号を組んだ．この特集号には松田の訴えに応えて，PT革命最中に米国に移住した都城秋穂や，大阪市立大学名誉教授の藤田和夫，富山大学の堀越叡，上田誠也らがPTの受容に積極的であった立場から，信州大学名誉教授の山下昇や元新潟大学教授の藤田至則，東京農業大学の端山好和がPTに批判的であった立場から，それぞれPTの受容にまつわる個人的な経験や感想，PTに対する意見などを盛り込んだ論文を寄稿した．

この中で都城は，日本の地質学界におけるPTへの反対は，日本が地質学上の後進国であり，学界全体が保守的であったこと，ならびに戦後の民主主義運動の中から生まれた地学団体研究会（以下，地団研と略）が，世界的なスターリン主義的イデオロギー闘争の一部分として反対運動を展開したことが関係していた，と主張した(26)．

一方，藤田和夫は，地団研は「地質学は歴史科学である」ことを強調する「地団研学派」というべきものをつくりだしたが，プレートの相対運動によって造山現象を説明するPTにもとづく変動論は，「地団研学派」が育ててきた日本の造山運動論を根底的にくつがえすものであったことから，地団研は防衛体制を引いた，と主張した．また，藤田は「地団研の指導者たちがひとつの土俵にかたまって，それが日本の地質学界の中枢となってきたという事実が，その鎖国化をまねいてしまった」とも書いている(27)．

これに対して端山は，地団研や日本地質学会を代弁して，地団研にはPTに反対の立場の人が多数存在したことは認めた上で，「地団研が反プレート運動を展開したという事実はない」「〔地団研が〕徒党をくんでPTという学問上の見解を日本地質学会から葬るような運動を展開し，私を含めて地団研推薦の地質学会の役員がその片棒をかつがされたという事実はない」などと反論した(28)．

藤田至則は，地磁気異常の縞模様が見付かっていない海洋底もある，などとして「プレートテクトニクスを根底から支えている海洋底拡大モデルが成立しない」とPTに対する批判を続けた(29)．

日本でのPTの受容の歴史をめぐるこの論争で提示された論点は，どれも興味深い．しかしながら，この論争は地球科学の研究者間で行われたこともあって，「『地団研学派』が育てた造山運動論」などの具体的中身や，それぞれの主張や解釈の根拠となる事実や証拠はほとんど示されなかった．このような主張や解釈の妥当性を検証するのは，歴史家に残された仕事であろう．

この論争の後の1998年に，都城は『科学革命とは何か』を出版した(30)．都城はこの書で，1970年以降に展開された科学史家による新しい研究成果をもとに地質学の歴史を振り返るとともに，ポパーや，クーン，ラカトシュ，ローダンらによって提出されたさまざまな科学研究のモデルを仔細に点検し，地質学の歴史にどの科学研究のモデルがあてはまるかを本格的に論じた．そして，これまでの科学研究のモデルは，演繹的階層構造を持つ物理学をモデルにつくられたもので，理論の体系が複合構造になっている地質学のような学問にはそのまま適用できないことを主張した．都城がそこで描き出した地質学の歴史は，本書の叙述にも大きな参考になった．

都城はまた，PT が誕生するまでの地質学の歴史や PT の誕生の経過，PT に対する反対などにも言及し，「日本はプレートテクトニクスに対する反対運動が，世界でも最も激しく長く組織的に続いた国である．日本の地質学者の反対運動は，ほとんどすべて地向斜造山説の立場に立っていた」と書いている(31)．そして「反対者が反対を続けた主な理由は，自分は昔から地向斜造山説の立場に立って論文を書いているから，いまさら説を変えるのは体面にかかわるとか，自分の大学や関係ある組織上の権力者がプレートテクトニクスに反感をもっているから，自分がプレートテクトニクス側に立つとひどい目に合わされるだろうとか，反対側に立つ人の方が多くて強そうだとか，何によらず新しい説には反対だとか，というようなさまざまなことであった」と続けている．

別の個所では，「古い地向斜造山説を守ろうとする人たち」が「プレートテクトニクス派の人たち」を非難して「プレートテクトニクスという先入観をもって日本列島の構造発達史を見ている」と非難したことを紹介し，「どんな種類のデータを優先的に取り扱うかは，その人の理論的立場に依存する」と述べ，日本での PT 論争にも「観察の理論依存性」が関係してきた，と指摘している(32)．

こうした指摘は，日本での PT の受容を考える際に参考になる．しかしながら，都城のこの著作は，世界や日本での PT の受容に直接焦点をあてたものではない点を割り引いても，問題点も少なくない．

1つは，都城が，米国のデイナ（J. D. Dana）が 1873 年に「地向斜造山説」を唱えたとしている点である(33)．よく似た表現は他の日本人研究者の著作にもしばしば登場する．第 5 章で述べるように，デイナが厚い堆積物が生じる場所を "Geosynclinal"（地向斜）と名付けた後，欧米では地向斜が山脈までに発展する過程には一定の規則性があると考えられるようになり，その規則性を論じたり，それにもとづいて造山現象を説明したりする理論は，"Geosynclinal Theory"（地向斜論）と呼ばれた．しかし，欧米には「地向斜論」という用語はあっても，「地向斜造山説」という用例や用語は存在せず(34)，「地向斜造山説」あるいは「地向斜造山論」という用語は日本で独自に誕生したものである（第5章で詳述）．日本でその使用が目立つようになるのは，PTが紹介された1970年代以降である．

また都城は，海外で都城のいう「地向斜造山説」の立場からPTに反対した人物として，旧ソ連のベロウソフ（V. V. Beloussov）をあげている(35)．しかしながら，ベロウソフは第1章で述べるように，旧ソ連でも国際的にも垂直振動テクトニクスと呼ばれる地球論の主唱者の一人として知られている(36)．前述したように「地向斜造山説」あるいは「地向斜造山論」は日本特有の用語であり，海外では「地向斜」は海洋底拡大説と対立するものとは見なされず，海洋底拡大説やPTにもとづいて「地向斜」を再解釈する論文が多数出されたのである（第5章で詳述）．

「地向斜造山説」にもとづく反対は日本特有の出来事であった．なぜ日本では「地向斜造山説」の立場にもとづく反対が強かったのか，都城はこの点についても何の説明も与えていないことにも不満が残る．

また，都城は「プレートテクトニクスに対する地球物理学者の反対は，1970年ごろまでにはほとんどやんだ．ところが地質学者の反対は，はるかに激烈で，1980年代の中ごろまで続いた」とも書いている(37)．0.1節で述べたように，英米では地質学者も含めて多くの地球科学者が1970年代初めにPTを受け入れたことを先行研究は明らかにしている．都城のこの記述は，日本についてはあてはまるにしても，英米に関しては誤りである．

日本地質学会は1993年，創設100周年を記念して『日本の地質学100年』を出版した．700頁を超えるこの大著には，約90編の論文が収録され，PTの立場から日本の地質構造の研究史を振り返るのに多くの紙数が費やされている(38)．この中では，日本の地質学界でPTが受容されるに至ったのは，日本列島のほとんどがプレートの沈み込みに伴って生じる付加体と呼ばれる地質体でできていることが明らかにされたためである，との記述が随所に見られる．日本の地質学界ではPTの受容が遅れたとの記述も散見される．しかしながら，なぜそのような事態が生じたのかについては，まったく言及がない．

都城秋穂が『自然』誌上に1965年から66年まで15回にわたって連載し

た「地球科学の歴史と現状」は，PT が登場する前の日本の地質学を批判的に論じたものである(39)．都城はこの連載で地球科学の歴史を振り返ると同時に，米国などの地質学界と比較して，日本の地質学界のあり方を批判した．

都城の批判は多岐にわたるが，最も強く主張されているのが，日本の地質学の地域主義的性格である．地球科学では，その対象である地球の表面が地域ごとに個性を持っているので，それぞれの地域を調査すること自体が 1 つの業績になる．都城はこうした性質を地域主義と呼ぶ(40)．西欧から地質学を輸入した直後の日本で最も容易にできることは，それを応用して日本の国土を調査することであったので，日本の地質学は地域主義的な特徴をより強く帯びることになった．地域主義は，学問の概念や法則に対する探究心を麻痺させやすい．日本に侵食や堆積，地震，火山などのさまざまな地質現象を研究する一般地質学の専門家がいないのは，地域主義の 1 つの現れである，と都城は批判した(41)．

また都城は，地団研が「地質学は歴史科学である」と強調し，1950 年代前半から物理学や化学を岩石学に取り入れようとする研究者を強く批判したことを取り上げ，地団研の主張はドイツ歴史学派の主張と同じであり，「〔歴史学派あるいは歴史主義は〕全体主義思想や有機体説と密接に結びついて，非合理主義の武器となってきたことが分かる」などと，地団研を批判した(42)．都城はここで，ドイツ歴史学派と地団研の唱える「歴史主義」を同一視するという誤りをおかし，地団研側から「〔都城は〕この観点〔地団研の「歴史主義」〕を打ちたてたヘーゲルに論及することを避け，かわって民族主義をふりかざすドイツ歴史学派の非合理性のみを強調し，これを筆者の所論に対比している」などと批判された(43)．

物理・化学的手法を重視して研究を進めた都城らの岩石学者と，地団研の多数派との間で 1950-60 年代に繰り返された論争（第 4 章で詳述）に関しては，科学史家柄内文彦の研究がある．栃内は，これらの論争には，①日本に物理・化学的手法を導入した坪井誠太郎を，地団研が戦前の非民主的な研究体制の象徴と見なし，その手法まで批判したこと，②レッドパージ以降，日本の地質学界では反米親ソ的な雰囲気が支配的になり，地団研は物理・化学的手法は米国で誕生したという理由でも批判したこと，③地団研の会員の 4

分の1は高校などの教師層で占められていたが，高価な実験機器が必要な物理・化学的手法は教師層には手が出せないので，地団研がそれを批判したこと，の3つの要因が存在した，と分析している(44)．そして，「論争の負の影響は，日本でのプレートテクトニクスの導入の過程にも見出されるのではないだろうか」との感想を「結語」の中で語っている．

地団研の活動の歴史については，地団研がそれぞれ創立5年，20年，30年，60年を記念して発行した『ともに学ぶよろこび』(45)，『科学運動』(46)，『みんなで科学を』(47)，『地球のなぞを追って』(48) が参考になる．1978年に出版された『みんなで科学を』では，地団研が日米科学協力などに関連してPTに対して批判的に対応してきたことが強調されている．しかし，2006年に出版された『地球のなぞを追って』では，かつて地団研にはPTに反対する人が多かった事実は，一言も触れられていない．

科学史家が地団研の活動を論じたものとしては，広重徹が『戦後日本の科学運動』の中で地団研について触れているのが，最も初期のものである(49)．その後，中山茂の「井尻正二論」と続き(50)，日本科学史学会編『日本科学技術史大系14・地球宇宙科学』の中でも地団研の運動について触れられている．広重や中山が，地団研が井尻正二の考え方にあまりにも強く影響されすぎているとして，地団研のあり方を批判的に論じているのに対し，『日本科学技術史大系』では，戦後の地球科学が再編成される過程で地団研の果たした役割を積極的に評価している(51)．しかし，こうした地団研の活動についての論評は戦後期に限られており，1970年代以降の活動については皆無である．

## 0.3 明らかにすべき課題

0.1節で述べたように，PTの誕生からその成立までの歴史に関しては，多数の著作が発表されている．しかし，海外での先行研究によっても，国によってPTの受容の時期やその形態にどのような差があり，それはどのような理由によるのか，という点については，まだ十分に明らかになっていない．海外での先行研究には，日本での受容に関して具体的に言及した著作は存在しない．ここに本書の第一の存在意義が存在すると考えられる．

日本の地質学界でのPTの受容の遅れに関連して，多くの人が戦後間もなく発足した地団研の存在をあげ，それが「地質学は歴史科学である」と主張したことを指摘している．地団研の「地質学は歴史科学である」という思想はどのような具体的内容を持つのか，都城秋穂が「歴史主義」と批判した「地団研学派」とはどのようなものであったのか，そしてなぜ地団研が大きな影響力を持つようになったのか，地団研の研究者の多くはいかなる理由でPTに反対したのかが，明らかにされなければならない．

日本でのPTへの反対の理由になった，と都城のいう「地向斜造山説」，あるいは藤田和夫のいう「『地団研学派』のつくりだした造山運動論」なるものについても，それがいつどのようにしてつくられ，どのような具体的内容を持っていたのかが追究されなければならない．日本の地質学界でPTの受容のきっかけになったとされる「日本列島＝付加体」説についても，それはどのようにして形成され，「地団研学派のつくりだした造山運動論」に比べてどのような点で優れていたのか，どのようなところで都城のいう「観察の理論依存性」が問題になったのかも，明らかにされなければならない．

また，日本の地質学は地域主義的で地史中心主義的なものとして発展したことが，都城秋穂らによって指摘されている．こうした日本の地質学の特徴が，PTの受容とどのように関係していたかも，検討されなければならない課題である．

**参考文献と注**

(1) Thomas S. Kuhn, *The Structure of Scientific Revolutions* (Chicago: The University of Chicago Press, 1962). 中山茂訳『科学革命の構造』みすず書房，1971年の邦訳がある．

(2) クーンは，科学の営みとは1つの「パラダイム」のもとで行われる「パズル解き」である，と考える．パラダイムを正確に定義するのは難しいが，特定の理論的前提や一群の法則，方法論などによって構成される．学生は教科書や実験をお手本にすることによって，それを身につけてゆく．「通常科学」の時期には，「パズル解き」によってパラダイムが洗練され，発展してゆく．しかし，解くことが難しい問題（変則例）が増えてゆくと，やがて危機の状態が生まれる．そこに，変則例を解決する新しいパラダイムが出現し，しだいに多くの科学者の賛同を得るようになると，これまでのパラダイムが捨てられる．この不連続な変化が「科学革命」である，とクーンは主張した．

(3) Allan Cox ed., *Plate Tectonics and Geomagnetic Reversals* (San Francisco: W. H.

Freeman, 1973).
(4) Anthony Hallam, *A Revolution in the Earth Sciences: From Continental Drift to Plate Tectonics* (Oxford: Clarendon Press, 1973).
(5) Henry W. Menard, *The Ocean of Truth: A Personal History of Global Tectonics* (Princeton: Princeton University Press, 1986).
(6) Naomi Oreskes ed., *Plate Tectonics: An Insider's History of the Modern Theory of the Earth* (Boulder: Westview Press, 2003).
(7) William Glen, *The Road to Jaramillo: Critical Years of the Revolution in Earth Science* (Stanford: Stanford University Press, 1982).
(8) Larry Laudan, *Progress and Its Problems* (Berkeley: University of California Press, 1977), 村上陽一郎・井山弘幸訳『科学は合理的に進歩する』サイエンス社, 1986年の邦訳がある.

ローダンは, 科学とは問題解決能力増加の営みであるととらえる. 問題には経験的な問題と, 経験的には決着がつかない方法論や世界観, 形而上学から派生する概念的問題の2種類があり, 経験的問題をより多く解き, 概念的な問題をより少なくできる「研究伝統」を, 科学者は選ぶ, と説く.「研究伝統」とは,「その領域内の問題を究明し, 理論を構築するための相ふさわしい方法についての一群の一般的な前提」などと定義される. クーンの「パラダイム」やラカトシュの「研究プログラム」が, 主に経験的な問題を解くための基盤・一群の理論などを指すのに対し, 概念的な問題の発生にかかわる方法論, 世界観, 形而上学といった要素をも重視したのが特徴である.

(9) Homer E. LeGrand, *Drifting Continents and Shifting Theories: The Modern Revolution in Geology and Scientific Change* (Cambridge: Cambridge University Press, 1988).
(10) John A. Stewart, *Drifting Continents and Colliding Paradigms: Perspectives on the Geoscience Revolution* (Bloomington: Indiana University Press, 1990).
(11) I. Bernard Cohen, "Continental Drift and Plate Tectonics: A Revolution in Earth Science," in Martin Schwarzbach, trans. by Carla Love, *Alfred Wegener: The Father of Continental Drift* (Madison: Science Tech., 1986), pp. 167–199, on p. 195.
(12) Stewart, *Drifting Continents and Colliding Paradigms,* op. cit. (注10), p. 108.
(13) Oreskes ed., *Plate Tectonics*, op. cit. (注6), pp. xvi–xxiii.
(14) Karl R. Popper, *The Logic of Scientific Discovery* (New York: Basic Book, 1959). 大内義一・森博訳『科学的発見の論理(上)(下)』恒星社厚生閣, 1971年の邦訳がある.

ポパーは, 科学は推測と反駁による試行錯誤によって進歩する, と考えた. したがって科学的な仮説は反証可能でなければならず, 大胆な予測をする仮説(反証可能性が大きい)ほど, 好ましい. 現在受け入れられている理論も, 反証されずに生き残っている仮説に過ぎない, と考える. ポパーのこのような科学論はしばしば「反証主義」(Falsificationism)と呼ばれる.

(15) Imre Lakatos, *The Methodology of Scientific Research Programmes* (Cambridge: Cambridge University Press, 1978). 村上陽一郎・井山弘幸・小林傳司・横山輝雄共訳『方法の擁護』新曜社, 1986年の邦訳がある.

ポパーに師事したことのあるラカトシュは, ポパーの反証主義を発展させ「科学的研究プログラム」論を説いた. クーンのパラダイムに相当するものをラカトシュは「研究プログラム」と呼び, 科学はいくつかの「研究プログラム」間の競争によって進歩する, と考えた.「研究プログラム」はプログラムの中核的な理論となる「固い核」と, それを取り巻く防御帯からなる. 防御帯を変更することによってクーンのいう「変則例」を解決してゆくが，その変更が新たな事実を多く予測するほどそのプログラムは前進的である．その変更が何らの新しい事実を予測できなくなると，そのプログラムは退行的となり，捨てられてしまう，とラカトシュは考えた．

(16) たとえば，PT を大陸の地質学に適用する研究に先鞭をつけた John F. Dewey は "Plate Tectonics and Geology, 1965 to Today," in Oreskes ed., *Plate Tectonics,* op. cit.（注 6), pp. 227-242 で，自身は科学研究の方法としてポパーの反証主義を支持しており，PT の歴史もポパーの見解を支持する，と主張している．

(17) Hallam, *A Revolution in the Earth Sciences,* op. cit.（注 4), p. 107.

(18) Stewart, *Drifting Continents and Colliding Paradigms,* op. cit.（注 10), pp. 138-149.

(19) クーンは『科学革命の構造』の中で，科学革命によって新しく誕生したパラダイムと従来のパラダイムとの間には，その前提や方法論などにおいて相互に理解しがたい壁のようなものがあることを指摘し，これを古代ギリシャ数学の概念を援用して imcommensurability（通約不可能性）と呼んだ．ギリシャ数学では整数 1 と 2 は共通の尺度を持つので通約可能であるが，正方形の 1 辺と対角線の長さとは共通の尺度を持たないので通約不可能であるとされた．

(20) ガブリエル・ゴオー，菅谷暁訳『地質学の歴史』みすず書房，1997 年．原著は，Gabriel Gohau, *Histoire de la Géologie*（Paris: Éditions La Découverte, 1987）.

(21) ロバート・ウッド，谷本勉訳『地球の科学史―地質学と地球科学との戦い』朝倉書店，2001 年．原著は，Robert M. Wood, *The Dark Side of the Earth*（London: Allen & Unwin, 1985）.

(22) たとえば，同上書，241-255 頁．

(23) Yang Jing Yi and David Oldroyd, "The Introduction and Development of Continental Drift Theory and Plate Tectonics in China," *Annals of Science,* **46**(1989): 21-43.

(24) 松田時彦「新しい地球観―日本における 1970 年代」『号外地球』3 号（1991 年），217-221 頁．

(25) 現在の日本地震学会の前身は，1929 年に再建された地震学会であり，地震学会は 1993 年に日本地震学会と名称を変更した．本書では混乱を避けるため，1992 年以前についても日本地震学会と呼ぶことがある．

(26) 都城秋穂「プレート・テクトニクスの成立した頃のことと，日本におけるプレート反対運動」『月刊地球号外』5 号（1992 年），12-17 頁．

(27) 藤田和夫「プレートテクトニクスと日本の地質学界―その 10 年の空白」『月刊地球号外』5 号（1992 年），17-23 頁．

(28) 端山好和「地学団体研究会は日本のプレートテクトニクスに関する研究を 10 年遅らせたか」『月刊地球号外』5 号（1992 年），64-66 頁．

(29) 藤田至則「プレートテクトニクスの批判について」『月刊地球号外』5 号（1992 年），57-63 頁．

(30) 都城秋穂『科学革命とは何か』岩波書店，1998 年．

(31) 都城秋穂，同上書，248-249 頁．

(32) 都城秋穂，同上書，163-165 頁．

(33) 都城秋穂，同上書，90 頁．

(34) たとえば，J. V. Howell *et al., Glossary of Geology and Related Sciences*（Washington: The American Geological Institute, 1957），ならびに John Challinor, *A Dictionary of Geology*（Cardiff: University of Wales Press, 1962），R. Zylka, *Geological Dictionary*（Warszawa: Wydanwnictwa Geologiczne, 1970）などにも，「地向斜造山説」に対応す

る Geosynclinal Orogenesis という言葉はどこにもない.

(35) 都城秋穂『科学革命とは何か』(注 30), 247-248 頁.

(36) たとえば, V. Ye. Khain, "Present Status of Theoretical Geotectonics and Related Problems," *Geotectonics*, **6** (1972): 199-214.

(37) 都城秋穂『科学革命とは何か』(注 30), 243 頁.

(38) 日本地質学会編『日本の地質学 100 年』日本地質学会, 1993 年.

(39) 都城の連載「地球科学の歴史と現状」は『自然』20 巻 9 号 (1965 年) から, 21 巻 11 号 (1966 年) まで 15 回連載された.

(40) 同上連載・第 4 回「地球科学の黄金時代と今日のフロンティアー」『自然』20 巻 12 号 (1965 年), 52-60 頁.

(41) 同上連載・第 5 回「地球科学における現代化と技術中心主義の問題」『自然』21 巻 1 号 (1966 年), 55-63 頁.

(42) 同上連載・第 7 回「地質学の哲学に対する過去の遺産」『自然』21 巻 3 号 (1966 年), 46-53 頁.

(43) 舟橋三男「都城論文への反論」『自然』21 巻 6 号 (1966 年), 93-95 頁.

(44) Fumihiko Tochinai, *A Study of the Japanese Geological Community in 1950 ~ 60s: Influence of Three Factors on the Controversies on Physicochemical Approaches* (Doctorate Treaties of Hokkaido University, 2005), pp. 1-28.

(45) 地学団体研究会『ともに学ぶよろこび—団体研究の方法』東京大学出版会, 1953 年.

(46) 地学団体研究会『科学運動』築地書館, 1966 年.

(47) 地学団体研究会『みんなで科学を—地団研 30 年のあゆみ』大月書店, 1978 年.

(48) 地学団体研究会『地球のなぞを追って—私たちの科学運動』大月書店, 2006 年.

(49) 広重徹『戦後日本の科学運動』中央公論社, 1960 年.

(50) 中山茂「井尻正二論」『思想の科学』1966 年 5 月号, 100-106 頁.

(51) 日本科学史学会編『日本科学技術史大系 14・地球宇宙科学』第一法規, 1965 年, 529-576 頁.

# 第1章 大陸移動説からプレートテクトニクスへ
## —地球科学の革命

日本でのPTの拒絶と受容の歴史を論じる前に，地球科学に革命をもたらしたPTとは，どのような理論なのか，それはどのような歴史的経過を経て成立したものなのか，それがなにゆえに革命的なものと見なされたのかを紹介しておく必要があるであろう．

この章では，PTの源流である大陸移動説がどのような背景をもって登場し，どのように受け止められたのかに続いて，1950年代に入って大陸移動説が再び大きな関心を呼ぶようになり，海洋底拡大説が登場し，PTが成立するまでの歴史を描く．

PTが成立すると，北米や英国では1970年代前半までに，PTは多くの地球科学者に受け入れられ，地球科学の標準的な見解になった．しかし，PTに対して反対がなかったわけではない．どのような反対論があったのか，また国によってPTの受容の時期が異なったことについても触れておきたい．

### 1.1 大陸移動説登場前夜の地質学

地球が誕生以来次第に冷却しつつあるという考え方は古くからあったが，まとまった学説として初めて展開したのは，1829年パリ鉱山学校教授のボーモン（E. de Beaumont）であるとされる(1)．ウィーン大学教授のジュース（E. Suess）はこの考えをさらに発展させ，地球上の大陸と海の起源，世界中の山脈や盆地，列島の成因などについて論じた『地球の相貌』と題する全4冊の大著(2)を1885年から1909年にかけて出版した．これによって地球収縮説は，19世紀末から20世紀初めにかけての地質学の支配的な考え方になった．

地球収縮説では，地球の冷却に伴って地球は収縮しつつあり，これが地質現象の主要な原因になっている，と説く．収縮によって落ち込んだところに水がたまったのが海洋であり，落ち込みから免れたのが大陸である．したがって，大陸と海洋は高さが違うだけで，物質的な違いはない．収縮によって，地球表面の地殻には横圧力が生じ，その結果，褶曲した山脈ができる．山脈の形成は，干からびたリンゴの表面にできる皺に例えられた(3)．

ジュースは，1909年出版の『地球の相貌』第3巻（下）で，石炭紀には南アメリカ，南アフリカ，オーストラリア，インドの4つの陸塊は陸続きだった，とする考えを述べた．これらの地域には，石炭紀に栄えたグロソプテリスと呼ばれるシダ植物の化石や大規模な氷河の跡が見付かる．これは南半球にかつて，4つの陸塊を含む「ゴンドワナ大陸」と呼ばれる超大陸が存在したからである．ゴンドワナ大陸の大部分は地球の収縮に伴い，徐々に陥没して深海になり，4つの陸塊だけが大陸として残った，とジュースは主張した(4)．

地球収縮説は20世紀初めになると，重大な困難を抱えるようになった(5)．1つは，19世紀末に放射性元素が発見され，崩壊の際には熱が放出されることがわかったからである．地殻には多量のウランやカリウムなどの放射性元素が含まれているので，それが多量の熱を出す．したがって，地球は冷える一方ではなくて，地球は温まりつつあるのではないかとの疑いすらわいてきた．

2つめは，海底を構成する岩石（シマと呼ばれた）にはマグネシウムのほか鉄などが多く含まれており，アルミニウムを比較的多く含む陸上の岩石（シアルと呼ばれた）よりも重いこともわかってきた．これは，19世紀の半ばに地球物理学者によって提唱されたアイソスタシーの原理(6) によく合った．シアル質の軽い物質からなる大陸が陥没して深海になるという説明は，アイソスタシーの原理に矛盾するのではないか，との疑問も浮上した．

アルプス山脈の押し被せ構造と呼ばれる褶曲構造の研究が進んだことも大きかった．これによって，アルプス山脈では堆積した地層が水平方向に圧縮され，100 km 以上も短くなっているのがわかった．これほど大きな水平移動を地球収縮によって説明できるのだろうか，との疑いもあった(7).

1910年代から30年代にかけては，こうした地球収縮説の困難を救うために，あるいは地球収縮に頼らない別の道を求めて，さまざまな理論が登場した.

たとえば，シカゴ大学のチェンバレン（T. C. Chamberlin）は，地球は微惑星がたくさん集まってできたものである，との微惑星仮説を提唱した．また，地球は完全には固まりきっておらず，重いものが地球の中心部に移動するにつれて地球は収縮している．地球は冷却によって収縮するのではなく，重力によって収縮している，とチェンバレンは説いた(8).

あるいは，ケンブリッジ大学の地球物理学者ジェフリーズ（H. Jeffreys）は，放射性元素の含有量やその発熱量も考慮した地球冷却のモデルについて計算した．その結果，地球の表面が固化したのは16億年前だとすると，冷却は地球の表面から約700 kmまでしか及んでいない．この厚さ700 kmの部分の冷却・収縮によって，これまでの山脈形成に必要な地層の短縮を十分に説明できる，と地球収縮説を擁護した(9).

また，ダブリン大学のジョリー（J. Joly）は，熱的輪廻説と呼ばれる仮説を提唱した．それによれば，マントルに含まれている放射性物質から出る熱によってマントルの温度はしだいに上昇し，やがてどろどろに溶けて対流を起こす．この時には，地球上では激しい火山活動が起き，大山脈もできる．対流はやがて冷えて停止するが，しばらくしてまた熱がたまりだすと，再び活動期を迎えるというのである(10).

エジンバラ大学のホームズ（A. Holmes）は，マントルの中ではいつも対流が起きているとするマントル対流説を提唱した．ホームズは，マントルの中には対流を起こす熱源として十分な量の放射性物質が含まれており，マントルの粘性も対流を起こすに十分なほど小さいとの見積りを示した(11).

このように，1910年代から1950年代までの世界の地質学には，支配的なパラダイムは存在しなかった．それぞれの研究者は，互いに矛盾するさまざまな理論の中から都合のよいものだけをかき集め，自分の主張を展開したのである．地質学は著しく専門分化したものになり，統一した地球像を描くのは難しい状況にあった．科学史家グリーン（M. Greene）は，1910年代の地質学のこのような状況を「すべての成り行きを頂上で見届ける人が誰もいない状態で，急速に裾野を広げてゆくピラミッド」の建設に例えている(12).

そうした中で，異彩を放ったのが，ドイツの地球物理学者ヴェゲナーが唱えた大陸移動説である.

## 1.2 大陸移動説はどう受け止められたか

ヴェゲナーが初めて大陸移動説を発表したのは1912年1月，フランクフルトで開かれた地質学協会の講演においてである．その4日後にも同じような講演をマールブルクの自然科学振興協会で行い，この2つの講演はその年のうちに印刷された.

この講演の内容はさらに磨きをかけられ，1915年になって『大陸と海洋の起源』と題して出版された．この版はさらに書き改められ，1920年には第2版，1922年に第3版，1929年には第4版が出された．版を追うごとに書き加えが増え，第1版の94ページが，第4版では231ページになった(13).

第4版によるとヴェゲナーは，世界地図を見て大西洋の両岸の海岸線の凹凸がよく一致するのに気づき，初めて大陸移動説を思いついた，と述べている(14)．大西洋の両岸，特にアフリカと南アメリカの海岸線の一致は17世紀以来，さまざまな人によって指摘されてきた.

大陸移動説を学説として最初に発表したのは，米国のテイラー（F. B. Taylor）である(15)．彼は1910年に，ユーラシアと北アメリカはともにかつてはもっと北にあり，グリーンランドと陸続きであったと主張した．オーストラリアや南アメリカもかつてはもっと南にあり，南極大陸と合体していた．第三紀の間に，ユーラシアや北アメリカは南に移動して分裂し，オーストラリアや南アメリカは北に移動して，現在の位置に達した．この移動によって，ロッキーやアンデスなどの環太平洋の山脈ならびにヒマラヤやアルプス山脈が生じた．テイラーは，地球の自転によって赤道が膨らむのと同じような理由で，大陸が赤道方向に移動したと主張した(16)．しかし，この思弁的なテイラーの大陸移動説は，ほとんど反響を呼ばなかったといわれる(17).

ヴェゲナーの大陸移動説は，もっとしっかりした経験的な事実を基礎にしていた．ヴェゲナーによると，石炭紀には地球上の大陸はすべて合体して「ゴンドワナ大陸」という1つの大陸をつくっていた(18)．この超大陸はジュラ紀から第三紀にかけて，海に浮かぶ大氷塊が分裂するように，南極大陸，オーストラリア，南アメリカ，アフリカ，インド，北アメリカなどに分裂して，現在の位置にまで移動した．南アメリカとアフリカが分裂したのは白亜紀で，北アメリカとヨーロッパが分裂し始めたのは第三紀後期である(19)．

第4版によると，ヴェゲナーは深海底と大陸とは異なった物質でできている，という前提から出発している．深海底（シマ）は重い玄武岩からなり，大陸（シアル）はそれよりも軽い花崗岩や片麻岩からなり，それがマントルの上に氷山のように浮かんでいる．マントルはある程度の流動性を持っているので，その上に浮かぶ大陸は移動できる，と考える．

そして，大陸が移動している第一の証拠として，1922年から27年までの経度観測によって，グリーンランドがヨーロッパに対して1年間に36 m（ママ）の速度で西に移動したと考えられることをあげている．また，付録では，ワシントンとパリで1913年から1927年までに行われた経度観測によって，年間32cm移動したとする新たな結果が出たことを付け加えている．ヴェゲナーはこれらの観測精度にはまだ問題があることを認め，今後継続的に観測を行えば，移動の事実を実証できる，と主張している(20)．

ヴェゲナーは，石炭紀からペルム紀にかけて氷河によって侵食された岩石や，氷河が残した氷堆石が，南アフリカ，南アメリカ南部，オーストラリア南部，インドで共通に見付かることも，大陸移動の証拠としてあげている．ジュースはこの事実をもとにゴンドワナ大陸の存在を説き，その大部分は陥没してインド洋などができた，と主張していた．

これに対してヴェゲナーは，南半球では赤道付近にまで大陸氷河の跡があるのに，北半球の低緯度地域では氷河跡が見付からないのは不自然だ，と主張する．これは，アフリカやインドなどが石炭紀には南極付近にあって合体していたのに対し，北アメリカやヨーロッパはもっと南の位置にあり，暑かったからであると考えた．昔の超大陸はもっと南にあったとすれば，石炭紀にできた世界中の炭田や岩塩層，砂漠などの分布をうまく説明できる，ともヴェゲナーは主張した．

ヴェゲナーは他にも，①南アフリカと南アメリカ，北アメリカとヨーロッパなどかつての陸続きだったところでは，山脈の構造や岩石の特徴が一致する，②グロソプテリス植物群やある種の爬虫類の化石が，両方の大陸で発見されるばかりでなく，現在の動物相や植物相もよく似ている，なども大陸移動の証拠としてあげている．

しかし，なぜ大陸が移動するのか．その原動力は何なのかという点になると，ヴェゲナーは明確な考えを示すことができなかった．ヴェゲナーがその候補としてあげているのは，離極力と潮汐力の2つである．離極力というのは，地球が自転しているために，マントルの上に浮かぶ大陸のような軽い物質は赤道付近に引き付けられる力であり，これによって分裂した大陸が赤道方向に移動する，とした．また，月や太陽と地球との間で起きる潮汐力も，大陸を西に移動させたのではないか，とヴェゲナーは述べている．ヴェゲナーは大陸を動かす力についての説明が不十分であることは認めており，「大陸移動説におけるニュートンはまだ現れていない」と書いている(21)．

『大陸と海洋の起源』の第3版は，1924年に英語，フランス語でそれぞれ翻訳出版されたのを初め，数年のうちにロシア語，スペイン語，スウェーデン語，それに日本語でも翻訳出版された(22)．

ヴェゲナーの大陸移動説への受け止め方はさまざまであった．たとえば，スイスのアルガン（E. Argand）は1922年の第13回万国地質学会議（IGC; International Geological Congress）で，大陸移動説を使ってアルプスなどの造山を論じた．彼は，大陸移動によって大陸と大陸の間にある地向斜は狭められ，地向斜の堆積物はやがては万力に挟まれるようにして，隆起して山脈ができると主張した(23)．

南アフリカ共和国のデュ・トワ（A. L. Du Toit）も，南大西洋の両岸の地質や化石の類似性を詳細に調べ，ヴェゲナーに有利な証拠を提供するとともに，独自の立場から大陸移動説を主張した *Our Wandering Continents*（『さまよえる大陸』，1937年）を出版した(24)．

ドイツでは，大陸移動説を説明するためにリンデマン（B. Lindemann）とヒルゲンベルク（O. C. Hilgenberg）が，地球がしだいに膨張しているとの地球膨張説をそれぞれ独立に主張した．ヒルゲンベルクは地球の表面はかつて全部大陸で覆われていたが，地球の半径は約15倍にも膨張したために大陸は分裂し，その間隙は海で埋まったと主張した(25)．

英国のホームズもヴェゲナー亡き後，マントル対流によって大陸移動説を説明しようとした．すなわち，マントル対流の上昇する地点が大陸の下にくると，大陸の下の地殻が溶けて分裂し，そこには新しい海洋底ができ，大陸は移動するのではないか，とホームズは主張した(26)．この考え方は後の海洋底拡大説の考え方ときわめてよく似ている．

一方では，反対も多かった．ケンブリッジ大学の地球物理学者ジェフリーズは，ヴェゲナーが大陸移動の原動力と頼む潮汐力の大きさを計算すると，それは大陸を動かすには問題にならないぐらい小さすぎると批判した(27)．

1926年に米国石油地質学者協会の後援で開かれたニューヨークでのシンポジウムでは「大西洋の両岸の地形は確かに似ているが，大陸が移動したのなら海岸線は変形を受けるはずである」，「ヴェゲナーの仮説を信じるならば，われわれは過去70年間に学んだすべてを忘れ去り，一からやり直すことを意味する」，「地質学に門外漢の人物が，さまざまな事実をもとに仮説を組み立てるのはおかしい」などとの批判の声の方が，支持する声を上回った(28)．

このように大陸移動説に反対が強かったのは，大陸移動の原動力の説明に欠けていたのが決定的だった，との説明がしばしば行われる(29)．しかし，後に見るように現在のPTにおいても，プレートを動かす力が何であるかについては定説が存在しないことを考えると，この解釈はいささか説得力に欠ける．「動かない大陸」という固定観念を根底から覆すほどの経験的な事実の集積が，当時はまだ十分でなかったうえ，ヴェゲナーの専門は気象学で，自ら地質調査を行った経験はない，などの問題も大きかったと考えられる(30)．

とはいえ，大陸移動説は反対のゆえに，忘れ去られたわけでは決してなかった(31)．オーストラリアの科学史家ルグランの調査によると，英語圏で1935年から1960年までに出版された51冊の地質学の初級教科書のうち，3分の2の教科書には大陸移動説について触れられているという(32)．こうした事情は日本でもまったく同様で，1920年代末から60年代にかけて発行された地質学，地球物理学の教科書の大半には，大陸移動説が紹介されている．

大陸移動説は，ヴェゲナーがグリーンランドで死んだ1930年代以降も，1920年代に比べると関心は薄れたとはいえ，さまざまな地球の理論の1つとして健在だったのである．

## 1.3 古地磁気学の発展と大陸移動説への関心

大陸移動説が再び高い関心を集めるようになったのは，1950年代後半である．ヴェゲナーの『大陸と海洋の起源』やデュ・トワの『さまよえる大陸』を引用する論文が増え始めたのである(33)．古地磁気学の研究によって，大陸移動を支持する新たな証拠が発見されたからである．

マグマが地上に噴出して冷えて火山岩ができる際には，火山岩に含まれている鉄やチタンの酸化物などの磁性鉱物は，地球の磁場と同じ方向に帯磁する．つまり，火山岩は昔の地球磁場の記録（熱残留磁気）を保存しているのである．火山岩や堆積岩に記録されている磁場を調べて，当時の磁極の位置や火山岩の場所の緯度を推定する学問を古地磁気学という．

古地磁気学は20世紀初頭から存在した．京都帝国大学の松山基範は1929年に，日本列島や朝鮮半島などの火山岩の熱残留磁気を調べ，数十万年前の火山岩は現在の地球磁場とまったく反対の方向に帯磁しているのを見付け，地球の磁場が逆転していた時代があった，と主張した(34)．

古地磁気学の研究が盛んになったのは1950年代初頭，火山岩よりもはるかに弱い堆積岩の残留磁気まで精密に測定できる無定位磁力計が，ロンドン大学のブラケット（P. M. S. Blackett）によって開発されたからである．ブラケットのグループは世界各地の岩石の古地磁気を調べ1956年，インドは過去7000万年の間に5000 km以上も北に移動した，との結果を発表した(35)．

ケンブリッジ大学のランカーン（S. K. Runcorn）たちも1956年，北アメリカとヨーロッパの古生代から第三紀にかけてできた多くの岩石を調べ，それぞれの時代にあったと考えられる磁極の位置を推定し，**図1-1**のような曲線を描いてみた．すると，第三紀の磁極の位置は両大陸でほぼ一致するが，それより古い時代では，ほぼ平行な2つの離れた軌跡になることがわかる．ランカーンたちは，これは古生代には両大陸は合体していたが，三畳紀頃か

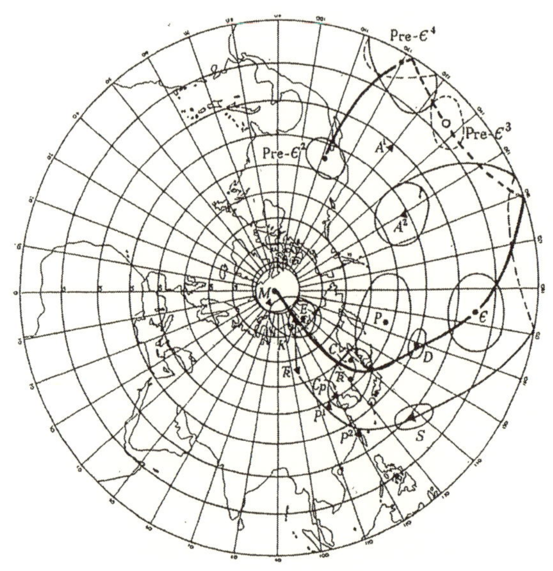


**図 1-1**　英国（●）と北米（▲）のそれぞれの岩石の古地磁気から推定した磁極の位置

Mは中新世，Eは始新世，Kは白亜紀，Pはペルム紀，Dはデボン紀，Sはシルル紀を表す．両大陸の磁極の位置が接近するのは第三紀になってからである．（S. K. Runcorn, "Rock Magnetism," *Science*, **129**（1959）, p. 1007 より ; Reprinted with permission from AAAS）

ら両大陸が分裂を始め，別々に移動したためではないかと考えた．大西洋をなくして両大陸をつなげると，曲線はほとんど一致したのである(36)．

ランカーンたちは大陸移動の正しさに確信を抱き，当時は一部の研究者にしか知られていなかった古地磁気学が信頼のおける学問であることを，さまざまな雑誌に投稿して訴えた．ランカーンは *Science* の論文では「過去に起こった大陸移動の速度は年間数 cm で，現在サンアンドレアス断層で観測されるのと同じ程度である」と，大陸移動が可能であることを説いた(37)．

しかし，ブラケットやランカーンたちの研究結果が，ただちに多くの研究者によって受け入れられたわけではなかった．ブラケットやランカーンの研究結果は，昔の地球の磁場も現在と同じく，棒磁石を地球の中心に埋めたと考えた時に現れる双極子磁場であり，磁極も地球の自転軸にほぼ一致していたという仮定を前提にしていた．この仮定に疑問を抱く研究者も少なくなかった上に，測定データの信頼性を疑う研究者も多かったからである(38)．大陸移動説が受け入れられるには，さらに多くの証拠が必要であった．

## 1.4 戦争と海洋底研究の進展

新しい証拠は，海洋底の研究からもたらされた．その研究の発展を支えたのは，主として米国で，それは軍事的な関心から出発したものであった(39)．

米国，英国では第二次大戦中に大量の地球科学者を動員して，潜水艦や磁気機雷の探査のための研究に従事させた．大戦後まもなく米ソの冷戦が始まり，米国では海軍が海軍調査局（ONR; Office of Naval Research）を設立，海洋底研究に大量の研究費を注ぎ込んだ．米国海軍研究所や，スクリップス海洋学研究所（1922年設立），ウッズホール海洋学研究所（1930年設立）の研究人員や予算は，戦後は戦前の5倍以上に膨らんだ．1949年には，米国3番目の海洋研究所としてコロンビア大学に，ラモント地質学観測所もつくられた．1965年には，ONRと全米科学財団（NSF; National Science Foundation）から海洋底研究のために助成された研究費は，1941年に比べ100倍に増加したといわれる(40)．海軍が，潜水艦の安全航行や探知のためのデータをいかに欲しがっていたかを物語っている．

大量の研究費が注ぎ込まれたのに加えて，音響測深や磁気探査，地震波探査の技術が，新しい発見に役立った．これらの技術も，軍事目的と密接につながっている(41)．

音波探査の技術は，1912年にタイタニック号が氷山に衝突して沈没した事件をきっかけに，氷山探索のために開発されたが，まもなく第一次世界大戦が始まると，ドイツのUボートの探索・発見に使えることがわかった．第一次大戦後は，この技術は音響測深装置の開発に転用された．第二次大戦が始まると，潜水艦探知の技術としてさらに磨きをかけられ，大戦後は船を走らせながら正確な海底地形図を描くことが可能になった．

磁気探査の技術は，第二次大戦中に磁気機雷を発見する技術として開発された．やがてこの探査装置は飛行機に積まれ，空から潜水艦を探知するのに活躍した．戦後は，対潜水艦作戦の一環として，船の船尾から引いた装置によって，海底地磁気の地図作りが行われ，これが後の大発見につながった．

火薬を爆発させて人工地震を起こし，その地震波を解析することによって，地殻の構造を調べる地震波探査の技術も，第一次大戦時に行われた敵の大砲の位置をさぐる研究に始まる．本格的なものは，第一次大戦後に石油油田を探すために考え出された．この技術も核実験の探知など軍事用に使われ，ビキニ環礁などでの水爆実験には多くの研究者が動員された(42)．

こうした多額の研究費と軍事関連技術によって，それまでほとんど未知だった海洋底の地形や地質構造，それに特有な現象が次々にわかってきた．

まず第一に，アルプス山脈のような巨大な海底山脈が地球を縫うように連なっている事実が明らかになった(43)．大西洋の中央を南北に走る大西洋中央海嶺の存在自体は，19世紀末から知られていたが，そのような海底山脈が，太平洋やインド洋，南極海にも存在し，その総延長は6万kmにも及ぶことがわかったのである．しかも，こうした中央海嶺の中央部は凹形に落ち込んでおり，なぜかそこでは浅い地震が多発していることもわかった．

これらの海底山脈と直交して，溝状の断層地形が数多く存在することも明らかになった．断層地形は長いものでは1000kmを超え，一見すると引きちぎられた形状をしていることから，断裂帯と呼ばれた．中央海嶺が，断裂帯に沿って数百kmスキップしているのも見付かった．

第二に，地震波探査の結果，海洋底と大陸の地殻はまったく違う構造をしていることが明らかになった．大陸は主として花崗岩質の層からなり，その厚さは30-40kmあるのに対し，海洋底では堆積物の下に直接玄武岩質の層が続いており，地殻の厚さは6-7kmしかない．花崗岩質の層は軽く，玄武岩質の層は重いので，アイソスタシーが成り立っている．ヴェゲナーの大陸移動説の前提が，確かな事実として確かめられたのである．

太平洋や大西洋の真ん中では，堆積物の層は500m程度ときわめて薄いことも明らかになった．太平洋は特に古いと考えられていたのに，堆積物から発見される化石は，古くてもジュラ紀のものである．海洋底は地球の年齢に比べると，きわめて若い歴史しか持たないようなのである．また，海洋底で地球内部から伝わってくる熱の量（地殻熱流量）を測ると，中央海嶺付近では異常に高く，海溝付近では異常に低いことも明らかになった．

太平洋では地磁気の異常に縞模様が見られることが明らかになった．地磁気の異常とは，その地点での測定値から標準的なモデルによる磁場の値を差し引いた後の値である．カリフォルニア沖では，正負の異常が幅 20–30 km ごとに交代して，南北に細長く何百 km も続いていた．断裂帯の両側では，磁気異常のパターンが，何百 km も東西にずれていることもわかった(44)．

海洋底についてのこうした観測事実を説明するために最初に使われたのは，地球膨張説である．タスマニア大学のケアリー（S. W. Carey）は，地球の半径はこの 2 億年間で 1600 km も膨張したので，地球には裂け目ができた，これが中央海嶺であり，ここではマントルから熱い岩が湧き出していると主張した(45)．ケアリーはまた，大陸移動も地球の膨張によって説明した．ラモント地質学観測所の海底地形調査の中心だったヒーゼン（B. Heezen）らも，海洋底で新しく発見された事実を地球の膨張によって解釈した(46)．

しかし，最終的に受け入れられたのは，後に登場する海洋底拡大説である．

## 1.5 海洋底拡大説の登場とその検証

海洋底拡大説は，プリンストン大学の岩石学者ヘス（H. H. Hess）と，米国海軍研究所の海底地質学者ディーツ（R. S. Dietz）によって，1961 年から 62 年にかけて，それぞれ独立に発表された．

ヘスは第二次大戦中，米軍の輸送船の艦長をつとめ，火山島が海底に沈んでできた数多くの海山を見付け，それに「ギョー」という名前を付けたことで知られていた(47)．ヘスは 1960 年に ONR への報告書として「海洋底の進化」と題する論文を書いた．彼はこの論文のプレプリントを多くの研究者仲間に配って意見を聞いた．「本稿は地球詩（geopoetry）的論文と考えたい」と自ら書くほど，多くの推測が盛り込まれていたからである．ヘスは同時に「ファンタジーに陥らないためにも，Uniformitarianism〔第 4 章で詳述〕の立場に従って書く」とも付け加えている．

このプレプリントの存在を知らないディーツは，1961 年に *Nature* に「海洋底拡大による大陸と海洋盆の進化」と題する論文を投稿，同年 6 月に掲載された(48)．ヘスの論文は「海洋盆の歴史」との題名で 1962 年 12 月に出版された(49)．論文の出版時期はディーツの方が早かったが，ディーツはヘスの先取権を認め，ヘスは「Seafloor Spreading（海洋底拡大）」と名付けたのはディーツであることを認めた(50)．

2人はともに，マントルでは対流が起きていることを前提にする．マントル対流の湧き出し口が中央海嶺であり，沈み込むのが海溝である．中央海嶺に上昇してきたマントル物質は水と反応したり，冷やされたりして海洋底ができる．次々につくりだされた海洋底はマントル対流によって年間数cmの速度で移動し，大陸の縁にある海溝に沈み込んでゆく．海洋底は常に更新されている．したがって，ジュラ紀より古い時代の海洋底は見付からない，海洋底の堆積物が薄いという事実や，中央海嶺の地形が高いこと，地殻熱流量が高いことなどが，これによって説明できる，と主張した（**図1-2**参照）．

また，2人はこれによって大陸が移動することも説明した．大陸はマントル対流の上に乗って運ばれ，大陸の下でマントル対流が湧き出すと，大陸は分裂して，対流の沈み込み口付近まで運ばれてゆく．大陸の縁の海溝では，海洋底が沈み込んでいくが，海洋底にたまった堆積物などはそこで変成作用を受け，大陸に付け加わっていく．これによって大陸は成長する．

海洋底拡大説は，マントル物質が湧き出して海洋底がつくられるという点では地球膨張説と共通するが，つくられた海洋底はやがて海溝で沈み込み，また元のマントルに戻ってゆくという点に最大の違いがある．2人は，地球

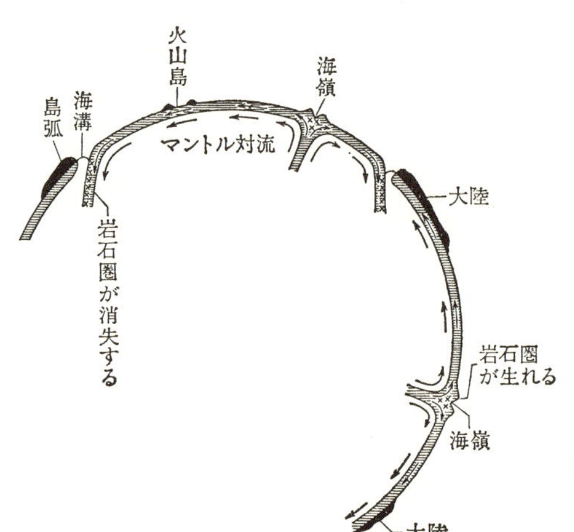


**図1-2**　海洋底拡大説の概念図
（上田誠也『新しい地球観』岩波新書，1971年，74頁より）

膨張説では，なぜ急激な膨張が起きるのか，そのメカニズムがはっきりしないし，地球が膨張したのなら，海の水深が浅くなるはずなのに，そうした証拠は見あたらない，などの理由をあげ，海洋底拡大説の方が地球膨張説よりも優れている，とも主張した．

2人の論文の概要は以上のようにまとめられるが，違いもある．1つは，ディーツは，従来の地殻，マントルという概念とは別に，「リソスフェア」，「アセノスフェア」という概念を使った点である(51)．「リソスフェア」は，地殻とマントルの最上部を含めた「固い層」で厚さは約70 km ある．その下にあってマントル対流が起きている「流動層」が「アセノスフェア」である．大陸も海洋底もこのリソスフェアに乗って移動する．この「リソスフェア」を地域的に分割したのが，後に登場する「プレート」である．

ディーツは，地磁気異常の縞模様が海洋底には存在するのに，大陸にはなぜないのかについて，海洋底は大陸の下にもぐり込んでゆく際に暖められるので磁性を失うためである，と述べた．しかし，後の歴史から見れば，なぜこうした縞模様ができるのかの方がはるかに重要な意味を持っていた．

地磁気異常の縞模様生成のメカニズムに関する仮説が提出されたのは1963年，ケンブリッジ大学の地球物理学者ヴァインとマシューズ（D. H. Matthews）によってであった(52)．この時までには古地磁気学の研究が進展し，地球の磁場は過去に何度か逆転を繰り返してきたことが知られていた．

ヴァインらは，海底の地磁気異常の縞模様を，この地磁気の逆転と海洋底拡大説に結び付けた．すなわち，中央海嶺で高温のマントル物質が上昇して，新しい海底がつくられる際には，玄武岩などからなる海底の岩石はその当時の地球磁場の方向に熱残留磁気を獲得するはずである．地球の磁場は逆転を繰り返しているので，現在の地球磁場の方向に帯磁（正帯磁）した海洋底と，それとは逆の向きに帯磁（負帯磁）した海洋底が交互にできる．海洋底の拡大が一定の速度で進むとすると，正帯磁した海洋底と負帯磁した海洋底は中央海嶺を中心軸にして帯状に，両側にほぼ対称的に分布するだろう．こうして生成されたのが，海洋底に見られる地磁気異常の縞模様である，と2人は主張した．ヴァインらの仮説は，テープレコーダー・モデルとも呼ばれる．

テープレコーダー・モデルが検証されたのは1966年になってからである．

コロンビア大学の大学院生ピットマン（W. C. Pitman）は1965年秋，ラモント地質学観測所の調査船に乗って，南太平洋の東太平洋中央海嶺を横切って地磁気の異常の縞模様の観測をした．帰港後，データを整理したピットマンは，その縞模様が中央海嶺をはさんで完全な対称性を保っており，最新の地磁気の逆転繰り返しパターンと一致しているのに気が付いた．この結果は，ラモント地質学観測所の海洋磁気研究グループのリーダーであったハーツラー（J. R. Heirtzler）によって，1966年4月の米国地球物理学会（AGU; American Geophysical Union）の大会で発表された．ハーツラーは海洋底拡大説には懐疑的であったので，この結果を信じるようになるまでに3週間かかったという(53)．詳細な論文は，ピットマンとハーツラーの連名で1966年末 *Science* に発表された(54)．彼らは，地磁気異常の縞模様を地磁気の逆転繰り返しの編年史と照らし合わせ，東太平洋中央海嶺の拡大速度を過去340万年間平均で年間4.5 cmと推定した．

ヴァインらも，北西大西洋，北西インド洋，北東太平洋の3つの海嶺でも同じような縞模様の対称性を確認し（**図1-3**参照），その論文はピットマンらの論文の2週間後の *Science* に発表された(55)．ヴァインらの仮説の正しさは証明され，海洋底拡大説の妥当性もまた揺るぎないものになったのである．これによって，所長のユーイング（M. Ewing）を筆頭に海洋底拡大説に批判的な研究者が多かったラモント地質学観測所でも，海洋底拡大説への「改宗」があっという間に始まったという(56)．

ヴァインらの仮説が検証されるまでの間に，海洋底拡大説を支持する他の証拠も増えていた．トロント大学の地質学者ウィルソン（J. T. Wilson）は1963年，大西洋に浮かぶセントヘレナ島など多くの火山島がつくられた年代を調べた．すると，大西洋中央海嶺から距離が増えるのに比例して，その年代が古くなっていた(57)．大西洋中央海嶺で誕生した火山が，海洋底の移動とともに遠くまで運ばれたと解釈するとうまく説明できるのである．

ウィルソンはまた，西北に連なっているハワイ諸島は，西北にいくに従って誕生した年代が古くなっていることに気付いた．そしてこれは，火山島をつくるマグマ源はマントル深部にあって，地上にいつもマグマを供給しているが，海洋底がその上を西北に移動しているため，火山島列も西北に並ぶの

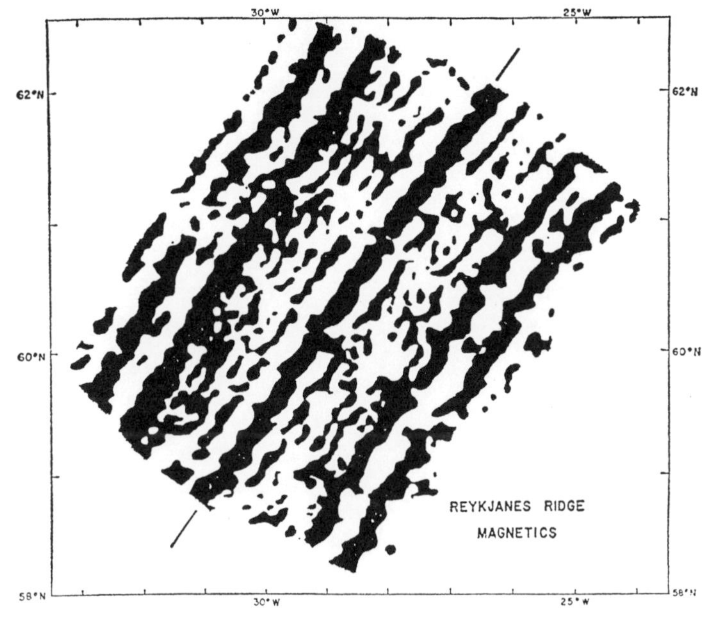


**図 1-3**　北大西洋レイキャネス海嶺の地磁気異常
海嶺（北東—南西の直線）を挟んで，縞模様が対称になっている．
（F. J. Vine, "Spreading of the Ocean Floor: New Evidence," *Science*, **154**（1966）, p. 1407 より；Reprinted with permission from AAAS）

だと，主張した(58)．マントル深部にあるマグマ源は後に，ホットスポットと呼ばれるようになった．

ケンブリッジ大学の地球物理学者ブラード（E. C. Bullard）らは 1964 年，英国王立協会の主催するシンポジウムで，大西洋両岸の大陸の地形をコンピュータを使って重ね合わせる研究について発表した．ブラードらは，球面上の回転に関するオイラー（L. Euler）の定理(59) を使って重ね合わせた．オイラー極の位置や回転角をさまざまに選んで試行を繰り返し，両岸の地形の食い違いが最小になる位置と角度を求めた．水深約 1000 m の等深線を使うと，両岸の地形は 30–130 km の誤差で一致した(60)．

これによって，大西洋中央海嶺で両大陸が分裂し，それぞれの大陸が東西に移動したと考えても誤りでないことが数学的に確かめられたのである．地球上の剛体の運動をオイラー極の周りの回転として取り扱う方法は，後に

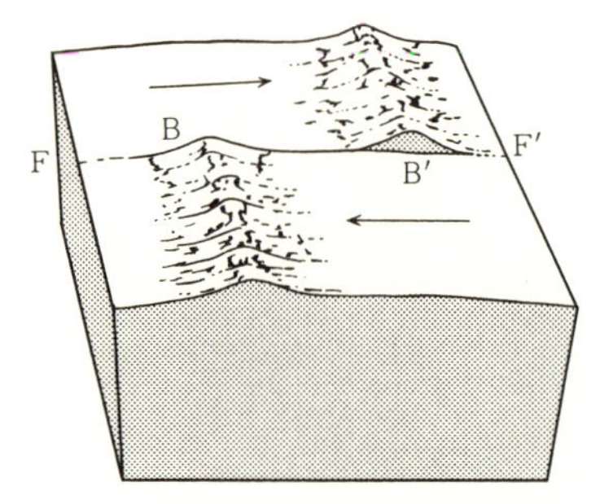

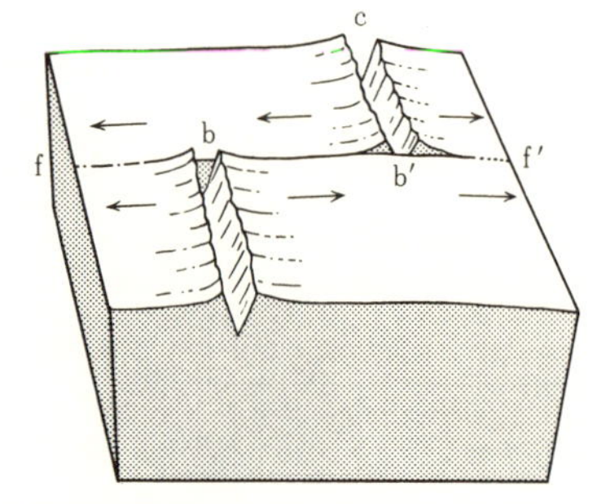


**図 1-4**　トランスフォーム断層（右）と普通の横ずれ断層（左）との違い
（上田誠也『プレート・テクトニクス』岩波書店，1989 年，66 頁より）

PT の誕生につながった．

こうした，数々の研究の中でも PT の確立に最も貢献したのは，ウィルソンが 1965 年に提唱したトランスフォーム断層の概念である．ウィルソンは，断裂帯は普通の断層帯とは違うのではないかと考えた．なぜなら，中央海嶺と中央海嶺をつなぐ部分でしか地震が起きていないらしいからである．

**図 1-4** のように断裂帯をはさんで 2 つの中央海嶺があるとする．海洋底は両側に同じ速度で拡大していくとすると，2 つの中央海嶺の間の距離は変わらないが，b と b′ の間では海洋底がずれ動くので，地震が起こり，断層地形が形成されるだろう．しかし，f と b の間や b′ と f′ の間では断層運動は起こっていない．f と b の間や b′ と f′ の間で見られる断層地形は，かつての断層運動の化石にすぎないのではないか，とウィルソンは考えた．地磁気異常の縞模様が断裂帯をはさんでずれているのも，これによって理解できる．そして，ウィルソンはこのような断層をトランスフォーム断層と名付けた(61)．

ウィルソンのアイデアはまもなく，ラモント地質学観測所のサイクス（L. R. Sykes）らの研究によって，その妥当性が確かめられた．サイクスらは中央海嶺やトランスフォーム断層付近で起きる地震を詳しく調べた結果，ウィルソンのモデルが予測する通り，地震はトランスフォーム断層と海嶺に集中して起きていることを明らかにした．トランスフォーム断層で起きている地震は，これも予言通り，断層の両側が水平にずれる横ずれ型であり，中央海嶺で起こる地震は張力によって起こる正断層型であることもわかった(62).

ウィルソンは，トランスフォーム断層の概念を提唱した論文の中で，トランスフォーム断層を境にしてお互いに移動する硬いブロックを「プレート(plate)」と名付けた．これがプレートという言葉が登場した最初である．

## 1.6 プレートテクトニクスの成立

海洋底拡大説をもとにして，球面上の運動学として整えられたものがPTである．基本的な考え方は，1967年から1968年にかけ，カリフォルニア大学に留学中だったケンブリッジ大学のマッケンジー（D. P. McKenzie）とパーカー（R. L. Parker），それにプリンストン大学のモーガン（W. J. Morgan），さらにラモント地質学観測所のル・ピション（X. Le Pichon）によって確立された．

PTでは，地球の表面は10数枚の変形しない硬い板で覆われている，と考える（**図1-5**参照）．異なるプレート同士が接する境界には3種類ある．1

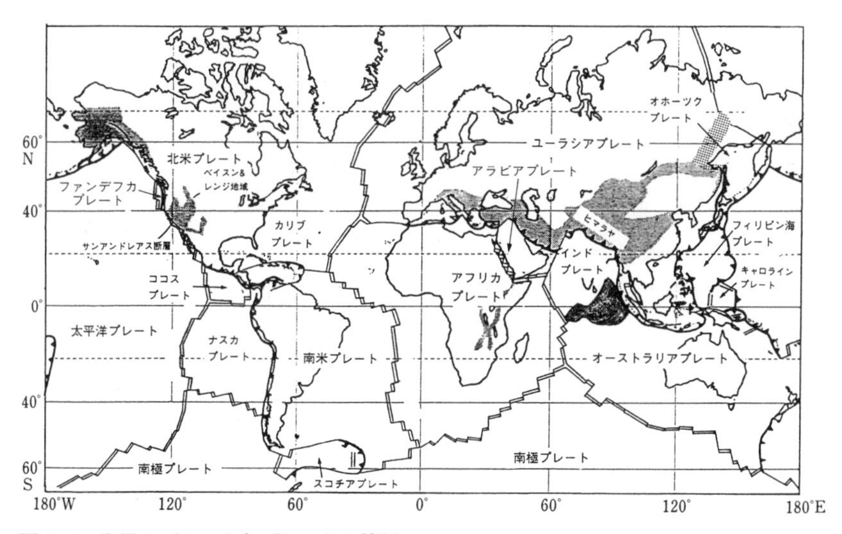


**図1-5**　世界のプレートとプレートの境界

（瀬野徹三『プレートテクトニクスの基礎』朝倉書店，1995年，21頁より；W. Hamilton, "Tectonics of the Indonesian Region," *U. S. Geol. Surv. Prof. Pap.*, **1078**(1979): 335を改変）

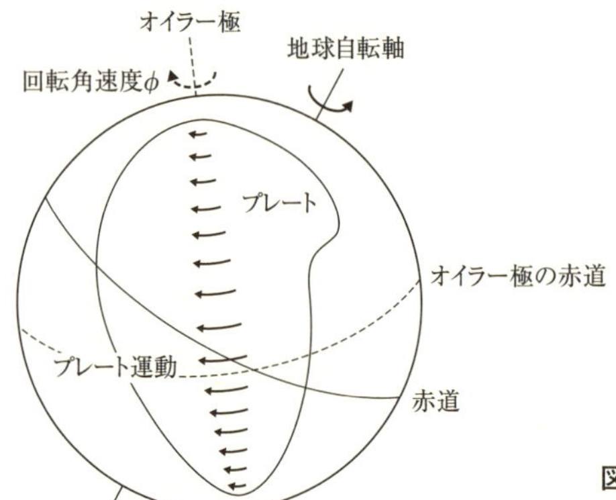


**図 1-6**　オイラー極とプレートの運動
プレートの運動量は，オイラー極の赤道付近で最大になる．

つは中央海嶺であり，ここではプレートがつくりだされる．もう1つは海溝で，ここではプレートがマントルの中に沈み込んでゆく．3番目の境界がトランスフォーム断層で，ここでは両側のプレートがずれ動いている．

プレートの運動は，オイラー極を中心にした剛体の回転運動で表される（**図 1-6** 参照）．それぞれのプレートのオイラー極は，トランスフォーム断層の走向や，プレート境界で起きる地震波の解析から求められたすべりの方向から決められる(63)．プレートの回転の角速度（運動速度）は，地磁気異常の縞模様のパターン（地磁気の逆転に関する編年史）から，海嶺での拡大速度を読み取ることによって求められる．

マッケンジーとパーカーが，こうした考え方を太平洋プレートに対して初めて適用し，太平洋プレートのオイラー極と運動方向を求めた(64)．モーガンは同様の考え方を地球全体に適用して，地球上のリソスフェアを十数枚のブロック（プレート）に分け，そのうち太平洋やアメリカ，アフリカ，南極ブロックのオイラー極と回転角速度を求めた(65)．ル・ピションは，地球を太平洋，アメリカ，アフリカ，ユーラシア，インド，南極の6つのブロック（プレート）に分け，それぞれの相対運動を過去1億2000万年前までさかのぼって論じた(66)．

こうした研究と相前後して，これまでのデータを海洋底拡大説やPTによって再解釈しようとする研究や，PTを作業仮説にした研究も始まった(67)．

ラモント地質学観測所のオリヴァー（J. Oliver）たちは，南太平洋のトンガ列島付近に地震観測網をつくり，観測を続けていた．その観測結果を詳しく調べた結果，地震がよく起きる場所（震源）は東側から西側にかけて徐々に深くなっていく1つの面に沿って分布し，深さ約700 kmまで達していることを見いだした．オリヴァーたちは，この地震面を境にしてその下の厚さ約100 kmの層では，地震が伝わる速度が明らかに速く，その周囲の層とは物質の性質が違うことも明らかにしたのである．この結果からオリバーたちは，中央海嶺でつくられ，マントル対流によって東から移動してきた厚さ100 kmのリソスフェアが，トンガ列島近くで曲げられて下に沈み込み，その境界で地震が起きている，と解釈した(68)．すなわち，プレートの沈み込みが起きているのを示す証拠が見付かったのである．

現在と同じようなプレートの運動は，過去にも存在したはずだという前提に立って，PTを陸上の地質学に適用しようという研究も始まった．ケンブリッジ大学の地質学者デューイ（J. F. Dewey）は，ニューヨーク州立大学のバード（J. M. Bird）と共同で1970年，プレート運動によって造山帯の生成を説明する仮説を発表した(69)．それによると，造山帯は，その縁でプレートが沈み込む島弧・コルディレラ型と，大陸のプレート同士が衝突する衝突型の2つに大別できる．

島弧・コルディレラ型では，プレートが海溝に沈み込む際には，プレートに乗っていた海洋底の玄武岩や遠洋性堆積物が地すべりを起こして海溝に落ち込み，それがプレートによって深いところまで引きずり込まれ，大きな変形と変成作用を受ける．これが高圧型の変成作用である．沈み込んだプレートは深さを増すにつれて温度が上昇するために，深さ100 km以上になると部分溶融を起こす．これがマグマのもとになり，マグマが地上に上昇すると火山になる．こうして火山フロントができる．地上まで上昇しなかったマグマは花崗岩になり，周囲の岩石を高温によって変成させる．これが高温型の変成作用である．このようにしてできたのが，日本列島など太平洋に浮かぶ島弧やアンデス山脈などである．

一方，プレートの沈み込みが続くと，やがては海洋プレートがすべて沈み込んでしまい，大陸同士や大陸と島弧の衝突が起きる．衝突によって，2つの大陸の間にあった海洋底の堆積物は持ち上げられ，その一部は衝突された大陸の上にまでのし上がる．こうした衝突によってできた造山帯が，ヒマラヤ山脈やアルプス山脈である．大陸と島弧が衝突した場合には，島弧の外側で，新しいプレートの沈み込みが始まる，などと2人は主張した．

また，プレートの沈み込むところでは，第7章で詳述する付加体と呼ばれる地質体ができることも，米国地質調査所のハミルトン（W. Hamilton）らによって論じられた．前述のデューイとバードの論文でも，島弧・コルディレラ型の造山帯では，海洋プレート上の堆積物の一部が大陸側に付け加わる様子が，模式図に描かれている(70)．

1968年からは，米国の「グローマー・チャレンジャー号」を使って地下深所資料採取研究所連合（JOIDES）による深海掘削計画（DSDP; Deep Sea Drilling Project）が始まり，海洋底にたまった堆積物に含まれる微化石や海洋底の玄武岩の年代が詳しく調べられるようになった．1970年にはその初期の結果が発表され，大西洋の9カ所の地点で採取された海洋底の玄武岩やその上の微化石の年代は，中央海嶺から離れるにつれて古くなっているほか，地磁気異常の縞模様から推定される海洋底の年代とよく一致し，大西洋では海洋底拡大が年間2 cmの速度で進んだことが実証された(71)．

## 1.7 プレートテクトニクスと地球科学の革命

米国で海洋底拡大説への支持が急速に広がる契機になったのは，ヴァインらのテープレコーダー・モデルの検証結果であった．とりわけ1966年11月に米国航空宇宙局（NASA）のゴダード宇宙センターで開かれたシンポジウムが，画期的なものになったとされている(72)．

ここでは，プリンストン大学に移ったヴァインが，東太平洋中央海嶺を挟んで地磁気異常の縞模様がほぼ完全な対称性を示すデータを見せ，自分たちのテープレコーダー・モデルが検証されたと報告した．ケンブリッジ大学の重鎮ブラードも，大西洋両岸の大陸の地形をコンピューターを使って重ね合わせた結果を紹介し，重なる両岸の岩石の年代も一致することを示した．

それまで海洋底拡大説には懐疑的であったスクリップス海洋学研究所のメ

ナードも，海洋底拡大説にもとづいて，トランスフォーム断層の成因などを論じた．コロンビア大学名誉教授で地向斜研究の大御所ケイ（M. Kay）も，海洋底拡大説にもとづいてアパラチア山脈などの成因を論じた(73)．

このシンポジウムに出席した39人の研究者のうち，海洋底拡大説に反対する考えを表明したのは，ラモント地質学観測所の所長のユーイングと，ル・ピションの2人だけであった．シンポジウムの最後に，海洋底拡大説に賛成と反対の立場からの「まとめ」が予定されていたが，反対の立場からのものはキャンセルされた(74)．

メナードによると，ユーイングはそれから1カ月もたたないうちに，海洋底は古い歴史を持つはずだというそれまでの考えを捨てて，海洋底拡大説を支持するようになった(75)．ル・ピションもまもなく海洋底拡大説支持に転じ，1968年にはPTを確立する論文を発表したことは，すでに述べた．

このゴダード宇宙センターでのシンポジウムの直後に，サンフランシスコで米国地質学会の年会も開かれ，ヴァインやコックスらが海洋底拡大説にもとづいた発表をした．より象徴的な出来事もあった．この年会で米国地質学会の最大の栄誉であるペンローズ・メダルが，海洋底拡大説を提唱したヘスに贈られたのである．大陸移動説には永らく批判的な態度をとってきた米国地質学会が初めて，大陸移動を受け入れたのであった(76)．

PT成立の立役者の一人であったトロント大学のウィルソンは1968年，地球科学に革命が起きたと宣言した．それは，「静的な地球」観から，「生き生きと動く地球」観への転換である．この革命によって学問の多くと教育システムは時代遅れになったので大改訂が必要である，これまで別々であった地球物理学や地質学の諸分野も，1つの体系に再編成する必要があるだろう，と主張した．ウィルソンはまた，この革命をクーンのいう科学革命のモデルになぞらえた(77)．

地球科学の世界でその後に起きた変化は，ウィルソンの主張の通りである．ヴァインらのテープレコーダー・モデルなどをお手本に，過去のプレート運動を再現したり，これまでのデータを再解釈したり，まだ答の出ていない問題や，PTと一見矛盾するような問題を解いたりする研究が進められ，活況を呈したのである(78)．それは，新たに登場したパラダイムに従って，クーンのいう新しい通常科学が始まったことを物語るものだといえよう．

それとともに「プレート」「沈み込み」「付加体」など新しい概念を具現する用語が誕生し，「地向斜」などの用語は次第に使われなくなっていった(79)．

そして，大学の地質学科の多くは，地球科学科などと名称を変更するか，地球物理学科と統合し，地球惑星科学科などとの名称をもつ新たな学科として生まれ変わった．新しい学科での教育では，地球物理学が重視されるようになり，記載的傾向が強かった地質学も，理論的・量的な側面が重視されるようになった．地質学の中で中心的な位置を占めていた古生物学の影は薄くなった(80)．

ここで，革命によって成立したPTというパラダイム，あるいは研究伝統がどのようなものであるかを整理しておこう．PTの中核はすでに説明したように，球面上の幾何学，運動学である．地球の表面は十数枚のプレートと呼ばれる厚さ100 km程度の岩の板で覆われ，そのプレートはそれぞれ剛体として運動している．プレート同士が接する境界には3種類あり，その1つは中央海嶺である．ここでプレートが誕生する．2つ目は海溝で，プレートはここでマントルに戻っていく．もう1つがトランスフォーム断層である．これがPTの中核であり，これをアイソスタシー，古地磁気学，熱学などからなる一連の理論が支えている．以上の理論は，狭義のPTと呼ばれる．

そして，地球上の地震，火山，造山などの諸現象はこうしたプレートの運動によって説明できるという思想と，それを作業仮説として新たに生み出された理論や概念が，この狭義のPTの外側を囲む構造になっている．こうした全体を，広義のPTと呼ぶこともある(81)．本書ではPTを，特に断らない限り広義の意味で使っていくことにする．

PTの方法論的枠組みとしては，現在地球上で起きている地質現象の解明に重きをおき，そうしたメカニズムは，過去の地球上にも同じように働いていたと考える現在主義（第4章で詳述）を中心にすえている．地球は今も生きているという世界観が同時に存在する．

## 1.8 プレートテクトニクスへの反対論とその論理

海外でも，海洋底拡大説やPTへの批判がなかったわけではない．批判・反論は主に，地球収縮説や地球膨張説の立場，それに旧ソ連のベロウソフ（V. V. Beloussov）を中心とした垂直振動テクトニクスの立場からなされた．第6章で述べる日本での反対論と比較すると，論点も論拠もよほど明確である．

地球収縮説からPTに反対したのは，ケンブリッジ大学のジェフリーズやウェッソン（P. S. Wesson），それにペンシルバニア大学のハワード・A・マイヤーホフ（H. A. Meyerhoff）と地質コンサルタントのアーサー・A・マイヤーホフ（A. A. Meyerhoff）父子らであった．

ジェフリーズは，ヴェゲナーの時代から大陸移動説に反対した．海洋底拡大説やPTに対しても，当初はマントルの粘性は大き過ぎるので対流は起きない，したがってプレート運動のメカニズムが存在しない，と大陸移動説の時と同様の反論を展開した(82)．しかし，その後マントル対流が起きている可能性を支持する論文が増えたためであろう．反論の力点を移動させ，地磁気異常の縞模様に対称性が見られるとはいえない，プレートが周囲の抵抗を押しのけて沈み込むのは不可能である，アメリカ大陸とアフリカ大陸の海岸線の一致は不十分である，などとの批判に重点を置くようになった(83)．

マイヤーホフ父子は，PTの主張するところと経験的事実との間の矛盾を徹底的に追及した．反論のために父子の発表した論文は10篇を超えた．マイヤーホフ父子の議論は，古気候学から古生物，海洋底の地質構造，プレート運動のメカニズム，はては大陸と海洋の空間的な配置に関するトポロジーまで，ありとあらゆる分野に及んでいる．たとえば古気候学的な議論を紹介すると，石炭紀やペルム紀の砂漠や石炭，氷河の跡などの地理的分布を見ると，現在それらができやすいところと一致している，これは少なくともこの間は，現在の赤道や緯度には変化がなく，大陸と海洋の分布にも変化がなかったことを物語っている，などとPTにもとづく大陸移動説を批判した(84)．

PTの確立に役立った海底の地磁気異常の縞模様についても，それが見付かったのは中央海嶺の7割だけで，海嶺に対して対称的なパターンが見付かったのは，そのうちの半分以下であり，縞模様は陸上でも見付かっている，などと指摘した．そして，縞模様は古い大陸地殻を取り巻くように分布していることからすると，地磁気縞模様は地球が冷えて固まった際にできたものだと解釈する方が合理的だ，と主張した(85)．

PT 支持者を最も困惑させたのは，大西洋の海底のあちこちから古い岩石が見付かっている，との父子の指摘であった．それによると，たとえば北大西洋の中央海嶺付近の 3 カ所では海底から岩石 84 点が採取されたが，そのうち 64 点は片麻岩や花崗岩など大陸性の岩石であった．そのうち最も古い岩石の生成年代は，約 17 億年前のものであった．岩石の年代を測定した研究者は，これは大西洋ができるときに取り残された大陸地殻の断片か，あるいは氷山について運ばれてきたものだと説明するが，これほどあちこちで古い岩石が見付かるのは海洋底拡大説には矛盾する．むしろ，地球の収縮によって生じた割れ目が大西洋中央海嶺だとすれば，中央海嶺付近で古い岩石も新しい岩石も見付かることが説明できる，と父子は主張した(86)．

地球膨張説の立場から反論を展開した代表的な地質学者は，タスマニア大学のケアリーである．ケアリーは，地球の半径は過去 3 億年間に約 40% 膨張した，と主張した．膨張によってできた裂け目が中央海嶺であり，そこにマグマが噴出して海洋底ができ，大陸が移動したと説明する．地球膨張説は，海洋底拡大説と違って，プレートは拡大するだけで，沈み込まないと考えるのが最大の特徴である．したがって，南極プレートなど沈み込む場所を持たないプレートが存在することも，自然に説明できる．ケアリーは海溝は張力の場であり，そこでは沈み込みが起きていない，と主張することに力を注いだ．

しかし，なぜ地球が膨張するのか，そのメカニズムに関して，ケアリーもまた悩まされた．彼は結局，重力定数の変化などその原因となりうる候補をいくつかあげはしたが，ヴェゲナーと同じように，それは将来の研究課題である，との立場をとった(87)．

PT の予測では，プレートの境界で起きる地震の発震機構は，逆断層型になる．ところが，海溝付近で起きる地震は，逆断層型ばかりでなく，張力によって起きる正断層型も多い．これが，地球膨張説の論拠の 1 つであった．

ところがその後，正断層型の地震は沈み込むプレートの内部で起きる地震である，との解釈がPT論者によって生み出された．また，圧縮力によって形成されたと考えられるヒマラヤ山脈などの造山を，張力だけで説明するのは難しいこともあって，地球膨張説の支持者はしだいに少なくなっていった．

旧ソ連の地質学者ベロウソフは，垂直振動テクトニクスと呼ばれる独自の地球論(88)からPTを批判した．ベロウソフは，地殻はマントルまで達する垂直な断層で区切られたブロックで構成されており，これらのブロックはその下のマントルの熱的状態に従って独自に上下運動する，と考えた．マントルは放射性元素の出す熱によって熱くなったり冷えたり振動を繰り返しており，熱くなったときには軽い物質が上昇し，ブロックを押し上げて山脈をつくる．マグマが地表付近にまで達し玄武岩ができると，冷えて重たくなった大陸地殻はマントル中に落下してゆく．かつての地球はほとんどが大陸に覆われていたが，こうした玄武岩と大陸地殻の交代によって海洋底がしだいに形成された(89)．このブロックの上下運動によって，造山運動の周期性も説明できる，とベロウソフは主張した．ベロウソフの主張は水平方向への運動・移動を一切認めないのが特徴である．

以上のような地球論を背景にして，ベロウソフもマイヤーホフと同じように，PTの主張するところと経験的な事実との間の矛盾を批判した．ベロウソフが繰り返し指摘・批判したのは，アリューシャン列島では海溝に近付くほど地磁気の縞模様から推定される年代が若くなっており，通常とは逆になっている事実である．この事実はPTでは，海溝にかつて中央海嶺が沈み込んだためと解釈された．これに対しベロウソフは「マントル対流の湧き出し口である海嶺が，その対極にある海溝に沈み込むと考えるのは，理論の崩壊を意味している」と主張した(90)．彼は海洋底のあちこちから古い岩石が見付かることも取り上げ，海洋底拡大説とPTでは説明がつかないと批判した．

また，ベロウソフは海洋底拡大説やPTが海洋底の知識をもとに組み立てられたことに関連して「大陸での地質学的研究は，地向斜の発展の規則性や造山運動の周期性などを明らかにしてきたのに，海洋底拡大説はこうした大陸の歴史を無視している．海洋底の研究はまだ始まったばかりにすぎない」，「ソ連は世界の大陸の6分の1の面積を占める．ソ連の地質学者の意見を無視するのは奇妙だ」などと，いささか情緒的な批判も展開した(91).

PT 支持者と反対論者の誌上討論もしばしば行われたが，多くは「事実と解釈を一緒くたにしている」，「自分の信じる仮説に適合する事実だけしか議論していない」などとの非難の応酬に終わった．どのような事実や問題を重要と見なすのか，それぞれの従う地球論によって違ったからである(92).

また，概念的な枠組みの違いや科学観の相違も表面化した．PT にもとづく地質学は，現在見られるようなプレート運動が過去にも存在したことを前提にして，過去の地球の歴史を理解しようという現在主義的な考え方に立っている．こうした哲学に対してベロウソフは「海洋底拡大説は，過去 1 億-1 億 5000 万年間に起こった出来事に照らして 35 億年以上の地球の歴史を解釈できると考えている．それは保守的で斉一的ですらある」と批判した(93).

以上のように，マイヤーホフ父子やベロウソフら海洋底拡大説や PT への反対論者は，その反証例を数多く提出した．しかし，彼らがしばしば嘆いたように，こうした反証例は PT 支持者からほとんど無視された．米国の社会学者スチュワートの調査によっても，反対論者の論文の引用回数は，著者自身による自己引用を除くとごく少数にすぎなかった(94)．地球収縮論や地球膨張論，垂直振動テクトニクスという地球論は，お互いに矛盾・競合した上に，PT という新たな地球論は，地球上のさまざまな地質現象について，それまでの地球論をはるかに上回る説明能力を有していたからである．

それでは，欧米の地球科学者の多くが PT を自らの作業仮説として受け入れるようになったのは，いつ頃なのだろうか．これにはシカゴの自然史野外博物館のニテッキ（M. H. Nitecki）らが，米国地質学会の特別会員と米国石油地質学者協会の会員計 215 人にアンケートした結果が参考になる(95)．アンケート対象者の 82% は 45 歳以上で，26 歳以下の人は含まれていない．

アンケートは 1977 年に行われたが，その時点で 87% は「プレートテクトニクスと大陸移動を受容している」と答えた．「まだ証明が不十分」と答えた人も 11% あったが，そのほとんどは 45 歳以上であった．「誤っている」と答えた人は 1 人もいなかった．そして，4 割以上の人が，過去 5 年以内に PT を適用した論文を少なくとも 1 篇は発表していた．

PT（大陸移動説を含む）を受容していると答えた人に対して受容の時期

を尋ねたところ，22%は1960年以前で，残りは1961年以降であった．また，PTを受容している人でも，PTに関する歴史的な文献を読んだ人は多くなく，最も読まれていたヴァインとマシューズのテープレコーダー・モデルに関する論文でも，読んだ人は全体の26%しかなかった．

こうした事実からニテッキらは，海洋底拡大説やPTは1960年代の半ばに連鎖反応的に受容されたが，これは累積した証拠にもとづいたり，賛否の議論を聞いたりして個々人が判断した結果ではなく，集団的な態度の変更であった，と主張している．

オーストラリアの科学史家ルグランが北米で発行された地球科学の初心者用の教科書を調べた結果でも，1972年以降に発行された教科書の大半は，PTを基本にして書かれていた．また，1970年代前半には，PTが成立するまでの歴史を描いた本やPTに関連する主要論文集，文献一覧，普及書などが大量に発行されたことから，ルグランは「北米では1975年までにプレートテクトニクスは地球科学の標準的な見解になった」と結論している(96)．

英国では，PTの受容は米国ほど急激に進んだわけではなかったようだ．米国に比べると，1920年代から大陸移動説に比較的好意的だったことや，1950年代に英国の研究者が中心になって大陸移動説の新たな証拠を見付けたこと，PTの確立にも英国の研究者が指導的な役割を果たしたこともあって，海洋底拡大説やPTの支持者は1960年代の初めから徐々に増えていき，支持者と反対者の間で論争が行われることもなく，1975年までにはPTが標準的な見解になった(97)．PTにもとづいて書かれた英国最初の教科書は，1971年に出版されたオープン・ユニバーシティーの地球科学の教科書『地球の理解』である(98)．

ドイツやスイス，オーストリア，オーストラリアなどでも英国と同じように徐々に受け入れられた．フランスでは若干違った．フランスでは以前からマントル対流を支持する研究者が多かったので，PTには好意的だった．しかし，PTが現在の地質現象をうまく説明することは認めても，それを過去にまでさかのぼって適用することに対しては批判的な意見も強かった(99)．フランスの地球科学者アレグレ（C. Allègre）によると，1978年の時点でフランスの地質学者の半分以上は，PTに対して冷淡であったという(100)．

## 1.9 旧ソ連と中国での受容

欧米に比べて，受容に大きな抵抗があったのが，旧ソ連である．ベロウソフが垂直振動テクトニクスをもとに反対したことが大きく影響した．しかし，ベロウソフの考えに従って，ソ連の地球科学者が一枚岩的な団結を誇っていたわけではなかった．垂直振動テクトニクスの中にもいくつかの分派が存在したし(101)，少数ながら大陸移動説を支持する研究者も存在した．

1950年代にはソ連でも古地磁気の研究が行われた．中心になったのはクラーモフ（A. N. Khramov）で，古生代にはシベリアとウラルは約3000 km も離れていたとの論文を発表している(102)．クラーモフの伝統は，地質学研究所のクロポトキン（P. N. Kropotkin）に引き継がれ，PTが登場すると彼はその支持者になり，1971年にはユーラシア大陸はロシア，シベリア，中国，インドなどのブロックが衝突して形成されたとする論文を発表した(103)．

旧ソ連では第二次大戦後，海洋地質学の研究はほとんど行われなかった．ただ1つその例外であった北極海では，レニングラードの北極地質学研究所の調査によって，北極海中央海嶺軸に沿って対称的な地磁気異常の縞模様が見付けられた．同研究所のデメニツカヤ（R. M. Demenitskaya）らは，縞模様の解析から海洋底拡大の速度は年間1 cmになるとの推定結果を1969年に発表している(104)．

1971年には，国際測地学・地球物理学連合（IUGG; International Union of Geodesy and Geophysics）の第15回総会がモスクワで開かれ，ソ連の多くの研究者が，PTの考え方に身近に接した．クロポトキンはこの会議の模様を「海洋底拡大についてのシンポジウムがとりわけ多数の参加者を集めた．参加者の大多数（特に海外からの参加者は）は，海洋底拡大説を確立された事実として受け入れていた」と，驚きをまじえながら学術誌誌上で報告している(105)．

このIUGG第15回総会開催が大きな契機になったのであろう．1972年2月にソ連科学アカデミーはモスクワで地質学，地球物理学，地球化学3部門の合同総会を開き，PTについて討議した(106)．

合同総会では最初にアカデミー会員のスミルノフ（V. I. Smirnov）が「ニ

ューグローバルテクトニクス〔PTを指す〕は，世界の主要な潮流であり，この会議の任務はそれをどのような方向に発展させるべきかを決定することである」と，会議の目的を述べた．続いて，モスクワ大学教授でアカデミー準会員のハイン（V. Ye. Khain）が立ち，PTの主要な主張や，従来の地向斜論，垂直振動テクトニクスなどとの違い，PTに対する反対論などを紹介した後，PTを中核にして，垂直振動テクトニクスなど従来のさまざまな研究伝統を統合することによって，ソ連独自の新しい研究伝統が誕生することに期待を表明した(107)．続いて，クロポトキンが立ち，PTと大陸移動説を強く支持する演説を行った．最後にベロウソフが立ち，垂直振動テクトニクスの正しさを主張した後，「プレートテクトニクスは不十分なデータに基づいて一般化をあまりにも急ぎすぎた」とPTを批判し，「今なすべきことは海洋を大陸からの視点で見ることだ」と結んだ．

この後討論に移り，20人近い研究者が発言した．会議の報告を読むと，PTを十分理解していない発言も多かったが，PTに賛成する人の方が反対を上回っていたように見える．会議は「深海掘削を含めて，海洋底の幅広い研究を進める必要がある」との決議案を採択して終わった．この会議の模様から判断する限り，ソ連科学アカデミーの執行部は，PTを拒絶する考えはまったくなかった，と考えられる．

ハインの期待に応えて，ソ連では1970年代に「ネオ可動論」と呼ばれるいくつもの研究伝統が誕生したのが特徴である．ネオ可動論は，水平方向への運動・移動を認める点では一致しているものの，PTと地向斜論を合体させたり，PTに垂直振動テクトニクスの考え方の一部を取り入れたり，地球の膨張を考えたり，その内容は論者ごとにさまざまであった(108)．

PTにもとづいて書かれた論文もその後，次々に発表される．たとえば，地質省外国地質学研究室のゾーネンシャイン（L. P. Zonenshain）は1973年，中央アジアの地質の形成史を海洋底拡大説にもとづいて論じた(109)．科学アカデミー地質学研究所のトリロノフ（V. G. Trironov）は1976年，アイスランドは大西洋中央海嶺の延長であり，そこでは年間1cm程度の拡大が見られるとの論文を発表した(110)．これは，ベロウソフらが1年後に発表した「アイスランドはもともと大陸地殻だったが，500万年前頃から沈降し，海洋地殻に変化し始めた」との論文(111)と正反対の結論を示したものであった．

1977年には，フランスのル・ピションらが1973年に刊行した教科書『プレートテクトニクス』が，ロシア語に翻訳されて出版された．ゾーネンシャインも1979年には『地球動力学入門』という題でPTの入門書を出版した．1981年にモスクワ放送は「ソ連ではプレートテクトニクスに反対する研究者が多いと西欧では伝えられるが，それは誤りである」と放送した(112)が，これは政治宣伝ではなく，実態をある程度反映したものであったと考えられる．

1985年1月に科学アカデミーが主催してモスクワで「大陸地殻の構造の進化の動向」と題する研究集会が開かれた．この集会では26の論文が発表されたが，うち15題はPTまたはネオ可動論にもとづいていた．ベロウソフら垂直振動テクトニクスの立場に立った論文も5題あった．残る6題は，立場を鮮明にしないか，あるいは鉱物資源の探査など実用的な方面に議論を集中させた論文であった(113)．

集会の後採択された決議は「圧倒的多数の研究者は，褶曲帯の進化においては，水平移動が大きな役割を果たしているとの結論に達した」と述べ，水平移動を認めない垂直振動テクトニクスには否定的な結論を下した．85年時点でソ連でもPTはかなりの程度受容されていた，と見ることができよう．

1990年には，ゾーネンシャインらが編者になって，ソ連全体の地質構造の発達史をPTの枠組みを使って論じた『ソ連の地質学―プレートテクトニクスによる総合』が出版された(114)．同年の雑誌 *Geotectonics* の掲載論文を見ても，圧倒的多数はPTにもとづいて書かれている．

このように，ソ連でも1980年代後半までにはPTが受容されたが，欧米に比べると，かなりの遅れが見られる．その理由は，ソ連は世界の陸地の6分の1を占め，大部分が中生代以前につくられた古い大陸であることに関係している．11万人を超える地質学者の大部分は，大陸での石油や鉱物資源の探査やその前提となる地質調査に従事しており，海洋底の研究や，海外での研究の動向には関心が薄かった(115)．

また，古い時代にさかのぼるほど，当時のプレート運動の様子を再現するのは困難さを増す．このため，PTを使って古い大陸での地質構造を説明しようとすると，多くの任意性が入り込み，複雑にもなる．

さらに，ベロウソフの国際的な知名度の高さもあった．彼は共産党員ではなく，科学アカデミーの準会員止りで正会員にはなれなかった．しかし，1957年の地球観測年のソ連代表に選ばれたのをきっかけに，柔らかい物腰を武器に国際舞台で活躍するようになった．1960年にはIUGGの会長に就任し，その後も多くの国際研究計画で要職を務めた(116)．ベロウソフが国際的に著名であったことは，ソ連国内でも大きな権威を与えた．西側の地球科学者にとっては，彼がPTに強く反対していたために，ソ連の地球科学者全体がPTに反対している，との誤った印象を抱くことにつながった．

一方，中国では，文化大革命とPTの確立した時期が重なったためにPTが紹介されるのは遅かったが，受容は早かった．

中国科学院の揚静一(117) らによると，海洋底拡大説が登場すると中国でも大陸移動に関する関心が高まり，1964年にはヴェゲナーの『大陸と海洋の起源』のドイツ語版からの翻訳が出版された(118)．北京大学教授の謝家栄は海洋底拡大説に従って造山運動や島弧の形成を説明しようとする論文を発表した．しかし，1965年には文化大革命が開始され，海外との交流は中断した．

中国でのPTの受容のきっかけは1971年，PTの確立に貢献したカナダのウィルソンの訪中であった．彼は，北上するインド亜大陸とユーラシアプレートの衝突によってチベットなどの山脈の形成を説明しようと試みる講演をした．これがPTに対する関心を呼び起こし，1972年には，北京大学教授の尹賛勲がPTを紹介する小冊子を出版し，北京地球物理学研究所の傳承義も『大陸移動，海洋底拡大，そしてプレートテクトニクス』という本を出版した．

1975年には中国地質調査所の李春昱は，PTに基づいて中国の地質構造の発達史を考察し，昔のプレート境界がどこにあったかを論じた．

1982年に中国地質学会は創立60周年を迎え，同学会理事長の黄汲清が「中国の地質科学の最近の60年間の主要な成果と今後の課題の大略」と題する報告をしたが，この中でもPTが中国の地質学に果たす役割を高く評価している(119). 1984年のモスクワでの第27回万国地質学会議では中国から発表された研究は315にのぼり，その多くはPTに関連していた.

中国でのPTの受容が早く進んだ1つの理由は，地質学の発展の歴史と結び付いている．中国の近代地質学の研究は辛亥革命（1911-12年）後から始まった．初期の指導者のほとんどは欧州への留学組で，黄汲清のように大陸移動説を支持するか，それに寛容な研究者の下で学んだ人が多かった(120).

彼らの多くは，中華人民共和国成立後も長期間にわたって地質学界に影響力を保った．したがって，PTの移動観を受け入れやすい土壌があったという．PTが登場すると，彼らは自分の地球の理論をPTと適合するよう，適宜修正して発表した．したがって，中国でPTと呼ばれるものは，従来の地球の理論と合体したきわめて幅広い内容を持ち，地向斜の概念がそのまま生き残っているのも大きな特徴である.

また，中国にPTが紹介された当時は，中ソ論争のためにソ連との関係が冷え込んでいたことから，ソ連の影響を受けることもほとんどなく，中国では論争が起こらなかったと解説されている.

以上のように，PTの受容の過程や受容の時期を，PTの誕生から成立の主要な舞台になった米国や英国，カナダ，それにPTを受動的に受容した旧ソ連，中国について調べてみると，国によってかなりの違いが見られる.

地球科学は，それぞれの国の山野から得られた経験や観察結果を基礎に発展してきた．19世紀以降の地球科学の発展は，その国の産業の基礎としての地下資源の調査や開発に加えて，国民の安全を守るという国家的要請にもとづいたものでもあった．そのために，地球科学の発展の歴史は国によって相当の違いを生み出し，それがPTの受容の差を生み出したと考えられる.

日本におけるPTの受容の過程も，このように地域的・歴史的なものとして，説明されねばならない．次章では，日本での地球科学の発展の歴史を振り返ってみよう.

## 参考文献と注

(1) A. M. Celâl Sengör, "Classical Theories of Orogenesis," in Akiho Miyashiro, Keiiti Aki, and A. M. Celâl Sengör, *Orogeny* (Chichester: John Wiley & Sons, 1982), pp. 1-48, on p. 6.

(2) 原書は Eduard Suess, *Das Antlitz der Erde* (Wien: F. Tempsky, Leipzig: G. Freytag, 1885-1909), 第1巻は1885年, 第2巻は1888年, 第3巻（上）は1901年, 第3巻（下）は1909年に出版された.

(3) Celâl Sengör, "Classical Theories of Orogenesis," op. cit.（注1), pp. 17-18.

(4) ガブリエル・ゴオー, 菅谷暁訳『地質学の歴史』みすず書房, 1997年, 280-281頁.

(5) John A. Stewart, *Drifting Continents and Colliding Paradigms* (Bloomington: Indiana University Press, 1990), pp. 26-27.

(6) 地表の地形の高低にかかわらず, 地下の深いところでは圧力が一定に保たれているのを, アイソスタシー（地殻均衡）と呼ぶ. 高い山脈のあるところでは比重の小さい地殻が, 海洋のように低いところでは重い地殻が, それぞれマントル上に浮力で浮いているのと考えるのと同じで, 1850年代に英国のプラット（John H. Pratt）とエアリー（George Airy）が提唱し, 米国のダットン（Clarence Dutton）がアイソスタシー（isostasy）と名付けた.

(7) ロバート・ウッド, 谷本勉訳『地球の科学史—地質学と地球科学との戦い』朝倉書店, 2001年, 58頁.

(8) Thomas C. Chamberlin and Rollin D. Salisbury, *Geology*, vol. 2, 2d ed. (London: John Murray, 1909), pp. 123-134.

(9) Harold Jeffreys, *The Earth: Its Origin and History and Physical Constitution* (Cambridge: The University Press, 1924), pp. 79-91, pp. 130-139.

(10) John Joly, *The Surface-History of the Earth* (Oxford: Clarendon Press, 1925), pp. 1-192.

(11) Arthur Holmes, "Radioactivity and Earth Movement," *Transactions of the Geological Society of Glasgow*, **18** (1931): 559-606.

(12) Mott Greene, *Geology of the Nineteenth Century* (Ithaca: Cornel University Press, 1982), p. 275.

(13) Martin Schwarzbach, trans. by Carla Love, *Alfred Wegener: The Father of Continental Drift* (Madison: Science Tech., 1986), p. 107. 原著は *Alfred Wegener und die Drift der Kontinente* (Stuttgart: Wissenschaftliche Verlagsgesellschaft mbH, 1980).

(14) アルフレッド・ヴェゲナー, 都城秋穂・柴藤文子訳『大陸と海洋の起源（上）』岩波書店, 1981年, 15頁. 原著は Alfred Wegener, *Die Entstehung der Kontinente und Ozeane,* 4th ed. (Braunschweig: Vieweg und Sohn, 1929).

(15) 都城秋穂「解説・ヴェーゲナーと大陸移動説」『大陸と海洋の起源（下）』岩波書店, 1981年, 210頁.

(16) Frank B. Taylor, "Bearing of the Tertiary Mountain Belt on the Origin of the Earth's Plan," *Bulletin of the Geological Society of America,* **21** (1910): 179-226.

(17) Stewart, *Drifting Continents and Colliding Paradigms,* op. cit.（注5), p. 28.

(18) 都城秋穂「解説・ヴェゲナーと大陸移動説」によると, ヴェゲナーはこの大陸を第3版では「パンゲア」と呼んだが, 第4版では「ゴンドワナ大陸」と呼んでいる（207頁).

(19) 現在の知識では, 北アメリカとヨーロッパが分裂し始めたのは, 白亜紀末（約6500

万年前）と考えられている.

(20) ヴェゲナーの夢は1980年代末，遠い宇宙から準星が発する電波の到達時間の差から2地点間の距離を精密に測定する超遠基線干渉計（VLBI）の登場によってかなえられた.1990年代には，人工衛星を使ったGPS（全地球測位システム）も登場し，1cm程度の誤差で，大陸相互の動きが実測されている．これによれば，ハワイ諸島は年間10cmの速度で日本列島に近づきつつある.

(21) ヴェゲナー『大陸と海洋の起源（下)』（注15)，91頁，ならびに112頁.

(22) 日本語訳は，仲瀬善太郎訳『大陸移動説』岩波書店，1928年．長野師範学校の教師であった北田宏蔵も1925年に『大陸漂移説解義』を古今書院から出版したが，この本は完訳ではなく，原著の章立てを変更するなど，訳者自身の意見が加えられている.

(23) Emile Argand, trans. by Albert V. Carozzi, *Tectonics of Asia*（New York: Hafner Press, 1977), pp. 1-218. 原著 “La Tectonique de l'Asie” は，第8回万国地質学会議の講演集の一部として1924年に出版.

(24) Alexander L. Du Toit, *Our Wandering Continents: An Hypothesis of Continental Drifting*（Edinburgh: Oliver & Boyd, 1937), pp. 1-366.

(25) Henry W. Menard, *The Ocean of Truth*（Princeton: Princeton University Press, 1986), p. 143.

(26) Holmes, “Radioactivity and Earth Movement,” op. cit.（注11), pp. 559-606. ホームズはまた，岩石に含まれているウランなどの放射性元素の崩壊を利用して，その岩石ができた年代を測定する放射年代測定法を確立したことでも知られる.

(27) Jefferys, *The Earth,* op. cit.（注9), pp. 260-261.

(28) Stewart, *Drifting Continents and Colliding Paradigms,* op. cit.（注5), pp. 35-38.

(29) たとえば，上田誠也は『プレート・テクトニクス』（岩波書店，1989年）で，大陸移動説に対する反論の主なものとして，①超大陸の分裂が，地質学的にはごく最近の2億年間にのみ起こったと考えるのは不合理である，②大陸移動を可能にした原動力を考えることはできない，の2つをあげ，「②の方は移動論の最大弱点であって」(24頁）と述べている.

(30) このような見解が，科学史家の間では共通しているように見受けられる．たとえばNaomi Oreskes, “From Continetal Drift to Plate Tectonics,” in Naomi Oreskes ed., *Plate Tectonics*（Boulder: Westview Press, 2001), pp. 3-27のp. 7を参照.

(31) たとえば，上田誠也『新しい地球観』（岩波書店，1971年）では「大陸移動説は，“まっとうな”学者達からは見放され死んでしまったが，実はその後20年以上もたって，1950年代後半から劇的な復活を行い，われわれに地球観の大きな変革を迫ってきたのである」(29頁）と書かれている．また河野長『地球科学入門』（岩波書店，1986年）では「ウェゲナーの大陸移動説に対して，1930年代には学界の大勢が否定的な見解をとるようになり，この説はいったん忘れられてしまった．しかし，大陸移動説は1950年代になって全く別の方面の証拠にもとづいて劇的な復活をする」(39頁）と書かれている.

(32) Homer E. LeGrand, *Drifting Continents and Shifting Theories*（Cambridge: Cambridge University Press, 1988), pp. 121-125.

(33) Stewart, *Drifting Continents and Colliding Paradigms,* op. cit.（注5), pp. 46-47.

(34) 河野長『地球科学入門』岩波書店，1986年，79-80頁.

(35) J. A. Clegg, E. R. Deutsch, and D. H. Griffiths, “Rock Magnetism in India,” *Philosophical Magazine Ser. 8,* 1（1956): 419-431.

(36) Stanley K. Runcorn, “Paleomagnetic Comparisons between Europe and North

America," *Proceedings of the Geological Association of Canada,* **8**（1956）: 77-85.
(37) Stanley K. Runcorn, "Rock Magnetism," *Science,* **129**（1959）: 1002-1012.
(38) Stewart, *Drifting Continents and Colliding Paradigms,* op. cit.（注 5）, pp. 63-65.
(39) LeGrand, *Drifting Continents and Shifting Theories,* op. cit.（注 32）, pp. 170-175.
(40) Menard, *The Ocean of Truth,* op. cit.（注 25）, p. 38.
(41) ウッド『地球の科学史』（注 7）, 142-155 頁.
(42) Menard, *The Ocean of Truth,* op. cit.（注 25）, p. 37.
(43) Henry W. Menard, "Development of Median Elevations in Ocean Basin," *Bulletin of the Geological Society of America,* **69**（1958）: 1179-1186.
(44) 河野長『地球科学入門』（注 34）, 56-65 頁.
(45) Samuel W. Carey, *The Expanding Earth*（Amsterdam: Elsevier, 1976）, pp. 1-488.
(46) Menard, *The Ocean of Truth,* op. cit.（注 25）, pp. 147-151.
(47) ウッド,『地球の科学史』（注 7）, 155-156 頁.
(48) Robert S. Dietz, "Continent and Ocean Basin Evolution by Spreading of the Sea Floor," *Nature,* **190**（1961）: 854-857.
(49) Harry H. Hess, "History of Ocean Basins," in Albert E. J. Engel, Harold L. James, and Benjamin F. Leonard, eds., *Petrologic Studies: A Volume in Honor of A. F. Buddington*（Boulder: The Geological Society of America, 1962）, pp. 599-620.
(50) Menard, *The Ocean of Truth,* op. cit.（注 25）, pp. 154-159.
(51) J. Tuzo Wilson, "Static or Mobile Earth: The Current Scientific Revolution," *Proceedings of the American Philosophical Society,* **112**（1968）: 309-320. ウィルソンによると,「リソスフェア」「アセノスフェア」の概念を最初に提唱したのはハーバード大学のデイリー（Reginald A. Daly, 1940）であるという. デイリーもまた, 大陸移動説の支持者であった.
(52) Fred J. Vine and Drummond H. Matthews, "Magnetic Anomalies over Ocean Ridges," *Nature,* **199**（1963）: 947-949.
(53) William Glen, *The Road to Jaramillo: Critical Years of the Revolution in Earth Science*（Stanford: Stanford University Press, 1982）, p. 357.
(54) Walter C. Pitman Ⅲ and James R. Heirtzler, "Magnetic Anomalies over the Pacific-Antarctic Ridge," *Science,* **154**（1966）: 1164-1171.
(55) Fred J. Vine, "Spreading of the Ocean Floor: New Evidence," *Science,* **154**（1966）: 1405-1415.
(56) Menard, *The Ocean of Truth,* op. cit.（注 25）, pp. 264-265.
(57) J. Tuzo Wilson, "Continental Drift," *Scientific American,* **208**, no. 4（1963）: 86-100.
(58) J. Tuzo Wilson, "A Possible Origin of the Hawaiian Islands," *Canadian Journal of Physics,* **41**（1963）: 863-870.
(59) 球面上での図形の移動は, 球の中心を通るある軸の周りの回転で現すことができる. この法則を, 球面に関するオイラーの定理（不動点定理）と呼ぶ. この回転軸が球面と交わる点をオイラー極と呼ぶ.
(60) Edward Bullard, J. E. Everett, and A. Gilbert Smith, "The Fit of the Continents around the Atlantic," *Philosophical Transactions,* **A258**（1965）: 41-51.
(61) J. Tuzo Wilson, "A New Class of Faults and Their Bearing on Continental Drift," *Nature,* **207**（1965）: 343-347.
(62) Lynn R. Sykes, "Mechanism of Earthquakes and Nature of Faulting on the Mid-Oceanic Ridges," *Journal of Geophysical Research,* **72**（1967）: 2131-2153.

(63) トランスフォーム断層や地震のすべりの方向に直角な大円を描くと，大円は一点で交わり，これがオイラー極を示す．

(64) Dan P. McKenzie and Robert L. Parker, "The North Pacific: An Example of Tectonics on a Sphere," *Nature,* **216** (1967): 1276-1280.

(65) W. Jason Morgan, "Rises, Trenches, Great Faults, and Crustal Blocks," *Journal of Geophysical Research,* **73** (1968): 1959-1982.

(66) Xavier Le Pichon, "Sea-Floor Spreading and Continental Drift," *Journal of Geophysical Research,* **73** (1968): 3661-3697.

(67) Menard, *The Ocean of Truth,* op. cit.（注 25）, p. 287.

(68) Jack Oliver and Bryan Isacks, "Deep Earthquake Zones, Anomalous Structures in the Upper Mantle, and the Lithosphere," *Journal of Geophysical Research,* **72** (1967): 4259-4275. なお，日本列島の下でも太平洋側から西側に約 40 度傾斜する面に沿って地震が多発することは 1930 年代半ばには，和達清夫らの研究で知られていた．1960 年代になると，その下の層では地震波速度が速いこともわかった．残念ながら日本では，これをプレートの沈み込みと関連付けて解釈する人がいなかった．

(69) John F. Dewey and John M. Bird, "Mountain Belts and New Global Tectonics," *Journal of Geophysical Research,* **75** (1970): 2625-2647.

(70) Ibid., p. 2635.

(71) Arthur E. Maxwell *et al.*, "Deep Sea Drilling in the South Atlantic," *Science,* **168** (1970): 1047-1059.

(72) LeGrand, *Drifting Continents and Shifting Theories,* op. cit.（注 32）, pp. 229-230.

(73) Stewart, *Drifting Continents and Colliding Paradigms,* op. cit.（注 5）, p. 93.

(74) LeGrand, *Drifting Continents and Shifting Theories,* op. cit.（注 32）, p. 231.

(75) Menard, *The Ocean of Truth,* op. cit.（注 25）, pp. 267-268.

(76) Ibid. pp. 278-279.

(77) Wilson, "Static or Mobile Earth," op. cit.（注 51）, pp. 309-320. ならびに，J. Tuzo Wilson, "A Revolution of Earth Science," *Geotimes,* **13**, no. 12 (1968): 10-16. なお，後者は 1967 年に開かれたカナダ鉱山冶金学会の年会での講演をもとにしたものである．

(78) たとえば，地球物理学や地質学の国際雑誌として著名な *Journal of Geophysical Research* や *Tectonophysics* の頁数は 1970 年代に 2 倍以上に増えた．

(79) Stewart, Drifting Continents and Colliding Paradigms, op. cit（注 5）, p. 148.

(80) たとえば，ウッド『地球の科学史』（注 7），208 頁．

(81) 上田誠也「プレートテクトニクスに対する反論を検討する」『地学教育と科学運動』12 号（1983 年），67 頁．

(82) Harold Jeffreys, "Theoretical Aspect of Continental Drift," in Charles F. Kahle, ed., *Plate Tectonics: Assessments and Reassessments* (Tulsa: The American Association of Petroleum Geologists, 1974), pp. 395-405.

(83) Harold Jeffreys, *The Earth, 6th ed.* (Cambridge: Cambridge University Press, 1976), pp. 481-498.

(84) Arthur A. Meyerhoff and Howard A. Meyerhoff, "Test of Plate Tectonics," in *Plate Tectonics: Assessments and Reassessments,* op. cit.（注 82）, pp. 43-129.

(85) Arthur A. Meyerhoff and Howard A. Meyerhoff, "Oceanic Magnetic Anomalies and Their Relations to Continents," in *Plate Tectonics: Assessments and Reassessments,* op. cit.（注 82）, pp. 411-422.

(86) Meyerhoff and Meyerhoff, "Test of Plate Tectonics," op. cit.（注 84）, pp. 43-129.

(87) Carey, *The Expanding Earth,* op. cit.（注 45）, pp. 1-479.
(88) たとえば，ウラジミール・ベロウソフ，湊正雄・井尻正二監訳『構造地質学』築地書館，1958 年.
(89) ベロウソフはこのような過程を大陸地殻の海洋化（作用），あるいは玄武岩化作用と呼んだ.
(90) Vladimir V. Beloussov, "Against the Hypothesis of Ocean-Floor Spreading," *Tectonophysics,* **9**（1970）: 489-511. ならびに Vladimir V. Beloussov, "Seafloor Spreading and Geologic Reality," in *Plate Tectonics: Assessments and Reassessments,* op. cit.（注 82）, pp. 155-166.
(91) Vladimir V. Beloussov, "An Open Letter to J. T. Wilson," *Geotimes,* **13**, no. 12（1968）: 17-19.
(92) たとえば, Howard A. Meyerhoff や David B. MacKenzie らによる, "The New Global Tectonics: Major Inconsistencies: Discussion," *Bulletin of the American Association of Petroleum Geologists,* **56**（1972）: 2290-2295.
(93) Beloussov, "Against the Hypothesis of Ocean-Floor Spreading," op. cit.（注 90）, pp. 489-511.
(94) Stewart, *Drifting Continents and Colliding Paradigms,* op. cit.（注 5）, p. 122.
(95) Matthew H. Nitecki *et al.*, "Acceptance of Plate Tectonics Theory by Geologists," *Geology,* **6**（1978）: 661-664.
(96) LeGrand, *Drifting Continents and Shifting Theories,* op. cit.（注 32）, pp. 241-242.
(97) Ibid., pp. 242-244.
(98) ウッド『地球の科学史』（注 7），206-207 頁.
(99) LeGrand, *Drifting Continents and Shifting Theories,* op. cit.（注 32）, pp. 244-245.
(100) Claude Allègre, trans. by Deborah Kurmes van Dam, *The Behavior of the Erath: Continental and Seafloor Mobility*（Cambridge Ma.: Harvard University Press, 1988）, p. 120（原著は *L'précume de la Terre,* 1988）.
(101) V. Ye. Khain, "Present Status of Theoretical Geotectonics and Related Problems," *Geotectonics,* **6**（1972）: 199-214 によると，旧ソ連の垂直振動テクトニクスの中には①テチャエフ（M. M. Tetyayev）—ベロウソフ派，②アルハンゲルスキー（A. D. Arkhangelskiy）とシャツキー（N. S. Shatskiy）派，③オブルチェフ（V. A. Obruchev）とウソフ（M. A. Usov）らのシベリア派，の3つが存在した．3つの流派は，いずれもマントルの振る舞いによって地殻の構造が支配されていると考えるが，どの程度の深さまでのマントルが影響を及ぼすかをめぐって，見解の相違が存在したという.
(102) A. N. Khramov, G. N. Petrova, and D. M. Pechersky, "Paleomagnetism of the Soviet Union," in Michael W. McElhinny and D. A. Valencio, eds., *Paleoreconstruction of the Continents*（Washington D. C.: American Geophysical Union, 1981）, pp. 177-194.
(103) Peter N. Kropotkin, "Eurasia as a Composite Continent," *Tectonophysics,* **12**（1971）: 261-266.
(104) R. M. Demenitskaya and A. M. Karasik, "The Active Rift System of the Arctic Ocean," *Tectonophysics,* **8**（1969）: 345-351.
(105) Peter N. Kropotkin, "The XV General Assembly of IUGG," *Geotectonics,* **6**（1972）: 133-134.
(106) A. F. Adamovich and I. B. Ivanov, "Problems of Global Tectonics," *Geotectonics,* **6**（1972）: 259-260.
(107) Khain, "Present Status of Theoretical Geotectonics and Related Problems," op. cit.

(注 100), pp. 199–214

(108) たとえば, Ye. Ye. Milanovsky, "Some Aspects of Tectonic Development and Volcanism of the Earth in the Phanerozoic (Pulsation and Expansion of the Earth)," *Geotectonics*, **12** (1978): 403–411.

(109) Lev P. Zonenshain, "The Evolution of Central Asiatic Geosynclines through Sea-Floor Spreading," *Tectonophysics*, **19** (1973): 213–232.

(110) V. G. Trironov, "Mechanism of Spreading in Iceland," *Geotectonics*, **10** (1976): 125–133.

(111) Vladimir V. Beloussov and Ye. Ye. Milanovsky, "On Tectonics and Tectonic Position of Iceland," *Tectonophysics*, **37** (1977): 25–40.

(112) Vera Rich, "Soviet Plate Tectonics Open Approval," *Nature*, **292** (1981): 489.

(113) Yu. M. Pushcharovskiy et al., "Trends in Structural Development of the Continental Crust in the Neogean," *Geotectonics*, **19** (1985): 234–252.

(114) Lev P. Zonenshin, Michael I. Kuzmin, and Lev M. Natapov, *Geology of the USSR: A Plate Tectonic Synthesis* (Washington D. C.: American Geophysical Union, 1990), pp. 1–227.

(115) たとえば, ウッド『地球の科学史』(注 7), 252–254 頁.

(116) たとえば, ウッド『地球の科学史』(注 7), 244–248 頁.

(117) Yang Jing Yi and David Oldroyd, "The Introduction and Development of Continental Drift Theory and Plate Tectonics in China," *Annals of Science*, **46** (1989): 21–43.

(118) ヴェゲナーの『大陸と海洋の起源』の翻訳本は中国でも 1937 年に出版されたが, これは 1928 年に出版された仲瀬善太郎訳の日本語版からの翻訳であった.

(119) 黄汲清・猪俣道也訳「中国の地質科学の最近 60 年間の主要な成果と今後の課題の大略」『地球科学』37 巻 (1983 年), 286–296 頁.

(120) たとえば, 黄汲清は 1928 年に北京大学を卒業した後, 大陸移動説の支持者であったスイス・ヌーシャテル大学のアルガンの下で研究し, 1935 年に博士号を得た.

# 第2章 戦前の日本の地球科学の発展とその特徴

この章では，日本が明治以降，西洋の近代科学技術を積極的に受け入れ，それを独自のものとして発展させていく中で，日本の地質学や地震学がどのような特徴を持つに至ったかについて述べる．

日本の地質学は，日清戦争以降のアジア侵略に伴い，拡大の一途をたどった海外領土の地質や地下資源を調査することに追われた．その一方，日本列島の地質の成り立ちの解明に研究の重点が置かれ，グローバルな理論には関心が薄いものへと成長した．日本の地質学の記載主義的・地域主義的・地史中心主義的な特徴，わけてもグローバルな理論への関心の薄さは，PT に対する違和感と無関心につながり，PT の受容に時間がかかる要因になったと考えられる．

これに対して日本の地震学は，日本で近代的な地震学が誕生し，地震観測に有利な地理的条件を備えていたこともあって，「日本の地震学は世界レベル」との認識が共有される段階に達していた．グローバルな理論への関心は高く，PT をすみやかに受け入れる要因になったと考えられる．

## 2.1 近代地質学の輸入と地下資源の調査・開発

西洋で誕生した地質学には，さまざまな役割・分野がある．地球の成り立ちや歴史を論じるのも地質学であり，地震や火山現象はなぜ起こるのかを明らかにするのも地質学である．さまざまな岩石の成因を論じるのも地質学であり，あるいは石炭や石油，金属資源の鉱床はどのようなところに見付かるかを研究するのも地質学である．その対象とする地理的範囲も，地球全体からごく小さな島まで，さまざまな広さで成立することも，地質学の特徴である．

日本で「地質学」という言葉が初めて登場するのは，江戸時代末期，幕府の蕃書調所の教授箕作阮甫が著した『地殼図説』においてである．『地殼図説』では，ドイツのシェードラー（F. Schoedler）原著のオランダ語訳 *Boek der Natuur*（『自然の本』）に掲載されている地殼断面図が中心にすえられ，箕作によって地殼や地層の成り立ちについての解説が加えられている(1)．1860年ごろの著と考えられ，箕作はこの中で「Geologie」を初め「地学」と訳し，その後に「質」の字を加えて「地質学」と直している．当時は，「Geographie」を「地学」と訳すことが多かったので，地理学との混同を避けたためだといわれている(2)．

箕作の『地殼図説』は，自然哲学的な性格の濃い地質学であったが，多くの日本人が直接触れることになった近代地質学は，お雇い外国人によって始められた地下資源探査や地質調査に役立つ実用的な地質学であった．

日本で最初に本格的な地質調査を行ったのは，江戸幕府に雇われて1862年に来日した米国人ブレーク（W. P. Blake）とパンペリー（R. Pumpelly）らであった(3)．彼らの滞在はわずか1年であったが，日本人の助手を連れて北海道南西部の鉱物資源の調査を行う一方，火薬を用いた採鉱技術を指導した．

明治政府は「殖産興業」，「富国強兵」政策の一環として鉱山局を設け，地下資源の開発に力を入れた．1867年9月には薩摩藩に雇われて来日していたフランスの鉱山地質学者コワニエ（M. F. Coignet）と契約し，幕府の直轄だった兵庫県生野鉱山の再開発を依頼した．コワニエは生野で鉱山採掘事業の近代化を指導するとともに修学実験所を開設し，5年間鉱山学の講義を行った(4)．

鉱山局の後に設けられた工部省鉱山寮も1871年には，英国人ゴッドフレイ（J. G. H. Godfrey）を雇い入れた．彼は鉱山師長として，全国各地の炭田などを調査し，近代化を指導した(5)．

北海道開拓使は，米国人ライマン（B. S. Lyman）やマンロー（H. S. Munroe）らを1872年に招いた．彼らは開拓使仮学校で地質学などを教えると同時に，学生たちを同行して北海道各地の地質調査を行った．ライマンらは1877年には弟子たちをつれて工部省に移り，新潟県や静岡県などで油田の調査を，九州では炭田，岩手県では鉄鉱床の調査を行った(6)．コワニエ，ライマンらに教えを受けた弟子たちは，その後，官界や実業界で活躍した．1880年代に北海道の幾春別炭田や夕張炭田を発見したのは，その弟子たちであった(7)．

地質学や鉱山学の専門家を養成する教育機関も政府によって設けられた．文部省は1872年に開成学校（翌年，東京開成学校と改称）を開設したが，ここではドイツ人のシェンク（K. Schenk），後にナウマン（E. Naumann）が鉱物学・地質学を教えた(8)．工部省も1873年に，工学寮工学校（1876年に工部大学校になる）を設けた．工学校には土木，機械，電信，造家，実地化学及び溶鋳鉄，鉱山の6つの学科があり，鉱山学科では，後に地震学で活躍した英国人ミルンが鉱山学や鉱物学，地質学を教えた(9)．

1877年には東京開成学校と東京医学校を合併して，理学，法学，文学，医学の4学部からなる東京大学が開設された．理学部には化学，工学，数学，物理学及び星学，生物学，地質及び採鉱学科の6つの学科が設けられた．地質及び採鉱学科は，3年後には地質学科と採鉱冶金学科に分かれたが(10)，当初は地質学と鉱山学が同時に教えられたところにも，明治政府の地下資源開発にかける意気込みがうかがわれる．1870年代に文部省などによって翻訳・出版された本を見ても，鉱物学関係の本が多いのが目につく．

東京大学の地質学教室の初代の教師はナウマンで，1879年からはやはりドイツ人のブラウンス（D. Brauns）が約2年間，その後ゴッチェ（C. Gottsche）が約2年間教えた(11)．

初期の鉱物資源調査が一段落すると，日本全土の組織的な地質調査が始まった．こうした調査のための組織を設ける必要性を説いたのは，ナウマンであった．彼は1879年，殖産興業の基礎として全国の地質を調査することが重要である，との意見書を内務卿の伊藤博文に提出した．ナウマンはこの意見書の中で，ヨーロッパ各国や米国ではすでに地質調査が進んでいるとして，その必要性を強調した．そして全国を12年間で調査し，20万分の1の地形・地質・土性地図を作る計画を提案した(12)．

これを受けて，内務省地理課に地質調査のための要員が集められ，1880年からナウマンの指導で東京周辺の1府6県を対象にした調査が始まった．82年には，地質課は農商務省直轄の地質調査所として独立した．地質調査所の職員は約40人で，調査が軌道にのった85年にナウマンは解雇された．

お雇い外国人たちは「本業」のかたわら得た知識をまとめ，在留外国人が横浜で組織した日本アジア協会やドイツ東亜自然民族学協会が出す定期刊行物，それに本国の学術誌にしばしば発表した(13)．たとえば，ライマンは1876年に，日本で最初の広域地質図「日本蝦夷地質略之図」とこれを解説した「北海道地質総論」を著した．この地質図には北海道全域の地質が200万分の1の縮尺で描かれている(14)．

ゴッドフレイも英国に帰国した1877年，「日本の地質についての覚え書き」と題する論文を発表したが，これには「日本地質略図」が付いていた．日本列島全体の地質を示した最初の地質図であった(15)．ナウマンも，日本各地で発見されたゾウの化石を調べ，それを4つの種類に分類した論文を1881年に発表した．うち一種は新種で，これは「ナウマンゾウ」として知られている(16)．

化石の研究ではこのほか，日本に短期間やってきた外国人や，日本から送られてきた化石を研究した外国人による論文もかなりあり，1880年頃には日本にも三畳紀，ジュラ紀，白亜紀の地層が存在することが明らかになった(17)．

この時期の集大成といえるのが，ナウマンが帰国後の1885年から86年にかけて発表した日本列島の地質構造論である(18)．この中で，ナウマンは日本列島を今日の中央構造線を挟んで内帯と外帯の2つに分け，新潟県から静岡県にかけて縦断する裂け目をフォッサマグナ（大きな溝）と呼び，これを境にして北日本と南日本の2つに分けた．そして，日本列島は古生代に，伊豆－小笠原弧の北東進によって折り曲げられ，フォッサマグナが生じた，さらに，古生代末の変動によって今でいう中央構造線ができた，と主張した(19)．

今から見ると，ナウマンのいうフォッサマグナ（今でいう糸魚川－静岡構造線）や中央構造線の形成時期などは誤っている．晩年，ナウマンの研究に力を注いだ山下昇によれば,「その後の日本地質の研究史は,ナウマンの地質系統像の崩壊の歴史であった」(20) が,ナウマンによって初めて議論された日本列島の地質構造論は,その後の日本地質学の中心課題となっていく.

ナウマンの日本列島構造論を別にすると,明治初期の業績は,日本列島の珍しい鉱物や化石,地質を記載・報告するものがほとんどを占めている.東京大学の地質学科の卒業論文の課題も,特定の地域を対象に地質調査を行い,それを1枚の地質図にまとめることであった.

## 2.2 地質学の自立への歩み

1886年,法科,文科,理科,医科,工科の5つの分科大学を持つ帝国大学が誕生した.東京大学時代には理学部に所属していた採鉱冶金学科は工科大学に移され,理科大学地質学科の教授陣は,小藤文次郎,原田豊吉,和田維四郎の3人となり,お雇い外国人はいなくなった.

原田と和田は地質調査所と兼務であった.2人はまもなく地質調査所の仕事に専念するようになり,代わって横山又次郎,神保小虎が新たに教授に就任した.小藤,横山,神保の3人体制は約30年間続いた.小藤,横山,神保の3人はともにドイツに留学した経験があり,教室はドイツ流のアカデミズムと権威主義的な雰囲気が支配するところとなった(21).

この時期,お雇い外国人たちの残した仕事に対する批判が噴出したのが特徴である(22).その代表格は,ドイツで8年間学んだ原田であった.

原田は1888年から90年にかけて,ナウマンの日本列島構造論を批判する論文を相次いで発表した(23).ナウマンは,北日本と南日本がフォッサマグナで屈曲したのは,伊豆－マリアナ弧が北東進したためであると主張した.これに対して原田は,北日本と南日本は別々につくられた山系であり,2つの山系が交差するところ(原田は対曲地と称した)に富士帯(今でいう伊豆－マリアナ弧に近い)が生じたものであり,フォッサマグナと呼ぶような大地溝帯は存在しないと批判した.中央構造線などができたのは,ナウマンのいうような古生代末ではなくて,はるかに新しい時代である,とも主張した(24).これに対してナウマンも「フォッサマグナは大地溝帯ではなく,地殻の大きな裂け目を指したものにすぎない」などと，防戦に努めた(25).

帝国大学を卒業して北海道庁の技師をしていた神保小虎も1890年，ライマンの地質調査のやり方を痛烈に批判した(26). いわく，ライマンは岩石を見分けるのに顕微鏡も使わず，化石も重視せずに，地質図をつくった．このために，ライマンの岩層の分け方は，堆積岩と火成岩を同類に入れたり，白亜紀のものと第三紀のものを同類に入れたりするなど支離滅裂であり，ライマンの「北海道地質総論」は信じてはいけない，と神保は主張した．これに対して，ライマンの調査に同行した坂市太郎が「当時の交通事情から調査も制約されるなどの事情があり，ライマンの地質図に誤りが多いのは当然であり，学術の進歩と共に，地質図は改良されていくものである」などと反論した(27).

地質調査所で西南日本の調査にあたっていた奈佐忠行は1891年，ゴッチェが同年の『地学雑誌』に発表した「朝鮮国地質概要」(28) を批判した．奈佐は，ゴッチェが対馬の地質は朝鮮半島に似ていると書いたのを問題にした．奈佐は，対馬の地質は主として中生代の砂岩や頁岩でできており，ゴッチェがいうような片麻岩など古い時代の岩石はどこにもないと主張し，「外人の説は皆必ずしも確実なるものにあらず」と述べている(29).

以上のような批判の当否はさておき，こうした批判論文が出るようになったことは，日本の地質学が自立の道を歩み始めたことを示している．

自立への歩みは，制度的な面にも現れた．1893年に，帝国大学地質学科の関係者を中心にして，地質学の専門学会として東京地質学会が誕生し，『地質学雑誌』の発行を始めた．その前身は1883年に東京大学の関係者でつくられた地学会である．1894年からは，地質談話会が毎週1回開かれるようになり，さまざまな話題が提供された(30).

地質学関係者の参加する学会としては，それまで東京地学協会があった．これは，英国の王立地理協会をまねて1879年につくられたもので，ここでいう地学は地球科学全般を対象としていた．1893年の東京地質学会の創立は，地質学が地球科学全般から離れて，専門分野の自立を目指す動きであった．

1896年には，日本人の筆になる地質学教科書も出版された．帝国大学教授の横山又次郎の『地質学教科書』と，神保小虎の『日本地質学』である(31).

1898年には，100万分の1の大日本帝国地質全図が完成し(32)，1900年にパリで開かれた第8回万国地質学会議で，小川琢治らがこの成果を発表した．地質図の説明書も同じ年に出版された．説明書の主要部分を書いたのも小川である．それによると，日本列島の骨格は太古大統（始生代や原生代）の変成岩と花崗岩で，その上に古生代の海成層と，中生代の浅海層が発達している．地表に現れている地層の3分の2は新生代の海成層と火山噴出物で，それは新生代に入って日本列島が大変動を受けたためである，と述べられている(33)．

小川はこの成果をもとに，日本列島の構造発達史も論じた．この中で小川は，ナウマンや豊田が日本列島は主として一度の変動で生じたと論じているのに対し，日本列島は古い時代にも新しい時代にも変動を経験しており，古い時代と新しい時代を分けて議論する必要がある，と2人を批判している(34)．

## 2.3 戦争と海外地質調査の拡大

日本の地質学が自立の道を歩み始めてまもなく，今度は日本人地質学者の多くが，かつてのライマンやナウマンらとよく似た立場に置かれるようになる．アジアへの帝国主義的な侵略に伴い，日本の支配権が及ぶ範囲は拡大の一途をたどり，そこでの地下資源探査や地質調査が不可欠のものとなったからである．海外各所に地質調査所がつくられ，内地からも多くの地質家や鉱山技術者が海外での調査のために駆り出された．

海外での地質調査が本格的に開始されたのは，1894年から95年の日清戦争時からである．地質調査所の所長であった巨智部忠承らは，大本営からの委託を受け，日本が占領した遼東半島で2カ月あまり地質調査を行った(35)．1897年には，清国政府からの依頼で神保小虎らが中国南部で鉱床調査を行った．

1904年から05年の日露戦争の際には，地質調査所技師だった小川琢治や大築洋之助らが，大本営の命令で旧満州各地の地質調査や鉱産物の調査を行った．日露戦争後の1906年，南満州鉄道株式会社（以下，満鉄と略）がつくられ，翌年には撫順炭鉱を開発するために地質課が設けられた．1910年には，これが地質研究所（後に地質調査所と改称）に発展，満州各地での本格的な調査が始まった(36)．満鉄の地質調査所の職員は，1937年には65人に達し(37)，日本本土の地質調査所の職員数に匹敵した．

朝鮮半島では，日清戦争後に西和田久学が韓国政府からの依頼で鉱物調査を行っている．その後，韓国政府は農商工部に鉱床調査機関を設け，巨智部らが招かれて，石炭などの調査にあたった．帝国大学教授の小藤文次郎や，後に東北帝国大学教授になる矢部長克も，1900年から04年にかけてそれぞれ別々に調査を行い，鉱物資源や化石などについての論文を発表した(38)．

1910年の日本による併合後は，朝鮮総督府が置かれた．総督府は川崎繁太郎らを使って，全土の鉱床調査を7年かけて行った．1918年には地質調査所が，22年には燃料選鉱研究所が設けられ，炭田などの調査にあたった(39)．

日清戦争によって清国から割譲された台湾にも1896年総督府が置かれ，ここでの地質や鉱産物調査も本格化した．1897年には，台湾総督府によって石井八万次郎編纂の『10万分の1台湾地質鉱産図説明書』が出版されている．台湾総督府に地質調査所が置かれたのは1944年である(40)．

日露戦争の後，ロシアから割譲された南樺太では，1907年に樺太庁が設置され，鉱務課が設けられた．主に，石炭や石油資源の調査が行われた(41)．

第一次大戦後には，旧ドイツ領だった南洋諸島も日本が委任統治するようになり，ここでも燐鉱床などの調査が行われた(42)．

1941年に太平洋戦争が始まると，日本が占領した東南アジア各地にも，大量の地質，鉱山技術者が動員され，地質調査や鉱物資源の調査に従事した．海外での地質調査は，地質調査所など政府機関だけでなく，民間の石油・鉱業会社の手によっても盛んに行われた(43)．

東京帝国大学以外の大学にも，地質学関連学科が設けられるようになった大きな理由も，海外での調査が盛んになったことである(44)．1909年には早稲田大学理工科の開設と同時に採鉱学科が設けられ，翌年には九州帝国大学に採鉱学科が設立された．1911年には秋田鉱山専門学校も誕生した．東北帝国大学には1912年に，京都帝国大学には1921年に，それぞれ地質学科が誕生した．北海道帝国大学には1930年に地質学鉱物学科が，九州帝国大学には1939年に地質学科が，東京文理科大学には1942年に地質学鉱物学科が，広島文理科大学には1943年に地質学鉱物学科が設けられた．

海外での調査の主な目的は，鉱物資源の探査や開発に向けられていた．たとえば，満鉄地質調査所の場合，1907年の創立以降終戦までに，作成された調査報告書は約2300件にのぼった．うち約半数が鉱物資源の調査に関するもので，石炭，鉄鉱床などに関する報告書が多かった．これらの調査が，旧満州の撫順の炭田や油頁岩の開発，鞍山周辺の鉄鉱床の再発見・開発，海城地区などのマグネサイト鉱床の発見・開発につながったとされる(45)．

『地質学雑誌』や『地学雑誌』には，海外での調査をもとにした論文や紀行文が数多く掲載された．論文はすべて，各地で見付かった鉱物や鉱床，化石，地質などについて記載・報告したものである．岡野武雄によると，『地質学雑誌』の1巻（1893年）から51巻（1944年）までに掲載された中国関係の論文は約400篇に及ぶ．各巻には平均すると約40篇の論文が掲載されているから，中国関係だけで論文全体の2割程度を占めたことになる(46)．

東京地質学会の総会も1935年には，当時の京城（現在のソウル）で開催され，これを機に会の名称を現在の日本地質学会と改めた．1941年には，日本地質学会は旧満州の大連，奉天（現在の瀋陽），新京（現在の長春）で総会を開いた(47)．

第二次大戦中に，どれほど多くの地質・鉱山技術者が海外での調査に従事していたのか，その総数は不明であるが，大略の数を見積ることは可能である．たとえば，日本本土の地質調査所は終戦後，海外からの引き揚げが始まると，海外での地質調査に携わっていた関係者を一時的に雇い入れた．これによって終戦の年に137人だった地質調査所の職員は，1948年には647人にも増えている(48)．増加分のほとんどは，海外から引き揚げてきた地質家や技術者と考えられる．終戦直前の日本地質学会の会員数が1000人前後，明治以降1945年までに東京帝国大学，東北帝国大学，京都帝国大学の地質学科，北海道帝国大学の地質学鉱物学科を卒業した人は，計1000人程度であったから(49)，いかに多数の地質家が海外に行っていたかがわかる．

海外でのこうした盛んな地質調査は，地域の鉱物や地質などの記載からスタートした日本の地質学を長年，地域主義的・記載主義的なものに留める上で，大きな役割を果たした．

## 2.4 地質学の専門分化と層序学の発展

1920年代から30年代にかけて，日本の地質学は新しい時代を迎える．前節で述べたように，東京帝国大学以外の大学にも地質学科が誕生したことは，東京帝国大学「専制支配」に近かった地質学界に，競争の意識を呼び起こした(50)．東京帝国大学では，それまで30年以上も教授の席に座り続けていた小藤文次郎，横山又次郎，神保小虎の3人が1921年から24年にかけて定年などで相次いで退官し，世代交代が進んだ(51)．

この時期の大きな特徴は，地質学のさまざまな分野の専門分化が進んだことである．岩石学や地史学，古生物学，地形学などが独自の分野として確立した．中でも進展が目覚しかったのは，地層から出てくる化石をもとにその地層ができた年代を明らかにする生層序学と，その成果にもとづいて地質の歴史を考察する地史学である．

層序学の研究は，ナウマンらの外国人や，帝国大学の小藤，横山らによって始まった．これらの研究は，化石の産出に関する1例報告的なものが中心であった．しかも，ほとんどの化石は他人が採集したもので，横山らは鑑定して論文を書いたにすぎなかった(52)．したがって，採取地点はわかっても，地層のどの部分から採取されたのかははっきりしなかった．

日本での本格的な生層序学的研究は，小藤や横山の教えを受けた矢部長克によって始められた．矢部は1912年に新設された東北帝国大学の地質学科の教授に就任し，1917年には「日本列島の地体構造に関する諸問題」と題する論文を発表し，日本の地質学界に新風を送り込んだ(53)．

矢部は，この論文で日本列島の地質構造発達史について書かれたナウマン，原田豊吉，小川琢治，ジュースらの論文を批判的に紹介したうえで「当時知られていた基本的事実は限られていたので，推測の演じる役割が大きかった」と総括した．そして議論の前提として，生層序学にもとづいた地史学的な調査・研究を地道に続けることの必要性を訴えた．

矢部の教えを受けた弟子達の活躍はめざましかった．そのひとり早坂一郎は1921年，新潟県・青海の石灰岩から石炭紀前期からペルム紀までの多数のサンゴなどの化石を発見した[54]．これによって従来漠然と秩父古生層と呼ばれていた地層の年代が具体的になった[55]．

藤本治義は1924年，茨城県・日立鉱山付近の御荷鉾(みかぶ)系と三波川(さんばがわ)系の結晶片岩の間に挟まれている石灰岩から，石炭紀のサンゴの化石を発見した[56]．御荷鉾系や三波川系はナウマンの時代には，始生代や原生代にできた日本列島の基盤と考えられ，その後は石炭紀以前にできた日本でも最も古い地層だと考えられていた．藤本は，御荷鉾系などはもっと新しい時代のものであることを明らかにしたのである．藤本は1939年には，三波川系からジュラ紀の放散虫の化石を見付け，三波川系はジュラ紀にできた変成帯である，と主張した[57]．しかし，この説は当時の学界には受け入れられなかった．

まだ東京帝国大学の学生だった小沢儀明もまた，矢部の主張を忠実に実践した．小沢は卒業論文のフィールドとして山口県秋吉台を選んだ．その石灰岩層に含まれる紡錘虫（フズリナ）化石を細かく調べ，紡錘虫が生きていた時代は石炭紀前期からペルム紀後期にわたることを明らかにした．

小沢はさらに，地層の下位にいくに従って紡錘虫化石の年代が若くなっているのを見付け，1923年に発表した[58]．小沢は，このように地層が逆転したのは，大規模な地殻変動があったために地層が褶曲され，折り畳まれたためであるとした．逆転の起きた時代は，ペルム紀の終りと判定した．このような地層の逆転構造はアルプスでは19世紀半ばに発見され，その成因をめぐる議論が盛んであったが，日本で発見されたのは初めてであった．

地層の逆転が起きたのは秋吉台だけに限られるはずはないと考えた小沢は，中国地方のさらに広い範囲を調べた．そして岡山県大賀地方でも，古生代の石灰岩や三畳紀の砂岩が，ジュラ紀の泥岩の上に乗り上げている（ナップ構造）のを見付けた．小沢は1925年に，こうした事実をもとに西南日本の内帯では，古生代末に南から北に向かって褶曲を起こすような地殻変動があり，さらにジュラ紀後期にも今度は北から南に押すような大きな地殻変動があった，と主張する論文を発表した[59]．このような生層序学研究の成果にもとづいて，日本列島の形成の時期について議論したのも，小沢が初めてであった．

小沢は定年で退官した横山又次郎の後任として1924年には東京帝国大学の講師に，25年には助教授になったが，29年に病死した(60)．小沢の研究を受け継ぎ，さらに発展させたのは，次節で述べる小林貞一である．

1934年には野田光雄が，北上山地西部でデボン紀後期の腕足類の化石を(61)，1937年には小貫義男が岩手県大船渡市付近でシルル紀のコケムシ類などの化石を(62) それぞれ見付けた．彼らもまた矢部の弟子達であった．

1920年代から30年代にかけて，こうしてシルル紀から新生代にわたるまでの日本での生層序の年代区分ができあがった．それとともに，古生物学やそれにもとづいた地史の研究が，それまでの鉱物学や鉱床学に代わって，地質学の主役に躍り出ることになった．

この時期の地学の知識の集大成として，岩波講座の『地質学及び古生物学，鉱物学及び岩石学』シリーズが1931年から34年にかけて出版された．全96冊のシリーズのうち，古生物と地史関係で35冊を占め，鉱物学関係（17冊），鉱床学関係（16冊）を上回っている．また，『地質学雑誌』に掲載される地史や地域地質，古生物関係の論文も年々増え，たとえば1939年には全掲載論文34篇の6割以上を占めた．

地史や地域地質，古生物関係の論文の多くは，外国文献をほとんど参考にしないでも書けるのが特徴である．たとえば，1939年の『地質学雑誌』に掲載された論文34篇のうち半数の17篇は，引用文献に外国文献をまったく含んでいない．地史の研究が地質学の主役になったことは，外国文献離れの傾向も産んだ．

## 2.5 戦前の地質学の集大成「佐川造山輪廻」

日本列島の地史に関する知識が蓄積されてきたことを反映して，1930年代には総合的な論文も現れるようになった．九州帝国大学の渡辺久吉は1938年，日本列島の第三紀以降の地質発達史を論じる論文を書き，中新世末（約1000万年前）に日本列島は大規模な地殻変動に見舞われ，ところによっては1000 m以上も隆起したと主張した(63)．渡辺は，この変動を大八洲（おおやしま）変動と名付けた．

第三高等学校の教授であった江原真伍は，四国では東西方向に延びる帯状の地質体がいずれも北に傾いた覆瓦状構造をしていると指摘した上で，これは太平洋側から下に押し込むような力が加わってできたものである，と主張し，これを太平洋運動と名付けた(64)．江原のいう太平洋運動は，太平洋の海底が日本列島の下にもぐり込んでいるために起きるとしており，今でいうプレートの沈み込みに伴う付加体の形成とよく似たメカニズムを考えていたことがわかる．

このような中で，東京帝国大学助教授の小林貞一(65) が1941年に同大学理学部紀要に英文360頁にわたって発表した“The Sakawa Orogenic Cycle and Its Bearing on the Japanese Islands”（佐川造山輪廻と日本列島の起源に対する意義；以下，「佐川造山輪廻」と略）は，戦前の日本の地質学の1つの到達点といえよう(66)．

小林がこの論文の基本的な枠組みに使ったのは，第5章で詳述する地向斜論の考え方である．小林はドイツのシュティレ（H. Stille）の影響をとりわけ強く受けている(67)．小林によれば，堆積物や火山噴出物が厚くたまった地向斜は，何らかの力によって何回もの地殻変動を経験し，順次陸になり，ついには造山帯になる．これを山化と呼ぶ．造山帯は侵食によってやがて解体する時期に入るが，これを反山化と呼ぶ．これらの各時期には，特有な火山活動が起き，変成帯が形成される．一連のこうした過程は繰り返して起こる．これが小林のいう造山輪廻である．

小林はこの造山輪廻の考え方を基本にすえて，日本列島の地質に関するそれまでの研究資料を総合すると同時に必要なものを補強して，日本列島の発生から現在に至るまでの地質発達史を細部にわたって論じた(68)．

それによると，日本列島は古生代につくられた秩父地向斜が，古生代末から三畳紀にかけての秋吉造山運動を受け，まずその北半分が陸地となった．飛騨変成帯や三郡変成帯はこの秋吉造山運動期にできた．秩父地向斜の南半分は，三畳紀末から白亜紀にかけての佐川造山運動によって山化する．三波川変成帯や領家変成帯はこの時期につくられた．こうして日本列島の基本構造ができあがる．その後，秩父地向斜の南東側にできた四万十地向斜などが第三紀に大八洲造山運動を受けて現在の姿になった，と小林は主張した．

小林論文には，シュティレとの考え方の違いも見うけられる．小林は佐川造山輪廻はアルプス造山輪廻とよく似ているとしたが(69)，アルプス造山の前に存在したカレドニア，バリスカン造山運動と日本列島との関連については触れなかった．小林は「ある構造区域の造山輪廻の分類は通常，他区域にはあてはまらない」と述べており，シュティレの世界同時造山という考え方には否定的だったように理解される．

シュティレは造山運動を起こす原動力を地球の冷却・収縮による横圧力に帰したが，小林は地殻変動を起こした原動力について「私は地球の回転が最も重要な要素であると思う」(70) と述べている．小林は大陸移動説に肯定的で，日本列島も地塊として長距離にわたって移動した可能性を主張している(71)．

小林の「佐川造山輪廻」説は，日本列島の地質の発達史を日本人自らの手で初めて体系的に論じたものであり，戦前の日本の地質学を代表する業績にあげられる．それはまた，日本の地質学の特徴とその限界をも代表していた．1つは，外国でできあがった学説を基本にすえ，それを日本列島にあてはめて議論を展開するというスタイルである．もう1つは，何よりも日本列島の成り立ちを明らかにすることに力が入れられた点である．朝鮮や台湾，中国北部など海外の地質についてのデータは多量に蓄積されつつあったにもかかわらず，その視野は日本列島に限られ，地球レベルに広がることはなかった．きわめて地域主義的・地史中心的なものだったといえよう．

小林のこの論文以降，日本では「地向斜論」を「造山輪廻」と呼ぶのが一般的になる．そして秋吉，佐川，大八洲という3回の造山運動によって現在の日本列島が誕生したとする小林の日本列島構造発達史は，地質学界で支配的な考え方になった．同時に，「日本の地質学の中心課題は，日本列島の歴史を明らかにすることにある」との考え方も揺るぎないものになった(72)．

## 2.6 日本の地震学の発展と地質学との対比

戦前の日本地質学の地域主義的特徴は，日本の地球科学全体に共通するものではなかろうか．それを確かめるために，ここでは地球科学のもう1つの分野である地震学の日本での発展を見てみよう.

日本の近代的な地震学もまた，お雇い外国人の手で始まった．お雇い外国人たちは，日本では地震が多いのに大きな関心を抱いた．工部省測量司の招きで1874年に来日した英国人シャボウ（H. Chabeau）は，イタリアのパルミエリ（L. Palmieri）がつくった地震計を持参した．この地震計を使って翌年から英国人ジョイナー（H. B. Joyner）の手で観測が始められている(73)．パルミエリの地震計は，地震動の強さや継続時間は記録できるが，地震の揺れを連続的に記録することはできなかった.

地震動を連続的に記録できる実用的な地震計を最初につくったのは，東京大学理学部で機械工学を教えていた英国人のユーイング（J. A. Ewing）である(74)．周期の長くて重い振り子をつるしておくと，地震のような周期の短い振動があってもほとんど動かない．重い振り子は近似的に不動点と見なせる．したがって，この振り子と地面との相対的変位を記録すれば，地震動を記録したことになる．この原理は18世紀から知られていた.

問題は，普通の振り子ではその周期を長くしようとすると，振り子の長さを長くする必要があることである．周期3秒で4 m，周期10秒では25 mにもなる．これが，実用的な地震計の開発がなかなか進まなかった最大の理由である．ユーイングは来日2年目の1880年，振り子を水平に近い位置に置けば，振り子の周期を長くできることに着目して，水平振り子を応用した初めての地震計を製作し，同年11月，地震動の連続記録をとることに成功した(75)．これが近代的な地震学の始まりとされる.

1880年の2月に横浜付近を中心としたやや強い地震があった．被害は局地的で，煙突が倒れたり，墓石が転倒したりする程度であったが，この地震がきっかけになり3月には「日本地震学会」が結成された．その中心になったのはユーイングや工部省工部大学校の教師であった英国人のミルン（J. Milne）らの在日外国人であった．初期の会員約110人のうち，日本人会員は3分の1程度である．英国や米国など海外在住の会員も20人以上いた(76)．

東京大学ではユーイングのために当時の神田錦町の大学構内に地震学実験所を設けた．ユーイングは1883年に帰国するまで，ここで地震観測を続けた．ユーイングの観測を助けたのが東京大学の準助教として赴任したばかりの関谷清景（翌年から助教授）であった．彼の専門は機械工学で，地震学はユーイングやミルンから学んだ．

関谷はユーイングが帰国すると地震観測を引き継ぎ，1886年の帝国大学の発足と同時に地震学の専任教授になった．世界最初の地震学の教授といわれる(77)．関谷はまた，1885年内務省に新設された験震課長も兼務した．そしてユーイングの地震計に何度かの改良を施し，上下動を観測できる地震計も加えたグレー・ミルン・ユーイング地震計を，水戸，前橋など日本各地の測候所に順次据えつけ，世界最初の地震観測網をつくりあげた(78)．

関谷はまた，各測候所からの地震の報告を統一した基準によって行うために，微震，弱震，強震，烈震の4段階からなる震度階をつくった．たとえば弱震は「震動ヲ覚ユルモ戸外ニ避ルニ足ラザルモノ」とした．これが現在の震度階の元になった(79)．関谷は結核のため，1896年に41歳にして世を去った．

1891年に起きた濃尾地震は7000人以上の死者を出した．地震の後，岐阜県根尾村を中心に延長約100 kmにわたって地震断層が出現した．根尾村では断層を境に最大で水平に8 m，垂直には約6 mも地面がずれ動いた．現地調査した帝国大学教授の小藤文次郎は，今回の地震はこの断層が動いたものであると主張する論文を発表し(80)，世界の注目を浴びた．断層が動くのが地震の原因であるという断層地震説は，ヨーロッパでもジュースらによって唱えられていたが，実際に観察された例はこれが初めてであったからである(81)．

濃尾地震では，各地に建てられたレンガ造りの洋風建築の倒壊も目立った．地震の後，地震の被害を少なくする手段を調査・研究することを目的に，政府の機関として震災予防調査会がつくられた．そこでは，地震を予知する方法や火山について研究するだけでなく，強い地震の揺れに耐えられるよう建築物を耐震化することにも力点が置かれたのが特徴である(82)．

震災予防調査会の中心となって活躍したのが，関谷の後を継いで1897年に帝国大学教授になった大森房吉である．大森は濃尾地震の被害地の調査を行い，墓石の転倒状況に注目した．墓石を倒すのに必要な加速度は，その墓石の幅や長さから計算できる．大森は，墓地にあるさまざまな形の墓石の転倒状況をもとに，その地での最大の加速度を推定した．こうして推定した最大加速度は家屋の被害とも関係が深いことを見付けた．そして，最大加速度によって7段階に震度を分類する新しい震度階を提案した(83)．大森の絶対震度階と呼ばれる．中央気象台もこの提案をもとに1898年から，4段階の震度階を7段階に改定した(84)．最大加速度と被害とを結び付ける大森の考え方は，関東大震災後の1924年に制定された市街地建築物の耐震規定の基礎にもなった．

大森は初期微動と呼ばれる最初の弱い揺れの継続時間と，震源までの距離が比例していることも発見した(85)．大森が見付けた関係式は大森公式と呼ばれ，中央気象台ではこれを使って，各地で観測された初期微動の継続時間から震源を推定するようになった(86)．大森は，大地震後の余震の数は時間に逆比例して減少してゆくという経験式も見付けている(87)．

1900年に地震学教室の助教授になった今村明恒は，1896年の明治三陸地震津波の原因について論文を書き，津波の原因は海底の地盤が隆起または沈降したためであることを解明した(88)．この地震では，揺れが小さかったにもかかわらず，大津波が襲い，2万人以上の死者が出た．このため津波の原因は海底での火山爆発である，などとの説も出された．今村は，海底の地盤の隆起がゆっくりで，揺れが人体に感じられない程度でも大津波が起きうることを，数理的に明らかにした．今でいう津波地震である．今村は，東京が将来大地震に襲われるか否かに関する大森との論争でも知られる．

10万人を超える死者を出した1923年の関東大地震は，地震学の発展にも大きな影響を及ぼした．同年12月には，東京帝国大学理学部の地震学講座は地震学科になり，今村明恒が教授に就任した．これまで大森を中心に進められてきた地震学は，あまりにも記載的・統計的すぎるとして批判され，1925年に設立された地震研究所では物理学に基づいた地震の研究に力が入れられた(89)．

このような研究の先駆けとして注目されるのは，京都帝国大学の物理学の助教授であった志田順が手がけた縦波の初動分布の研究である．地震があると最初に伝わってくる波は縦波である．これは震源方向から押されるか，あるいは震源方向に引かれるかの2つしかない．志田は，この初動の方向に着

**図 2-1**　1917 年 5 月の静岡県下を震源にした地震の初動（→）分布
（志田順「『地球及地殻の剛性並に地震動に関する研究』回顧」『東洋学芸雑誌』45 巻 553 号（1929 年），285 頁より）

目し，研究を続けた．1917 年に静岡県・天竜川河口付近を震源にした地震では，初動の押し引きの分布は，直行する 2 本の直線（節線）によって，4 象限に分けられた（**図 2-1**）．志田は 1918 年に，このような初動分布になるのは，節線と 45 度の方向に力が働いたからであると論じた(90)．

志田は 1920 年，京都帝国大学に新設された地球物理学科の教授になった．志田が新設学科に「地球物理学」と名付けたのは，大森の地震学を批判し，地震学に物理学的要素を持ち込みたい，と考えていたためであるとされる(91)．

志田の研究は，地震波の観測記録から，その地震がどのような力によって起きたのかを推定する発震機構の研究の先鞭をつけたものであった．震源に

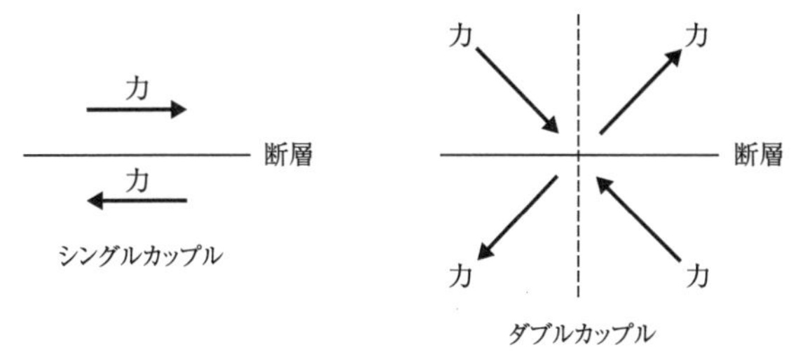


**図 2-2** 地震を起こす力についての 2 つの考え方
左がシングルカップル，右がダブルカップル．

働く力と初動との関係についての理論的研究は，地震研究所の妹澤克惟や，東北帝国大学の中村左衛門太郎，気象庁にいた本多弘吉ら多数の研究者によって進められた．本多は 1930 年に起きた北伊豆地震について，この地震は 2 組の偶力（ダブルカップル）によって起きたものであることを数理的に明らかにした(92)．米国や旧ソ連などでは，地震は 1 組の偶力（シングルカップル）によって起きるとの考え方が有力であった（**図 2-2** 参照）．地震のほとんどは 2 組の偶力の働きによって起こることは，1960 年代になって国際的に認められた(93)．

測地学の分野では，地震研究所の坪井忠二や宮部直巳，大塚弥之助らによって地震の際の地殻変動の研究が進められた．大地震が起きるたびに，水準測量などが繰り返され，地震には地殻変動が伴い，大地震ほど変動が大きいこと，地殻変動にもいくつかのパターンがあることが確かめられた(94)．これも，後の断層地震説の確立につながる研究であった．

水準測量の繰り返しによって，地震が起こらなくてもゆるやかな地殻変動が続いていることも明らかになった．たとえば，中国山地では 30 年間で 30–50 cm も，海岸部よりも相対的に高くなっていた．こうした事実は，大塚弥之助らに「日本の地質構造を知るには，現在継続しているこうした運動を知ることこそが重要である」(95) との考えを抱かせるに至った．

深発地震の発見も日本人の重要な貢献である．志田も震源の深さが時には 300 km に及ぶ地震があることを指摘していたが(96)，気象庁の和達清夫は 1926 年に滋賀県彦根付近の地下で起きた地震の観測記録を集め，震源は深さ 300 km 以上であることをつきとめた(97)．和達はその後も深発地震の研究を進め，日本列島付近で深発地震の起きる場所をプロットすると，東から西に約40度の傾きを持つ面上に分布していることを1935年に発表した(98)．この面は深発地震面，あるいは和達－ベニオフ面と呼ばれ，今では日本海溝付近から沈み込むプレートの上部を表していると解釈されている．

東京帝国大学地震学科は1941年には，物理学科に所属していた気象学講座などと合併し，地球物理学科になった．東北帝国大学でも1945年の終戦の直前，1912年に設置された物理学科の向山観測所や地球物理講座を母体にして，地球物理学科が独立した．

このように，戦前，日本の固体地球物理学研究の中心となったのは，東京帝国大学地震学科と地震研究所，京都帝国大学地球物理学科，それに中央気象台を数えるだけである．お雇い外国人を中心に結成された日本地震学会が1892年に自然消滅した後，固体地球物理学分野唯一の学会として地震学会が再建され，学会誌『地震』が発行されるようになったのは1929年で，日本地質学会に比べるとその歴史は新しい．1945年ごろの地震学会の会員数は約300人で，日本地質学会のそれに比べると，3分の1にも満たなかった．

しかし，戦前の日本の固体地球物理学は，大森公式をはじめ，今村の津波地震説，志田や本多の発震機構に関する研究，和達の深発地震面の発見など，世界レベルの研究成果をいくつか生み出した．これには，近代地震学が日本で始まったということや，日本列島は地震活動の活発な地域であるため，データが豊富に得られたということが有利に作用したことは疑いない．

戦時中から戦後にかけて休刊していた『地震』は1948年に復刊された．その復刊に際して，今村明恒に代わって地震学会委員長となった坪井忠二は「日本が，学問において，世界と対等に，若しくは数歩を先んじて，進み得たものは，多くはないが，地震学がその1つであったことは疑いないことである」(99)と述べている．

地震学会は1952年から，学会員以外の研究者も自由に投稿できる国際雑誌*Journal of Physics of the Earth*の刊行を開始した(100)．1957年から翌年にかけての国際地球観測年には，日本も南極観測のほか遠地地震観測，脈動観測，地殻潮汐の観測，重力測定など各種観測に参加した．これは，地球物理学分野での国際化を促進するきっかけにもなった．

このように，日本の地震学が早くから世界を意識して研究発表を続けていたという事実は，海洋底拡大説やPTが登場すると，世界の新しい研究の動向に遅れをとってはいけない，という意識を生み，日本の地震学の研究者が1970年代の早い時期にPTを受け入れる要因になった，と考えられる．

### 参考文献と注

(1) 石山洋「箕作阮甫の地理学」蘭学資料研究会編『箕作阮甫の研究』思文閣出版，1978年，251-257頁．
(2) 望月勝海『日本地学史』平凡社，1948年，83頁．
(3) 湯浅光朝『日本の科学技術100年史（上）』中央公論社，1980年，214頁．
(4) 東京地学協会日本地学史編纂委員会「西洋地学の導入（明治元年～明治24年）〈その1〉」『地学雑誌』101巻（1992年），138頁．
(5) 日本地学史編纂委員会，同上論文，139頁．
(6) 日本地学史編纂委員会，同上論文，139頁．
(7) 望月勝海『日本地学史』（注2），87頁．
(8) 日本地学史編纂委員会「西洋地学の導入（明治元年～明治24年）〈その1〉」（注4），144頁．
(9) 望月勝海『日本地学史』（注2），88頁．
(10) 日本地学史編纂委員会「西洋地学の導入（明治元年～明治24年）〈その1〉」（注4），145頁．
(11) 東京地学協会日本地学史編纂委員会「日本地学の形成（明治25年～大正12年）〈その1〉」『地学雑誌』104巻（1995年），583頁．
(12) 日本科学史学会編『日本科学技術史体系14・地球宇宙科学』第一法規出版，1965年，94-95頁．
(13) 日本地学史編纂委員会「西洋地学の導入（明治元年～明治24年）〈その1〉」（注4），145頁．
(14) 東京地学協会日本地学史編纂委員会「西洋地学の導入（明治元年～明治24年）〈その3〉」『地学雑誌』103巻（1994年），167頁．
(15) 日本地学史編纂委員会，同上論文，168頁．
(16) エドムンド・ナウマン，山下昇訳『日本地質の探究—ナウマン論文集』東海大学出版会，1996年，135頁．
(17) 日本地学史編纂委員会「西洋地学の導入（明治元年～明治24年）〈その3〉」（注14），169頁．
(18) ナウマン，山下昇訳『日本地質の探究—ナウマン論文集』（注16），167-259頁．
(19) 谷本勉「ナウマンの日本群島論」『科学史研究』17巻（1978年），23-30頁．ならびに谷本勉「ナウマンの日本群島論（II）」『科学史研究』21巻（1982年），153-161頁．
(20) 山下昇「ナウマンの『構造と起源』から江原の『太平洋運動』まで」『日本の地質学100年』日本地質学会，1993年，4頁．
(21) 大井上義近は『日本地質学会史』（日本地質学会，1953年）で「明治時代の地質学会と大学」と題して，「小藤，横山両先生には余程重大な用事がないと面会すら難しかった」と，東京帝国大学に在学中の思い出を書いている．大井上はまた，自分は将来応用方面に進みたいので，工学部で採鉱冶金学の講義を聞きたいと小藤教授に申し出たところ,「先生は憤然顔色を更め『地質学は純学理的なものである. 応用的なものにあらず. 吾輩知らぬ』と叱責せられ, 戸を閉じて着席せられたこともある」(47-49頁) とのエピソードも紹介している.

(22) 日本科学史学会編『日本科学技術史体系 14・地球宇宙科学』(注12), 145頁.

(23) 原田豊吉「日本地質構造論」『地質要報』4巻 (1888年), 309-355頁など.

(24) 原田豊吉「日本地質構造論」『地学雑誌』1輯 (1889年), 46-51頁, 90-98頁, 132-137頁, 190-193頁.

(25) 谷本勉「ナウマンの日本群島論 (II)」(注19), 156頁.

(26) 神保小虎「ライマン説を論す」『地学雑誌』2輯 (1890年), 7-11頁.

(27) 坂市太郎「神保君ニ質シ併セテ其教ヲ乞フ」『地学雑誌』2輯 (1890年), 147-148頁.

(28) ドクトル・ゴッチェ「朝鮮国地質概要」『地学雑誌』3輯 (1891年), 19-27頁.

(29) 奈佐忠行「朝鮮国地質概要を読で感あり」『地学雑誌』3輯 (1891年), 100-101頁.

(30)「地質談話会」『地質学雑誌』2巻 (1894年), 38-40頁.

(31) 横山又次郎『地質学教科書』富山房, 1896年, 神保小虎『日本地質学』金港堂, 1896年.

(32) 20万分の1地質図で全国を覆うというナウマンの計画が完成したのは, 1919年になってからである.

(33) 清水大吉郎「100万分の1日本地質図と小川琢治の業績」『日本の地質学100年』(注20), 23-27頁.

(34) 小川琢治「西南日本地質構造論」『地学雑誌』19輯 (1907年), 92-118頁, 167-188頁, 227-241頁.

(35) 日本科学史学会編『日本科学技術史体系 14・地球宇宙科学』(注12), 146頁.

(36) 坂本峻雄「南満州鉄道株式会社の地質及鉱産地調査史」『日本地質学会史』(注21), 1953年, 158-161頁.

(37) 岡野武雄「第二次大戦前・中の海外地質調査」『日本の地質学100年』(注20), 435頁.

(38) 岡野武雄, 同上論文, 433-434頁.

(39) 立岩巌「朝鮮総督府地質調査所の地質研究史」『日本地質学会史』(注21), 149-152頁.

(40) 岡野武雄「第二次大戦前・中の海外地質調査」(注37), 438-439頁.

(41) 岡野武雄, 同上論文, 439頁.

(42) 岡野武雄, 同上論文, 439頁.

(43) 岡野武雄, 同上論文, 440-441頁.

(44) 湯浅光朝『日本の科学技術100年史 (上)』(注3), 217頁.

(45) 岡野武雄「第二次大戦前・中の海外地質調査」(注37), 437-438頁.

(46) 岡野武雄, 同上論文, 438頁.

(47) 早坂一郎「日本地質学会60年略史」『日本地質学会史』(注21), 1-3頁.

(48) 岡野武雄「第二次大戦前・中の海外地質調査」(注37), 441頁.

(49) 日本地質学会記念号編集委員会「日本地質学史年表」『日本地質学会史』(注21), 22-24頁.

(50) 山下昇「ナウマンの『構造と起源』から江原の『太平洋運動』まで」(注20), 17頁.

(51) 望月勝海『日本地学史』(注2), 144-145頁.

(52) 矢部長克「明治時代の日本における地質学」『日本地質学会史』(注21), 36-44頁.

(53) Hisakatsu Yabe, "Problems Concerning the Geotectonics of the Japanese Islands: Critical Reviews of the Various Opinions Expressed by Previous Authors on the

Geotectonics," *The Science Reports of the Tohoku Imperial University, Series 2,* **4** (1917): 75-104.
(54) 早坂一郎「越後国青海村の石灰岩」『地学雑誌』33 輯（1921 年），431-444 頁.
(55) 秩父古生層と当時呼ばれていた地層は，現在では秋吉帯，美濃・丹波帯，秩父帯などに分けられているが，その地層が形成された時代は秋吉帯がペルム紀末，美濃・丹波帯と秩父帯はジュラ紀など，多くは中生代の付加体であると考えられている．第 7 章参照.
(56) 藤本治義「日立鉱山付近の片状岩に伴われる石灰岩中の珊瑚化石」『地学雑誌』36 輯（1924 年），559-561 頁.
(57) 藤本治義「関東山地の長瀞系（三波川系・御荷鉾系）に就て」『地質学雑誌』46 巻（1939 年），117-126 頁.
(58) 小沢儀明「秋吉台石灰岩を含む所謂上部秩父古生層の層位学的研究」『地質学雑誌』30 巻（1923 年），227-243 頁.
(59) Yoshiaki Ozawa, "The Post-Paleozoic and Late-Mesozoic Earth-Movements in the Inner Zone of Japan," *Journal of the Faculty of Science, Imperial University of Tokyo, Section 2,* **1** (1925): 91-104.
(60) 坪井誠太郎「各大学研究室の歴史・東京大学地質学教室」『日本地質学会史』(注 21)，87-92 頁.
(61) 野田光雄「北上山地西部長坂付近の地質学的研究」『地質学雑誌』41 巻（1934 年），431-456 頁.
(62) 小貫義男「北上山地，岩手県気仙沼郡地方に於けるゴトランド紀層の新発見並びに古生層の層序に就いて」『地質学雑誌』44 巻（1937 年），600-604 頁.
(63) 渡辺久吉「第三紀時代に於ける日本群島の古地理」『地学雑誌』50 輯（1938 年），351-372 頁.
(64) 江原真伍「太平洋運動と海溝の成因に就て」『地質学雑誌』47 巻（1940 年），352-360 頁.
(65) 小林は 1901 年生まれ，東京帝国大学を卒業後，地質学教室の助手になり，米国に約 3 年間留学した．1934 年に帰国して講師になり，1937 年から助教授，1944 年に教授になった.
(66) Teiichi Kobayashi, "The Sakawa Orogenic Cycle and Its Bearing on the Origin of the Japanese Islands," *Journal of the Faculty of Science, Imperial University of Tokyo, Section 2,* **5** (1941): 219-578.
(67) 松本達郎『日本地史学の課題』平凡社，1949 年，120-122 頁.
(68) 佐藤正「小林貞一の日本列島地質構造発達史」『日本の地質学100年』(注20)，28頁.
(69) Kobayashi, "The Sakawa Orogenic Cycle and Its Bearing on the Origin of the Japanese Islands," op. cit. (注 66), p. 522.
(70) Ibid., pp. 530-536.
(71) Ibid., p. 450.
(72) 日本科学史学会編『日本科学技術史大系 14・地球宇宙科学』(注 12）でも「近代日本における地質学の歩み」に関連して，「日本の地質学の中心課題は何といっても日本列島の歴史を明らかにすることにあると考える」(19 頁）と，述べられている.
(73) 藤井陽一郎『日本の地震学』紀伊国屋書店，1967 年，30-31 頁.
(74) 萩原尊禮『地震学百年』東京大学出版会，1982 年，6-9 頁.
(75) James A. Ewing, "On a New Seismograph for Horizontal Motion," *Transactions of the Seismological Society of Japan,* **2** (1880): 45-49.

(76) John Milne, "Constitution, Committee Rules, Officers, and List of Members of the Seismological Society of Japan," *Transactions of the Seismological Society of Japan,* 5 (1883): 105-111.
(77) 東京大学百年史編集委員会『東京大学百年史・部局史2』東京大学，1987年，405頁.
(78) 気象庁『気象百年史』第一法規出版，1975年，440頁.
(79) 橋本万平『地震学事始―開拓者・関谷清景の生涯』朝日新聞社，1983年，130頁.
(80) Bunjiro Koto, "On the Cause of the Great Earthquake in Central Japan, 1891," *The Journal of the College of Science, Imperial University, Japan,* 5 (1893): 295-353.
(81) 藤井陽一郎『日本の地震学』(注73)，72-73頁.
(82) 藤井陽一郎，同上書，78-87頁.
(83) 大森房吉「地震動ノ"強度"ト被害トノ関係」『震災予防調査会報告』21号 (1898年)，45-50頁.
(84) 気象庁『気象百年史』(注78)，439頁.
(85) 大森房吉「地震ノ初期微動ニ関スル調査」『震災予防調査会報告』29号 (1899年)，37-45頁.
(86) 気象庁『気象百年史』(注78)，445頁.
(87) 大森房吉「余震 (After Shocks) ニ就キテ」『震災予防調査会報告』2号 (1894年)，103-139頁.
(88) 今村明恒「三陸津浪取調報告」『震災予防調査会報告』29号 (1899年)，17-32頁.
(89) 藤井陽一郎『日本の地震学』(注73)，133-135頁.
(90) 志田順「『地球及地殻の剛性並に地震動に関する研究』回顧」『東洋学芸雑誌』45巻 (1929年)，275-289頁.
(91) 三木晴男「各研究機関の歴史・京都大学理学部」『地震』第2輯34巻「日本の地震学百年の歩み」(1981年)，158頁.
(92) Hirokichi Honda, "On the Initial Motion and the Types of the Seismograms of the North Izu and the Ito Earthquakes,"『中央気象台欧文彙報』(*The Geophysical Magazine*), 4 (1931): 186-213.
(93) 宇津徳治『地震学第3版』共立出版，2001年，258-263頁.
(94) 萩原尊禮『地震学百年』(注74)，113頁.
(95) 大塚弥之助は，たとえば『日本の地質構造』(同文書院，1942年) で「日本の現在の地表の概形は，これらの水準点が示すような微小な運動の総和が示されているのではないかという解釈が許されるのである」(180頁) と述べている.
(96) 志田順「別府地球物理研究所開所式における謝辞 (深発地震存在の提唱)」『地球物理』1巻 (1937年)，1-5頁.
(97) 和達清夫「深発地震の存在と其の研究」『気象集誌』5巻6号 (1927年)，119-144頁.
(98) Kiyoo Wadati, "On the Activity of Deep-Focus Earthquakes in the Japan Islands and Neighborhoods,"『中央気象台欧文彙報』(*The Geophysical Magazine*), 8 (1934-35): 305-325.
(99) 坪井忠二「『地震』の再刊に際して」『地震』第2輯1巻 (1948年)，1頁.
(100) *Journal of Physics of the Earth* の発行主体には1956年から日本火山学会，日本測地学会も加わった．1998年からは，これに日本地球電磁気・地球惑星圏学会，日本惑星科学会が加わり，雑誌名も *Earth, Planet and Space* に変わった.

# 第3章　戦後の日本の民主主義運動と地学団体研究会

太平洋戦争が終わると，日本では占領軍の「上からの民主化」と呼応するように，民主的な社会の実現を求めるさまざまな運動が起きた．地質学界にも「地学の団体研究」と「学会の民主化」を掲げて地学団体研究会（以下，地団研と略）が誕生した．地団研は民主化運動を組織して，日本の地質学界を変革した．と同時に，地団研は「団体研究法」と「地質学は地球の発展の法則を探究する歴史科学である」との考え方を中心に独自の学風も作り上げた．そして研究やその普及活動でも主導的な役割を果たし，日本の地質学界を事実上支配するに至った．

この章では，地団研の歴史を振り返りながら，地団研がどのようにして強大な影響力を持つことができたのかについて説明するとともに，地団研が1956年頃からしだいに一枚岩的な性格を帯び，その指導者である井尻正二への個人崇拝が進んだことを指摘する．地団研が生み出した独自の学風や「地向斜造山論」については，第4章，第5章で詳述する．

## 3.1 戦後の民主主義運動とスターリン主義

1945年8月15日，日本人だけで約300万人，東アジア・太平洋地域では約2000万人の死者を出した戦争は終わった．東京など大都市の多くは，米軍の空襲で見る影もなく変わり果ててはいたが，人々の表情には一種の解放感もうかがわれた(1)．国民を抑圧し，戦争に駆り立てた軍事警察国家もまた，破壊されたからである．戦前からの価値がことごとく否定される状況に虚脱感に陥る人もあったが，多くの人々にとっては人生をもう一度つくり直すチャンスであった．敗戦後の数年間は活力にみちた時期でもあった(2)．

戦争の終了と同時に日本に進駐した連合国軍総司令部（GHQ）の初期の政策目標は，日本の徹底した非軍事化と民主化であった．それを指導した米国人たちは，普遍的な人権の尊重を高く掲げる理想主義の影響を強く受けていた(3)．1945年9月になると，戦犯の逮捕が始まった．10月には，刑務所に拘禁されていた日本共産党の指導者徳田球一らの政治犯約3000人が釈放された．同時に，思想・言論統制の武器になっていた治安維持法が廃止された．12月には婦人の参政権を実現した選挙法改正案や，労働者の団結権を認めた労働組合法が成立した．

1946年1月には，戦争遂行に大きな役割を果たした職業軍人・軍国主義者，旧占領行政機関の幹部らを対象にした公職追放が始まった．公職追放者はその後，大学教授や報道機関の幹部らにも広がり，該当者は20万人を超えた．4月には婦人参政権を認めた初の総選挙が実施され，戦争放棄や基本的人権の保障をうたった新憲法草案が発表された．こうした政治・行政制度の改革と並行して，農地改革や財閥解体など経済制度の改革も進んだ(4)．

GHQによる上からの諸改革と前後して，民主主義を求める人々の運動も燃え上がった．1945年8月25日には，婦人の参政権を求める全国組織が結成され，政府に参政権付与を申し入れた．10月になると，全日本海員組合を皮きりに，労働組合が相次いで再建・結成され，生産管理闘争が広がった．全国の高校・大学などでも，軍国主義的管理者の退陣，進歩的教授の復職，学生自治の承認などを求める学園民主化闘争が多発した(5)．11月には日本社会党が結成大会を開き，日本共産党も12月1日に合法下での初めての党大会を開いた．1946年5月のメーデーには，約50万人が皇居前広場を埋めた．

「民主主義」と並んで，「科学」と「文化」も，日本はどこに向かって進むべきかを論じる際のキーワードであった(6)．戦前の「特殊」「日本的なもの」に代わって，「普遍」的な価値が人々の心をとらえたのである(7)．

もう1つ，「普遍」的と考えられたのは「マルクス主義」思想である．さまざまな思想の信奉者たちが結局は，日本の侵略戦争遂行に大なり小なり荷担したのに対し，日本共産党に所属する少数の人たちだけが獄中に囚われながらも戦争反対を貫いたという事実が重く受け止められ，知識人と呼ばれる人たちの間では，日本共産党が天皇に等しい象徴的な権威を得たのである(8)．もっとも，この時期の日本の「マルクス主義」は，スターリンが1929年に政権を掌握して以降ソ連邦において確立された「マルクス・レーニン主義」をほとんど無批判に受け入れたもので，「スターリン主義」と形容すべきものであった(9)．

1946年1月，「民主的科学の建設」「科学施設及び組織の民主化」などを掲げて，民主主義科学者協会（以下，民科と略称）が設立された．民科の設立発起人には後年ノーベル物理学賞を受賞する朝永振一郎や，後に文部大臣になる天野貞祐ら幅広い分野の研究者が結集し，自然科学者よりも社会科学者，人文科学者の方が多かった．

「民主主義的科学」には，2つの意味が含まれていた．1つは，科学的な真理の追求と民主主義的な変革とは結合している，との意味であった．すなわち，民主的な変革なくして，科学の健全な発展は望めず，科学的な精神なくして，民主主義はありえないと考えられたのである(10)．科学史家広重徹はこれを「18世紀的な意味での合理主義への志向である」(11) と指摘する．

もう1つは，「似非科学〔ブルジョワ科学〕」に対して，国民に役立つ「真正科学〔プロレタリア科学〕」を建設するのだという意気込みである(12)．これも「スターリン主義」の影響を強く受けたものであった．「2つの科学」が存在するという考え方については次章で詳述する．

民科は，日本共産党の指導を受けていた．知識人の教典のようにして読まれたのは，1938年に出版され，スターリンが直接編纂に関与したといわれる『ソ連共産党歴史小教程』（以下，『党小史』と略）と，その一章で，スターリン自身が執筆したとされる『弁証法的唯物論と史的唯物論』であった．『党小史』では，マルクスやレーニンをはじめ，1917年の10月革命を含むあらゆる過去の出来事が，スターリンの正統性を示すために用いられ，スターリンに反対したトロツキーらの政敵は無視されるか，「人民の敵」として非難された．そして，共産党の無謬性が強調された(13)．

『弁証法的唯物論と史的唯物論』では，社会には原始共同体→古代奴隷制→封建制→資本主義（ブルジョワ民主主義）→共産主義へと向かう発展法則があり，ブルジョワ民主主義社会は遅かれ早かれ，共産主義社会に移行する，と説かれた．この「公式」にもとづいて，封建的な諸要素が残存する日本では，天皇制や地主制などを廃止するブルジョワ民主主義革命がまず行われ，次いで社会主義革命へと進んでゆく，と理解されたのである(14)．「理論」よりも「実践」が強調されたことも大きな特色である．

民科設立後の運動として有名になったのは，名古屋大学物理学教室から始まった教室会議である．戦前には教授たちだけで行われた教室の予算や人事などに関する決定を，所属する研究者全員が参加して行おうというものである．教室会議は，東京大学や京都大学の一部の教室にも広がった(15)．こうした運動の一方で，民科の活動のかなりの部分は政治に向けられた(16)．民科は科学運動の組織でありながら，同時に科学者の政治的な統一戦線としての役割を負わされていたのである．そこでは政治が科学に優先すると考えられ，しだいに民科が衰退してゆく原因になったといわれる(17)．

## 3.2 地学団体研究会の誕生

地質学界に，こうした民主化運動の波が及ぶには少々時間がかかった．地団研が創立20周年を記念して1966年に出版した『科学運動』によると，当時の地質学界は「完全に封建的な体制に支配されていた．日本地質学会の運営はいうにおよばず，大学における運営も講座制のもとで，教授の絶対的な権力が行使され，人事，予算，研究が，教授の意のままに決定される」状況にあった(18)．大学の各講座では研究テーマを決めるのは教授で，大学院生らは研究テーマを自由に決めることもできなかったのである(19)．

1946年3月末に2年ぶりに開かれた戦後初めての日本地質学会の総会も，戦前と変わりなかった．最初に過去2年間に死亡した会員29人の氏名が紹介され，全員起立して黙祷をささげた．続いて『地質学雑誌』が1944年7月以来，発行不能の状態が続いていることが報告された．その後評議員の選出に移った．1926年に改正された会則では，評議員は会員の選挙によって選ばれ，評議員会で地質学会の運営を実質的に担う会長と常務委員を選出することになっていた．ところが，選挙は一度も行われたことはなかった(20)．

この総会でも選挙は行われなかった．『地質学雑誌』の「総会記事」には，「会長より評議員〔定数は35人〕の選挙を省略し，恒例に依り会長指名に一任せられんとの動議あり，会員一同之に賛し，下記の諸氏会長の指名に依り新年度評議員に就任せり」と書かれている．

その後，新会長や常務委員を選ぶために新評議員会が開かれた．ここでも「前会長の東京大学教授・坪井誠太郎に一任する」との動議が提出，了承され，前会長の坪井が次期会長に京都大学教授の槇山次郎と10人の常務委員を指名した[21]．役員の選挙は行わず，前会長が次期執行部を指名するという戦前からの慣行が，戦後も行われたのである．

1948年に行われた日本学術会議の初めての会員選挙に地団研の推薦を受けて立候補して当選し，最年少の会員となった牛来（ごらい）正夫（当時，東京文理科大学講師）の回想録は，当時の地質学の研究者の置かれた状況を知る上で参考になる．牛来は1916年生まれで，1938年に東京高等師範学校の地質学科を卒業し，弘前中学の教師に就職する．しかし，研究者になる夢を捨てきれず，翌年新京工業専門学校の講師になる．「この頃の私は，日本が中国でやっているのは侵略戦争である，などということは思ってもみないノンポリだった」[22]．1941年から留学という名目で九州帝国大学の研究生として岩石学の研究を深め，1943年から東京文理科大学地質学鉱物学教室の助手に異動する．翌年には九州帝国大学から博士号を得て，講師に昇進した．終戦間際には，大学は埼玉県下に疎開した．食料確保のために畑づくりもしたが，授業と研究は続けられた．

戦時中から敗戦直後にかけて牛来の生活の中心を占めていたのは，1953年に日本地質学会賞をもらうことになる斜長石の双晶の研究であった[23]．だが，戦後のインフレや住宅難の激しさ，民主化を求める運動は，牛来の目を社会に向けさせた．「終戦直後の秋頃までは，アメリカ憎しの気持ちに凝り固まっていたが，敗戦から半年もならないうちに，私の考えはかなり変わってきた」[24]．牛来が社会主義や共産主義の思想に関心を抱くようになったのは1946年夏頃だったという[25]．1946年12月の日記には戸坂潤の『科学論』やレーニンの『唯物論と経験批判論』などを読んだことが記されている[26]．

牛来は1947年2月の地団研の発足に誘われる(27)．2月2日に東京・上野の東京科学博物館で開かれた設立準備会に集まったのは，牛来のほか，東京科学博物館の井尻正二，杉山隆二，東京大学の都城秋穂ら約20人の研究者と大学院生であった．もっと自由に研究をしたい，研究を発展させたい，というのが集まった研究者，院生の共通の願いであった．そのためには，学界を民主化し，研究の自由を阻んでいる大学の講座制や研究費の配分制度，相互の研究協力態勢などを改善する必要があった．

会の目的には，①学問の自由（研究の自由，批判の自由，平等な発言権）を確立する，②研究の再建と研究の急速な発展に努力する，③団体研究を実施する，④特殊問題の研究会，研究の批判会，討論会を開催する，⑤研究及び研究生活の相互扶助を行う，⑥正しい地学知識の普及に努力する，⑦科学者と技術者との連絡・協力を密にする，⑧友誼団体と協力する，⑨学会の民主化に努力する，⑩御用科学，学閥，官僚主義，分派行動，独裁を排撃する，の10項目が掲げられた．地団研は運動体であると同時に学会であることを目指して出発したのであった．運動体でもあり学会でもあるという特異な性格は，その後の地団研の活動や地質学界に大きな制約を及ぼすことになる．

会員の資格は原則として，40歳以下に限られた．それ以上の年齢の人がいると自由な議論がしにくくなる，とのそれまでの経験が取り入れられたのである．会の名称をどうするかについては「前衛地学者同盟」「青年地学会」などの案が出されたが，投票で「地学団体研究会」に決まった(28)．

会の設立の趣旨は，全国の研究者や学生に伝えられ，5月15日に東京科学博物館で地方からの参加者もまじえて地団研の設立総会が開かれ，会の規約が正式に決まった．この時点で会員は，133人に達したという(29)．

地団研が結成されると，次節で述べるようにいくつかの団体研究が動き出したが，地団研が学界変革の目標にすえたのは，日本地質学会などの役員の改選と科学研究費の配分問題であった．設立総会でも，翌々日に京都で行われる日本地質学会の総会では，民主的な選挙によって評議員を選ぶように地質学会の執行部に申し入れたとの報告がなされた．

しかし，この年の日本地質学会総会での評議員選挙は，評議員の定数を40人に増やし，会長が示した候補者の中から，投票で選ばれた(30)．地団研設立まもなくで，会場も京都であったということもあって（設立当初の地団研の会員は東京周辺在住者が多かった），候補者を自由に選ぶべきであるという地団研の反対案は否決された．しかしながら，この選挙で，東京大学助教授の久野久や東京科学博物館の杉山隆二，資源研究所の所長だった鈴木好一ら地団研の会員も数人評議員に選ばれている．

日本地質学会の運営・会則をめぐって，旧勢力と地団研の対決の場になったのは，翌年1948年4月30日に東京で開かれた日本地質学会の総会であった．『地質学雑誌』の「総会記事」には「原案者側と修正案提出者側との間に夫々の立場から活発な意見の交換があり，相当緊張した場面も見受けられた」と書かれている(31)．当時の日本地質学会の会員数は約1600人．地団研の会員数は約200人．数の上では劣勢であったが，地団研は総会に向けての事前の準備を周到に進めた．会員は可能な限り総会に出席する，次いで議長を地団研側で握る，などのほかに，提出した修正案についての「八百長質問」も計画されたという(32)．

総会の議論の最大の争点は，会長と評議員選挙の候補者の選出方法であった．従来の会則には，選出方法の規定はなかった．執行部案は「候補者は評議員会の推薦によるか，会員40人以上の推薦による，ただし会員は1人につき1人の候補者しか推薦できない」であった．これに対する地団研案は，会長，評議員の候補者には会員5人以上の推薦によってだれでもなれる，であった．議論は1日では終わらなかったため，5月2日にも引き続き審議が行われた．地団研の民主化の訴えは会員以外の人にも共感を呼んだのであろう．結局，地団研の修正案が可決され，常務委員会の名称も執行委員会に変わった(33)．

この年の評議員選挙が新会則に従って行われたのかどうか，「総会記事」には何も書かれていないが，30人の新評議員の中には地団研会員またはシンパと見られる人が，少なくとも10人以上含まれていた．

総会の終わりに際してあいさつに立った会長で東京大学工学部教授の上床国夫は，「今回の総会において可決せられた新会則は其内容において従来のものに比し，民主的なもので会員の自主的にして，会を愛する精神より出た意見により条文化せられたものであり，従って之が運営宜しきを得ば学会の発展はみるべきものがあると思う」(34) と述べた.

続いて地団研が取り組んだのは,日本学術会議の会員選挙であった.日本学術会議は,戦後の学術研究体制の民主的な改革の1つとしてつくられた新しい組織で,設立の目的は,研究者の意見を国の行政に反映させることにあった.会員210人は,人文科学,社会科学,理学,工学,医学など7部門ごとに研究者の直接選挙で選ばれたこともあって,「学者の国会」とも呼ばれた.

その第1回の会員選挙が1948年12月に郵便投票によって行われた.地団研は,地質学部門に井尻正二,鉱物学部門に牛来正夫の2人を推薦した.井尻は東京科学博物館の学芸官で35歳,牛来は東京文理科大学の講師で32歳.対立候補は,東京大学教授の坪井誠太郎,北海道大学教授の鈴木醇,地質調査所所長の三土知芳の3人であった.地団研は「あなたは古くみにくい日本の最後の一人となるか,光栄ある新しい日本の最初の一人になるか」などと呼びかけ,民科の支援も受けて精力的に運動を展開した.その結果,井尻,牛来と鈴木の3人が当選した.4月の日本地質学会総会での新会則可決と,日本学術会議の選挙結果によって,地質学界の空気はがらりと入れ替わり,地団研は地質学界の一大勢力となる足場を築いたのである(35).

こうした活動と並行して行われたのが,科学研究費(以下,科研費と略)の配分問題であった.地団研は各大学ごとに各講座,各研究者に配分されている科研費を調べ上げた.そして1948年2月,科研費の配分を決めていた文部省の学術研究会議あてに,①大学や講座によって研究費の配分額に著しい偏りがある,②幽霊講座を設けて,不当な名目で研究費の配分を受けている例がある,③班研究と個人研究とで二重に研究費を配分されている例がある,などとする文書を提出した.同時に,講座中心の配分方法を改め,個人研究を中心に公正に配分すること,配分額を決める査定委員会を公開することなどを申し入れた(36).

日本学術会議の発足とともに学術研究会議は廃止され,学術研究会議が果たしていた役割は日本学術会議に引き継がれた.文部省の科研費の配分もその1つで,各部門ごとの配分額は日本学術会議が決め,各個人への配分額は,日本学術会議の推薦に従って文部省が指定した審査委員によって決められる仕組みになった．これには日本学術会議の科研費配分委員会に所属した井尻正二の意見が大きく影響したともいわれる(37)．

科研費の新しい配分方式は，1949年度から動き出した．地学部門では，日本学術会議会員の鈴木醇と牛来正夫の2人と日本地質学会が推薦した審査委員2人の計4人に加えて，日本地質学会が推薦した配分委員計13人が各個人への配分の審査をした．この結果，若い研究者を育てるとの目的で，大学を卒業して5年以内の大学院生，研究生にも申請があれば一定の金額を配分することになった(38)．

地質学分野独特の「総花式」と呼ばれるこうした大学院生らへの科研費の一律配分は，一時的に中止された年もあったが，その対象を教師に拡大するなどして1975年まで続けられた．配分額は年によって多少の変動があったが，1950年度の配分額は，1944-45年に卒業した人には2万円，46-48年卒業組には1万5000円，49-50年卒業組には1万円が支給された．ちなみに，当時の日本地質学会の年会費が800円であった．1万円という金額は，それほど高額だったわけではないが，フィールド調査に必要な旅費の足しになった．地団研の会員を増やす上でも効果があった(39)．地団研は，こうして配分された科研費の1%を地団研の資金としてカンパするよう呼びかけもした(40)．

地団研は1949年4月に，仙台で開いた第3回総会で民科との合同（合併）を決議した．政治的な課題を運動の柱にすえる民科との合同に対しては反対もあったが，「ほとんど満場一致で合同を可決した」(41)という．これに伴って，地団研は「民主主義科学者協会地学団体研究部会」になった．これまでの地団研研究会誌は発展的に解消し，学会誌として新たに『地球科学』（隔月刊）が創刊され，会報として『そくほう』が毎月発行されるようになった．

しかし一方では，この合同を機に仙台支部は地団研から脱退，かなりの会員が地団研をやめたという(42)．民科との合同にはこうしたマイナスもあったが，それまで地質学界だけに目を向けていた地団研にとって，社会科学者や他の分野の自然科学者と交流することによって，視野を広げる効果もあった(43)．地団研が社会的・政治的な問題に対しても活発に発言するようになったのは，民科との合同が1つの契機になったと考えられる．

その代表的な現れが，地団研が1950年の日本地質学会総会に提案した「平和のための科学をまもる決議」である．民主化と非軍事を掲げたGHQの当初の占領政策は，1947年2月1日ゼネストを前にしてのスト中止指令のころから方向転換し始め，1949年には行政機関職員定員法を理由にした第一次のレッドパージも始まった．国外では米ソの冷戦が始まり，1949年10月には中華人民共和国が成立宣言をした．日本は米国の軍事戦略体制に組み込まれ，再び戦争に巻き込まれるのではないかという不安が高まっていた(44)．

朝鮮戦争前夜のこうした情勢の下で，1950年4月に開かれた日本地質学会の総会は「平和のための科学を守る決議」を可決した．決議では「戦争のために科学は使うな！ 戦争のための科学の研究は断固として拒絶しよう！」と，全世界の科学者に呼びかけている．

日本地質学会は1954年の総会では，ウラン資源調査に反対する声明を採択した．1956年の総会では，米軍が山口県秋吉台を演習場として使用しようとする計画に対して，反対の声明を出した．これらもまた，地団研のイニシアチブによるものであった．

## 3.3 団体研究と井尻正二

地団研の運動をユニークにしたものの1つは，その名称の由来ともなった団体研究である．その発案・提唱者は井尻正二である．これによって井尻は，地団研に終生絶大な影響力を持ち続けることになった．この節では団体研究法と団体研究について述べるが，まず井尻の略歴を見ておこう．

井尻は1913年に北海道小樽市に生まれた．井尻の回想によると，父親は「地方政界の顔役」であったという．小学校を卒業して，小樽市立中学に入学したが，その翌年に小樽港であった大規模なストライキに刺激され，社会主義思想に関心を抱き，河上肇の『貧乏物語』や雑誌『改造』『中央公論』を読むようになった．一方，母方の祖母の弟で東京帝国大学理学部教授の谷津直秀の影響もあって，動物にも興味をもち，ファーブルの『昆虫記』を読んだ(45).

1930年，中学4年生の時に東京府立高校理科乙類に合格．高校では，勉学のかたわら，岩波文庫や改造文庫でマルクス，エンゲルス，レーニンらの著作を拾い読みした．大伯父の勧めもあって，1933年に東京帝国大学理学部地質学科に入学し，古生物学を専攻することになった．1936年に大学を卒業すると，新生代の哺乳類の化石の研究をしたいと考えて，大学院に進学した．ところが，その2カ月後，指導教官であった講師の小林貞一との間で研究テーマをめぐって対立し，大学院を退学した．

小林は，井尻に中生代ジュラ紀のアンモナイトを研究するよう執拗に迫ったという．小林は中生代三畳紀を中心に研究しており，井尻の同級生であった松本達郎は中生代白亜紀のアンモナイトを専門としていた．井尻がジュラ紀を研究すれば，中生代がすべてカバーできる，との思惑らしかった．小林は井尻に，大学の卒業論文でも中生代ジュラ紀層とそのアンモナイトの研究をさせた．これに対して井尻は「大学院でちゃんと金を払っているのだから，自由なテーマで研究していいはずだ」と抵抗した，と井尻は書いている(46).

井尻は大学院を退学した後，地質学教室の主任教授であった加藤武夫の紹介で，東京科学博物館の嘱託になる．そして，博物館での仕事のかたわら，東京高等歯科医学校（後の東京医科歯科大学）に通い，哺乳類の歯の形態学や組織学，発生学などを学んで実験もした．やがて博物館に収蔵されていたデスモスチルスという新生代の哺乳類の歯の化石に研究対象をしぼり，1937年から1940年にかけて，『地質学雑誌』に5篇の論文を発表している(47).

その頃の思い出を井尻は「もし仕事をしなかったら，研究をやりとおさなかったら，私を大学にいられなくした人たちはなんというだろうか，という『にくしみ』と外国にない古生物学を日本でつくりあげたい，という青年らしい野望だけが私のあとおしであった」(48)，「小林氏と衝突して大学を出て，もし研究の成果をあげないならば，筆者の負けになるわけで，ついに研究の自由をつらぬき，かれによって（今もって）代表される古典的な古生物学と封建的な研究体制にたいする反抗に生涯をかけるはめになってしまった」(49) と書いている．

井尻は小林への個人的な「にくしみ」をしばしば口にもした．戦後の一時期，日本共産党や地団研の活動を通じて井尻と親しく，1952年ごろには袂を分かった関陽太郎（1948年3月，東京大学地質学科卒業，その後，埼玉大学教授）によると，井尻は『赤旗の歌』をもじって自身でつくった小林非難の歌を，しばしば大声で歌ったという．関は，井尻が小林を憎んでいた理由を「自他ともに認める秀才で鳴らしていた井尻さんは，小林先生の研究室で卒論を終えたあと，当然そこの助手か副手にでもなれると信じていた」のが，裏切られたためだと解釈している(50)．ともあれ，井尻の小林に対する憎悪の念は，後述するように地団研の運動にも大きな影響を及ぼした．

井尻は1942年に東京科学博物館の学芸官に任官したが，その年の暮から翌年にかけては，ニューギニア学術調査団の一人として，資源調査に動員される．1944年には，石油突撃隊という調査隊に組み入れられ，国内の石油資源調査に出かけたこともある．終戦は栃木県下の疎開先で迎えた．

井尻が戦前・戦中に読んだ社会主義思想に関するまとまった文献としてあげているのは，カウツキー『マルクス資本論解説』とマルクス『資本論』，永田広志『唯物弁証法講話』，同『唯物史観講話』，レーニン『哲学ノート』程度である(51)．自身でも「戦後になって，私はやっと弁証法的唯物論を正しく理解できる立場，言葉をかえていえば弁証法的唯物論を真に学ぶことのできる条件に，めぐまれました」と書いており(52)，井尻が「マルクス主義」に帰依したのは，敗戦後であった．井尻に大きな影響を与えたスターリンの『弁証法的唯物論と史的唯物論』を読んだのも，1946年になってからである．

井尻が日本共産党に入党したのは，栃木県の疎開先に講演にやってきた共産党の幹部・伊藤律に誘われたことがきっかけであった．その時期は1946年に入ってからであったと考えられる(53)．井尻が疎開先から東京に戻るのは，1946年12月で，民科が誕生して1年近くたっていた(54)．

井尻は，1947年の地団研の創立に中心的な役割を果たし，第1回の日本学術会議の会員選挙で当選したことはすでに述べた．1949年には東京科学博物館地学科長になり，同年8月には，デスモスチルスの歯の形態発生理論の研究で，九州大学から理学博士号を受ける．そのかたわら同年，戦時中から稿を暖めていた『古生物学論』(55)を出版した．

この本は，1954年には『科学論—古生物学を主体として』と改題して再刊され，1966年には『科学論』として再々刊された．1952年に出版された『地質学の根本問題』(56) とともに，地質学と地団研運動のバイブル的な存在となった(57)．『古生物学論』や『地質学の根本問題』では，井尻流の「弁証法的唯物論」に従って「歴史法則主義」とでも呼ぶべき井尻の地質学観が説かれているが，これについては次章で詳述する．

井尻は1949年11月，東京科学博物館を依願退職した(58)．この退職は行政機関職員定員法を理由とした公務員へのレッドパージに関連していた．当時，井尻は日本共産党の科学技術部長をしており，免職になるよりは依願退職して党活動に専念する道を選んだのではないかと考えられる(59)．

井尻は日本共産党の科学技術部長として，1947年から1956年ごろまで主として生物学者の間で続けられた日本でのルイセンコ論争にも加わった．これについても次章で詳述する．

井尻が，いつ頃まで日本共産党の科学技術部長を務めたのかは明らかではないが，1956年のフルシチョフによるスターリン批判の後も，スターリン崇拝をやめなかった事実(60) からすると，井尻はスターリン批判の後，間もなくして日本共産党の役職を辞めたと考えられる．井尻は1963年に東京経済大学の教授になるが，69年3月には退職した．以降，著述に専念する(61)．

井尻は「教祖」的な能力を備えていた，と多くの人が語っている．相手の心理やその場の状況を上手に読んで，ほめ上げたり，なだめたり，高飛車に出たり，脅したり，と時に応じて対応し，他人を思うままに操縦する能力に長けていたという．

井尻が団体研究法を考えついたのは，戦時中の体験であった．井尻は1939年と40年，東北日本の油田の地質構造の研究に参加した．井尻ら5人の地質学者が東北日本を東西に横断して，油田と地質構造の関係などを調べた(62)．この過程で自分の判断や解釈を抑え，見解の統一をいかにはかるかという点で多くの教訓を得たという．団体研究の最初は，1943年に東京科学博物館の職員5人で行った秩父山地にある堂平山の地質調査である(63)．

このときの調査は，東京文理科大学教授の藤本治義の主張する堂平山の押し被せ構造説を反駁するために行われた．堂平山山頂部付近の珪質岩（秩父系）は，それよりも時代が新しい緑色岩の上に押し被さっている，と藤本は主張していた．5人は，研究のテーマを藤本説を否定することに絞り，その方法についても意思統一して，調査に臨んだ．その結果，緑色岩は珪質岩の中に貫入していることを見付け，押し被せに伴う断層面は発見できなかった，と藤本説に反論した(64)．井尻らはこの成果をもとに，研究費などの研究条件が悪くても全員が意思統一して協同で研究すれば大きな成果が導かれると主張し，これを団体研究と呼んだ．

団体研究が，共同研究や総合研究と違うのは，まずグループ全員でよく話し合って，研究テーマをできるだけ絞る点である．その調査・研究の方法も統一しておく．個人が発見した事実や発想は必ず全員の前に提示して，討議する．選んだリーダーの指揮には絶対服従する．これにより，個人では調査不可能な広い範囲が調査できるほか，数多くの人が観察することによって，新しい事実を発見するチャンスも増え，多様な発想と多くの人の討論によって問題の解決がたやすくなり，創造的な研究が生まれる，と主張された(65)．

団体研究法によってどのような成果が生み出されたのかを見てみよう．1970年代後半までに誕生した団体研究グループ（以下，団研と略）は，180近くを数える(66)．数年で活動を終わり，解散した団研もかなりあるが，中には後述する野尻湖湖底発掘のように40年以上続いている団研もある．

初期の頃の団研には，小林貞一の「佐川造山輪廻」説を反駁するために組織された団研が多かった．これは，多くの弟子たちの調査・研究を土台にして，自分一人の名前で論文を書くという小林の研究スタイルも手伝って，小林とその「佐川造山輪廻」説が民主化運動の標的にされたからである(67)．

小林は「佐川造山輪廻」説で，秩父帯は白亜紀中期に起きた佐川造山運動によって激しい褶曲を受けたとしていた．坂州団研は，この小林の見解に疑問を抱いた東京大学の山下昇や大阪市立大学の市川浩一郎，徳島大学の須鑓（すやり）和巳らの研究者5人でつくられた．5人は小林の見解を否定しようと，徳島県那賀川上流地方の坂州の秩父帯を調査した．その結果，ペルム紀前期と三畳紀後期の地層の間に不整合が見つかり，この不整合はペルム紀と三畳紀の間，すなわち小林のいう佐川造山運動の前に秩父帯が褶曲を受けていた証拠である，と5人は主張した(68)．

山下ら同じ5人は，黒瀬川団研もつくった．5人は四国の秩父帯を幅広く調査し，中軸部には南北両側とはまったく異なった時代の岩類でできている地帯が細長く帯状に分布していることを見付け，これを黒瀬川帯と名付けた．黒瀬川帯には当時日本で見付かる化石の中では最も古いシルル紀の化石を含む層（岡成層）や，それよりも前の時代の岩が変成を受けたと見られる地層などが含まれていた．5人は，黒瀬川帯がつくられたのもペルム紀と三畳紀の間であると見なし，秩父帯は白亜紀になってから変動を受けた，との小林の見解を否定する証拠だと主張した(69)．

小林が佐川造山運動の根拠にしたのは，小林らが高知県西部の佐川盆地で発見した地層の逆転構造であった．小林らは，ここではペルム紀の地層が三畳紀の地層の上に乗り上げている，と主張した．この主張をくつがえそうと高知大学の甲藤次郎や徳島大学の須鎗，大阪市立大学の市川ら4人でつくられたのが佐川団研である．4人は，小林らと同じ場所を調査し，小林らのいうような逆転構造は見られない，と主張した(70)．

地団研発足直後に活動を始めた団研としては，三浦団研，日高帯団研などがある．三浦団研は，戦前は要塞地帯で調査ができなかった神奈川県三浦半島の地質を共同で調べようという目的でつくられた．日高帯団研は，北海道日高山脈の形成史を明らかにしようという目的で戦前から行われていた共同研究を再組織したものであった．日高帯団研はその後，日高山脈は日本でのアルプス造山運動を代表する山脈で，地向斜がやがて山脈にまで発展するモデルとして描いた報告書を発表した．これは，第5章で述べるように，日本独自の「地向斜造山論」の基礎になった．

初期の団研は，大学の研究者が中心で規模も小さいものが多かったが，次第に大規模な団研も誕生するようになった．その中で最も輝かしい成果をあげたのが，1952年に結成された関東ローム研究グループである．関東ロームは，関東地方の丘陵や台地に広く分布する赤土層で，1940年代までは，洪積世のある時期に降り積った火山灰が風化してできたものだと考えられていた．戦後，群馬県桐生市の岩宿のローム層から旧石器時代のものではないかと見られる石器が発見された．それまで土器は，ローム層の上にある黒土層で発見されていたので，ローム層の時代が問われたのである．

研究グループには地質家だけでなく，地形学や土壌学，考古学，人類学の研究者らも参加して，10年近くも研究が続けられた．その結果，従来1枚の地層と考えられた関東ロームは，南関東では4つの層に，群馬県では3つの層にそれぞれ区分されることがわかり，それぞれの層が堆積した時代は，段丘の形成時期と対応することがわかった．これによって，関東ローム層に細かい時代区分の目盛りを入れることが可能になった．たとえば，最上部のローム層は，約3万－2万年前に堆積したものであるとされ(71)，石器の見付かった地層は間違いなく旧石器時代のものと判明した．

長野県野尻湖によってできた堆積層の発掘を1962年から続けている野尻湖湖底発掘団研も，よく知られる．1973年の第五次発掘からは発掘参加者を一般に募る大衆発掘方式が取り入れられ，新聞・テレビなどでも報道されるようになった．たとえば1978年に行われた第七次発掘には，8日間で研究者から小学生まで延べ1万1000人が参加した．野尻湖層は，約2万年前の氷河期にできた地層と考えられており，これまでにナウマンゾウやオオツノジカなどの大型哺乳類の化石，旧石器や骨器など多数が発見され，旧石器時代の人類がナウマンゾウなどを狩の対象にしていたことが確かめられた．1984年には地元の信濃町に博物館も建設され，発掘品が収蔵されている(72)．

地団研が1965年に出版した *The Geologic Development of the Japanese Islands*（以下，*Japanese Islands* と略）(73) と，その日本語版ともいうべき1970年出版の『日本列島地質構造発達史』(74) は，第5章で詳述するように，1960年代までの団研活動の成果を総結集したものであった．

団体研究法はこのような成果と，団研に参加した多くの地質研究者の仲間意識を生み出す一方で，地団研や日本の地質学の研究のあり方に大きな影響をもたらした．井尻が，団体研究に際しては「研究者の世界観・社会意識・特に科学思想の一致」が最も重要で，「一人の異分子の存在は，団体研究を根底から瓦解させる結果となる」と主張したからである．

井尻は団体研究に関連して，「研究の統制，または，研究の計画化は，将来の研究方法としては最も重要なものの1つをなすものである」とも書き，「研究統制」の必要性も訴えた．井尻によれば，研究統制は戦時中にも行われたが，それは国家からの押し付けであり，かえって研究を萎縮させる結果になった．しかし，「将来」の科学の研究においては「国家・社会の企画・建設に呼応し，実践に即応できる研究主題」だけが，研究者の側から自発的に選ばれねばならず，そのためには研究統制が必要だ，と井尻は説いた(75)．

井尻が「思想の一致」や「研究の統制」を説いたことに対して当時，批判や議論が起こった形跡はうかがわれない．これは今からすると，不思議な感じがする(76)．だが，当時の文脈からすると，井尻のいう「将来」とは「民主主義社会」を指すことは明らかであった．GHQの民主化政策はすでに転換していたとはいえ，1949年に行われた戦後第3回目の総選挙では，日本共産党は35議席を獲得していた．「民主主義社会」の到来も遠くない，と考える人も多かった(77)．当時は「社会主義の倫理は集団主義の倫理である」ともいわれ，グループ研究がもてはやされた(78)．団体研究法は，「民主主義社会」にふさわしい研究方法に思われたのである．

「研究者の世界観や思想の統一」を確かなものにするために，地団研では1955年からは「理論の学習会」を始めた．「マルクス」主義の哲学者・歴史学者・科学者や日本共産党の幹部らの講演を聞いた後，それをもとに討議するというもので，毎年1回定期的に開催された(79)．

しかし，井尻の「思想の一致」や「研究統制」を含む団体研究法の思想は，科学史家八耳俊文も指摘するように(80)，その後，地団研を一枚岩的な組織にする上で重要な役割を果たしたと考えられる．「思想の統一」や「選んだリーダーへの絶対服従」は，井尻ら地団研の指導部の見解・意見を批判するのを難しくした．団体研究の成果が後に誤りとわかっても，見解を修正するのに時間がかかる要因にもなった．

団体研究では野外での地質調査が「実践」と解釈され，室内での実験や理論は軽視された(81)．これによって，明治以来培われてきた地域主義的・地史中心主義的という日本の地質学の伝統は，より強化されることにもつながった．

## 3.4 地団研の高齢化と個人崇拝の強化

地団研は設立当初，会員資格を原則として40歳以下に限っていた．しかし，1957年の総会では会員の加齢を考慮して，規約を改正し，会員の年齢制限をなくした．役員についてだけは年齢制限を残した(82)．これは後に述べるように，会員の増加に大きく寄与したが，会員の高齢化・固定化にもつながった．1971年には会員の7割以上が40歳以上の人で占められた(83)．

1970年代初期の『そくほう』誌上では，若手の会員の「ゆるみ」や「たるみ」が批判され(84)，「創設期の茨の道はすでに過去のものであり，いろいろな面で往年の新鮮さや，荒々しさはすっかり失われてしまっている」などと「地団研の弱体化」が嘆かれるようになる(85)．創立当初に比べると，若い会員の発言力が低下し，地団研の草創期から参加している会員の発言力が相対的に増したのである．これに伴って進行したのが，地団研の一枚岩化と井尻正二への個人崇拝の強化である．

地団研のあり方について科学史家広重徹は「井尻理論の圧倒的な影響は一種偏狭な性格を地団研に与えていた」と書いたことがある(86)．1960年のことである．しかしながら，地団研が最初から「一種偏狭な性格」を宿していたわけではない．設立直後の地団研では，戦前地質学界に大きな影響力を振るった小林貞一や坪井誠太郎らに対する批判が盛んに行われたが，会員相互の議論・批判もまた活発であった．

たとえば，井尻の大学時代の同級生で，地団研の推薦によって1948年の日本地質学会総会の議長をつとめた九州大学の松本達郎は，翌年に出した著書で「地球物理学的に観測される現象とか，有史以後の記録によみとられる自然の歴史は，長い地質時代に比べると，ほんの一瞬間であるから，地史学によっては無視すべきだ，むしろ比較することは不可であると主張する人もある．これは行き過ぎた批判だと思う」と，井尻らの反現在主義的傾向を批判している(87)．

地団研の運営に関しても「本部事務局の独断・独走」がしばしば批判された(88)．本部事務局の運営委員の大部分は，東京教育大学と東京大学の地団研会員で占められていた(89)．その本部事務局が『そくほう』などの編集や，次節で述べる評議員候補者の決定などの権限を事実上握っていた上に，事務局員の名前や地団研の会員名簿も一般会員には公開されなかったからである．

1956年7月に発行された『そくほう』には，「地団研への質問」と題する一会員からの投稿が掲載されている．この会員は，「地団研に会長をおかないのはなぜか」(90) と問いかけ，「地団研の運営委員には東京在住の限られた会員のみが十年一日のごとく居座っているが，これは地団研自体に実に不明朗な印象を与える」と批判し，「地団研が独裁者にあやつられている〔中略〕などといわれる折柄，全会員に投票用紙を配り，民主的に運営委員を選出する方法も考えられるのではないか」と提言している(91)．この「地団研への質問」や次に述べる井尻の著作に対する生越（おごせ）忠の書評にも見られるように，初期の地団研では，率直な批判・議論も珍しくなかったのである．

「地団研への質問」が『そくほう』に掲載された直後の1956年7月，地団研内部での議論のあり方を変える上で，大きな意味を持ったと考えられる事件が起きた．事件の発端は，会員の生越忠が『そくほう』の「書評と紹介」欄で，井尻が同年に出版した『古生物学』を取り上げ，「本書を一読して痛感したことは，地層学や堆積学などの諸学についての著者の見解が，いささか独断的であり，教条主義的だということである」，「著者の見解に反対する人たちの意見に，ほとんど耳を傾けていないのは，残念至極である」などと，手厳しく批判したことにある(92)．

これに対して，井尻はその2カ月後に開かれた地団研東京支部7月例会で「生越氏の批判に答える」と題して講演した．井尻は生越の批判に反論したが，話し方は感情的であった．井尻の話が終わると，井尻を支持する数人も立ち上がり，その場にいた生越を「いうことと行動とが一致していない」，「反地団研的傾向がある」などと批判し，生越の「つるし上げ」の観を呈したという．「あまりこっぴどく生越氏が論難されるのを見て，誰しも恐くなり」，例会の運営ぶりに批判の声をあげることもできなかった，と例会に参加した地質調査所のある会員は報告している(93)．

この事件の後，『地球科学』『そくほう』誌上では，井尻や地団研の運営に対する批判は影を潜め，井尻への個人崇拝とでも呼べる傾向が現れる．

井尻は1958年，第12回地団研総会で「これからの地質学の研究方法と地団研10年のテーマとして提起された太平洋問題」と題して講演した．この中で，井尻は地質学の近代化の必要性を訴え，研究テーマとして太平洋の形成の問題が重要であることを主張した．この講演全文は，『そくほう』の特別付録として会員に配られた(94) ほか，講演を録音したテープが「テープライブラリー第1号」として貸し出された(95)．

井尻は『地球科学』や『そくほう』誌上にも評論や随筆をしばしば書き，『そくほう』の1960年1月号では，会長をさしおいて一面に写真入りで登場した．井尻はまた，「池袋大学の総長」とも呼ばれた．井尻の自宅は当時，池袋にあった．親しい人たちを自宅に呼んで，酒を酌み交わしながらいろいろと話をしたところからきたらしい．1972年の夏には学生10数人を自宅に集め，古生物学や科学論などについて講義を行った(96)．

1961年には，井尻の盟友・牛来正夫がこうした傾向をたしなめる出来事があった．「井尻氏をとりまく7人の侍」事件と呼ばれる．同年1月の「理論の学習会」で，牛来は「現在の時点における地団研活動の問題点」と題する講演をした．牛来はこの中で「これ〔地団研の活動〕を推進してきたものは『井尻氏をとりまく7人の侍』であったことは自他ともに認めるところだが，〔中略〕これらの積極的に推進してきた活動家たちによるひきまわし，おしつけ（主観主義）があり，かつ，当人たちが，そのマイナス面に対して無感覚になっていることを指摘したい」などと批判した(97)．

牛来はこの後で「地団研の政策は，基本的には正しかったが，とりまきが，あまりに井尻さん（偶然性）にたよりすぎたといえる．今後は，運営組織を民主化して，偶然性にたよらずみんなの力で推進できるよう（必然性）に変えていく必要がある」と述べ，批判の対象は井尻本人ではなく，その周辺の人たちであることを明確にしている．

牛来の批判にもかかわらず，事態は何も変わらなかった．むしろ，年を追うに従って井尻への個人崇拝は強化され，井尻とその周辺の人たちの影響力がより顕著になっていく(98)．

井尻は，生涯に100冊以上の本を出版した．その著作が出版されるたびに，『地質学雑誌』『地球科学』『そくほう』には，書評・紹介が必ず掲載された．いずれも，好意的を通りすぎ，へつらいさえうかがわれるような内容であった．たとえば井尻が湊正雄と2人で1958年に出版した岩波新書『日本列島』の書評では，「小さい外観からは思いもよらない高度・豊富な内容を持っていて，読者は500頁の教科書を3冊読んだような実感と疲れを覚えるに違いない」などと書かれている(99).

1972年には,『そくほう』4月号に,「これは読んでほしい—地球科学を学ぶ若い仲間へ」という記事が掲載された.そこでは推奨文献として59冊があげられているが,うち10冊が井尻の著作で,最多であった(100).

井尻は1973年に還暦を迎えた.『そくほう』には,井尻の還暦を記念して,井尻の略歴とこれまでの著作一覧,人柄などを収めた小冊子が発行されたことを知らせる記事が載った(101).個人の還暦を祝う記事が掲載されたのは,空前絶後のことであった.

1977年12月で『そくほう』は300号を迎えた.これを記念して,編集部では『そくほう』についての思い出や将来への期待などをアンケートし,井尻,牛来ら18人の回答を特集した.この中で井尻は,『そくほう』への期待として「毎月の発行期日を少なくとも毎月の15日以前にしてほしい」と書いた(102).当時の『そくほう』の発行日は毎月25日だった.翌月から『そくほう』の発行日は毎月15日に変更された(103).

1981年から83年にかけては,井尻の著作の主要なものを収録した『井尻正二選集』全10巻が刊行された.これも,地団研が中心になって編集が進められた.しかし,売れ行きは芳しくなかったようである.井尻は「これまで地団研本部を通じて購入された部数は500部を少し上回っただけで,これは初刷部数のわずか10%に当たるにすぎません.これはどうしたわけか,こんなことでいいのだろうかというのが私の思いです」などと『そくほう』誌上で小言をいっている(104).井尻自身も個人崇拝されるのは当然と考え,地団研を私物視するところがあったようなのである.

井尻の言動は,地団研の活動を左右した.第6章で述べるように井尻は海洋底拡大説やPTを批判した.こうした批判も,日本でのPTの受容に少なからぬ影響を与えたに違いない.

## 3.5 地団研による地質学界支配

地団研は自らの運動の特徴を,「創造(研究)」と「普及活動」,それに「条件づくり」を中心とした「三位一体の科学運動」と表現している(105).

「創造」の中心になったのは，3. 3 節で紹介した団体研究である．この節では「条件づくり」と「普及活動」について述べる．

「条件づくり」の戦略の中心になったのは，日本地質学会を通して，地質学界を地団研の影響の下に置くことであった．その戦術として力が入れられたのが，日本地質学会の会長，評議員選挙の候補者を地団研として推薦し，その推薦候補者を多数当選させ，地質学会の運営の実権を握ることであった．地団研は，この戦術を 1970 年代に入っても採り続けた．これによって，日本の地質学界は地団研によって事実上支配されるところとなった．

1948 年の日本地質学会総会で決まった新しい会則によると，会長と評議員は会員の直接選挙で選ばれる．会長の任期は 2 年．評議員は定数 30 人，任期は 2 年で，毎年その半数が改選される．新しい評議員が決まると，評議員会で執行委員 7 人（1976 年からは 9 人に増員）を選ぶ．会長と執行委員で，学会誌編集，庶務，会計などの分担を決め，会務にあたる．評議員会はまた，科研費の配分を審査する配分委員を決めたほか，日本地質学会賞の授賞者や若手を対象にした研究奨励金授与者を推薦する審査委員会の委員も選んだ．また，外部からの推薦依頼に応じて，学士院賞や学士院会員候補者などの推薦を行うのも評議員会であった．

地団研として評議委員の候補者を推薦することに対して，1947 年の地団研の設立当初は「党派的になってよくない」との反対論もあった(106)．しかし，この反対論を押し切って 1949 年の評議員選挙から地団研として候補者の推薦を始め，以降は毎年，候補者を推薦し続けた(107)．この結果，たとえば，1950 年，51 年の評議員選挙では，当選者 15 人のうち地団研の推薦候補がいずれも 11 人を占めた(108)．1951 年からは会長選挙でも候補者を推薦するようになり，この年の会長選挙では地団研の推薦を受けた早坂一郎が当選した．その後の会長選挙でも，地団研の推薦候補者が毎回当選を果たした．

このように地団研の推薦候補の当選率が高かったのは，地団研が『そくほう』などで推薦候補者の氏名を周知させ，推薦候補への投票を呼びかけるなどの選挙運動を熱心に行ったのに対して，一般会員の投票率は低かったためである．たとえば 1951 年の評議員選挙（15 人連記）では，会員数 1400 人に対し投票総数は約 500 で，当選者の最低得票数は 195 票であった(109)．当時，地団研の会員数は約 300 人であったから，地団研の会員が組織的に推薦候補者に投票すれば，それだけで当選は可能だったのである．

1953 年から 1972 年までは，評議員の定数は 40 人で，毎年 20 人が改選されたが，これらの選挙でも地団研の推薦候補者は毎年 10–16 人が当選し，評議員会では地団研推薦の評議員が過半数を占める状態が続いた．1973 年からは評議員の定数が 50 人に増え，地団研もそれに応じて推薦のやり方を変更したが，評議員会で地団研関係者（地団研の会員または地団研の推薦を受けて当選した人）が過半数を握る状態が 1980 年代まで続いた．

この状態は当然のことながら，評議員会で決める科研費配分委員会の委員や，日本地質学会の各賞の授賞者を選考する審査委員会の委員の構成にも反映し，いずれの委員会でも地団研関係者が多数を占めた(110)．この結果，日本地質学会の各賞受賞者のほとんどは 1970 年代まで，地団研関係者で占められることになった．たとえば，優れた若手の研究に対して贈る「研究奨励金」の受賞者をみると，戦後初めての 1951 年は受賞者 4 人のうちの 3 人が地団研の会員で，1952 年は受賞者 4 人全員が地団研の会員であった．

また，5 年ごとに贈られる日本地質学会賞の受賞者も，戦後第 1 回の 1953 年は牛来正夫，湊正雄の 2 人でともに地団研会員，1958 年は小島丈児，小林国夫，都城秋穂でともに地団研の会員であった．科研費配分については，後述するような問題も起きたが，採択された課題を見ると地団研関係者が代表者になっている例が多く，地団研関係者に有利に作用したことは疑いない．

地団研は 1954 年の総会で規約を改正し，その目的から「学会の民主化に努力する」という項目をはずしたのは，その時までに地質学会の実権を握るのに成功していたからであろう．

1955 年から 56 年にかけては戦後日本の転換点でもあった．1955 年には，左右両派の社会党が統一，これに対抗して自由，民主の保守二党も合同して自由民主党が結成された．いわゆる 1955 年体制の始まりである．一人あたりの実質国民所得は 1955 年には戦前の最高だった 39 年の水準に回復，56 年に発行された『経済白書』は「もはや戦後ではない」と述べた．56 年 2 月には，フルシチョフ第一書記によるスターリン批判も起きた．戦後知識人の間に権威を振るった「マルクス主義」への懐疑が膨らんだ．科学者の民主主義運動の代表的存在だった民科は，このころにはほとんど活動を停止した状態になり，地団研は1957年の総会で民科からの脱退を決めた．

こうした情勢も関係していたのだろう．1955年から57年にかけては，かつては地団研の有力な会員だった人たちの一部が地団研を脱会したり，地団研による日本地質学会支配に対する反発が噴出したりした時期であった．

その1つは，日本鉱物学会，日本古生物学会，日本鉱山地質学会の脱会問題である．これら3つの学会は，日本地質学会の部会として発足し，部会として活動を続けていた．ところが，1956年にまず日本鉱物学会が，続いて翌年日本古生物学会が，1958年には日本鉱山地質学会が日本地質学会からそれぞれ脱会して，独自の組織に衣替えしたのである．独立の理由としてはいずれも「内外の趨勢〔専門分化の進展を指す〕と将来の発展のため」があげられたが(111)，地団研では「地質学会の左翼的性格を嫌悪するあまりの感情的動機を，独立を強力に主張する一部の人間の間に感じないではいられない」などとこの動きを批判した(112)．1955年には2000人を超えた日本地質学会の会員数は，3学会の独立によって一時1800人台に減少したが，1963年には2000人台を回復した．

地団研がつくりだした科研費の配分の「総花式」を修正しようとする動きもあった．1955年と1956年の日本地質学会の科研費配分委員会は，修士課程の大学院生へは科研費を支給しないと決定したのである．支給中止の理由は，これらの院生は「まだ研究者とはいえない」ということであった．1949年以来傍聴が許された科研費配分委員会の審議も，この2年間は非公開で行われた(113)．

このような事態が生じたのは，地団研の推薦を受けて評議員になったにもかかわらず，その方針に従わない人たちが現れたからである．地団研では，こうした人たちを「保守・進歩・中立に次ぐ第四勢力」と名付け，「地団研をつぶし自分たちに都合のよい体制につくりかえようとする敵」としてイニシャルをあげて個人攻撃もした(114)．1956年11月発行の『そくほう』は巻頭で「今月号から，この“敵”を明確にしてゆきたい」と宣言している．

同時に地団研では1956年から，評議員候補者の従来の推薦基準「学問的な能力が高く，良心的な人」を見直し，「若い会員の希望を積極的にくみとり，評議員会にかならず出席し，発言する人」という条件を新たに付け加え，選挙運動に一層力を入れた(115)．これによって，地団研の推薦候補者は若返ったが，知名度が低い人もいたために，1956年の評議員選挙では，地団研の推薦候補の当選は10人にとどまった．しかし，1957年の選挙では13人が当選し，地団研の方針により忠実なメンバーが評議員会の絶対多数を握った．

この結果，科研費の「総花式」も1957年から復活し，大学卒業1-3年目の院生には5000円が，4-5年目の院生には1万円が支給されることになった(116)．大学院生への一律配分額は1965年からは2万円に改定され，この年からは卒業5年目以内の教師も配分の対象になった(117)．1967年からは修士課程2万円，博士課程3万円に改定され(118)，文部省の介入によって廃止される1975年まで「総花式」は維持されたのである(119)．

地団研関係者が日本地質学会の評議員会で多数を占める状態は，日本地質学会の学会誌『地質学雑誌』の編集にも，大きな影響を及ぼしたと考えられる．たとえば，1950年代後半から1960年代前半にかけては，ソ連や中国，チェコなど社会主義国の論文や新刊書が盛んに紹介された．来日したソ連の地質学者ベロウソフ(120)や，海洋探検船「ビチャージ号」乗船研究者の講演会が開かれ，その講演要旨も掲載された(121)．

1970年代になると，新刊書の紹介記事の欄に地団研関係者の本が数多く取り上げられた．地団研関係者以外の新刊書に対する筆致は冷静なものが多いが，地団研関係者の新刊に対しては，手放しで礼賛するような紹介も目についた(122)．PTに反対もしくは批判的な新刊書は漏らさず紹介されたが，PTの立場に立った新刊書，特に外国の新刊書はほとんど紹介されなかった．

もっとも1980年代後半になると，こうした状況は変わった．1987年の『地質学雑誌』に，地団研が出版した『日本の地質6・近畿地方』の「紹介」が掲載されている．筆者の坂野昇平はこの中で，地団研が1965年に出版した *Japanese Islands* について「私にはあの膨大な英語の本が日本の地質学に前向きの影響を与えたとは思えなかったので，その方向での発展は願い下げにしてもらいたい」などと書いた(123)．

これに対しては星野通平が翌年の『地質学雑誌』で，「〔*Japanese Islands*

は〕地質学の発達に役立った〔中略〕．改めて坂野氏が役に立たないと評される真意をうかがいたい」などと反論した(124)．坂野は星野への回答の中で「今度の書評を書いた後で，二，三の先輩から *Japanese Islands* が出た時に言えなかったことを言ってくれた，という励ましを受けました．学問の世界でどうして感じていたことが言えなかったのでしょうか．〔中略〕当時の書評は著者のほめあいで普通の会員が割り込む余地などなかったのです」などと書いている(125)．

『地質学雑誌』の投稿論文に査読制が取り入れられたのは 1973 年からである．PT 関係の論文は『地質学雑誌』に投稿しても掲載されるのが難しかったとの指摘もある(126)．第 7 章で述べるように，四万十帯が付加体であると主張した論文が最初に『地質学雑誌』に掲載されたのは，1979 年の 7 月号である．7 月号は 6 月号とともに「日本のオフィオライト研究」の特集号であり，独自の編集委員会をつくって査読が行われた．この特集号に収録された論文 22 篇の中には，PT の立場に立った論文がほかにも 2 篇あった．

その後 1980 年から 1983 年までに『地質学雑誌』には，PT の立場に立った論文が 5 篇掲載されている．この論文が投稿されてから掲載されるまでの期間を調べてみると，平均約 8 カ月かかっている．これは当時の平均 10 カ月(127) に比べると，長いわけではない．

地団研の活動のもう 1 つの柱「普及活動」も，地団研の影響力を保持する上で大きな役割を果たした．初期の頃の普及活動には，手づくりの紙芝居やスライドを持参して農村部を回り，地学の知識を普及するとともに，原水爆禁止を訴えるなどのスタイルが多かった．1950 年代後半からは，地学の見学会とハイキングをかねて行う日曜地学ハイキングが盛んになり，現在まで続いている．とはいえ，普及活動の中心は，その旺盛な出版活動である．

地団研は機関誌『地球科学』，ニュース誌『そくほう』のほか，1950 年代から 1970 年代にかけては，小，中，高校の教師用の雑誌として『国土と教育』を発行していたこともある(128)．専門書としては，すでに述べた *Japanese Islands* や『日本列島地質構造発達史』，『関東ローム』，第 7 章で詳述する『日本の地質』シリーズ全 10 冊のほか，1970 年代末までに『地学双書』を計 21 冊，論文集『地団研専報』を計 20 集それぞれ発行した．

「普及」という点で意味が大きかったのは，『地学教育講座』や『地学事典』の出版である．最初の『地学教育講座』全16巻は1955年に福村書店から発行された．教師や大学生・高校生向けの参考書として書かれたもので，各巻は『鉱物』『岩石』『地球の歴史と化石』『地質構造とその調査・日本列島のおいたち』『地下資源』『地震と火山』『海洋と陸水』『大気中の現象』『太陽と恒星』などに分けられ，高校の地学の分野をすべてカバーしている．

1976年から77年にかけては『新地学教育講座』全16巻が東海大学出版会から出版された．このシリーズは，巻別構成など前シリーズをそのまま踏襲している部分もあるが，内容的にはまったくの新版である．さらにこのシリーズも改訂され，1994年から96年にかけては『新版地学教育講座』全16巻が同じく東海大学出版会から発行された．

『地学事典』は1970年に平凡社から出版された．索引を含めて1540頁あり，日本で最初の地学に関する本格的な辞典であった．1981年には主としてPTに関連する項目が追加されて『地学事典・増補改訂版』が出版された．1996年には全面的に改訂され，『新版地学事典』が出版された．

『地学事典』の執筆・編集には地団研の会員を中心にして350人以上が加わった．『地学教育講座』の執筆・編集にはやはり100人以上が加わっている．これほど多数の専門家を動員・組織できるのは地団研をおいてほかになかった．1950年代初期に地団研から離れ，その後は地団研に批判的な態度を取り続けた関陽太郎も「〔『地学事典』の出版は〕戦後の日本の地球科学の中での最も大きな業績の1つだったと思う．〔中略〕多くの人を動員しての編集作業での地団研の組織力はたいしたものである」と回想している(129)．研究者にとっては，こうした本の執筆・編集に加わることは，自分の学界内外での評価を高めることにつながった．地団研からすれば，出版を通じて組織の絆を固めることができたのである．

また，地団研の会員個人が，一般読者向けに書いた著作も多かった．代表的なのは，1950年代に初版が出版された井尻正二・湊正雄『地球の歴史』（岩波新書）と，湊正雄・井尻正二の『日本列島』（岩波新書）である．1960年代から1970年代にかけて，それぞれ2回版が改められた．ほかに亀井節夫『日本に象がいたころ』（岩波新書，1967年），井尻正二『化石』（岩波新書，

**表 3-1**　大学別，年度別の旧制博士号取得者数

| 大学＼年度 | 1958 | 1959 | 1960 | 1961 | 合計 |
|---|---|---|---|---|---|
| 北海道大学 | 6 | 13 | 16 | 102 | 137 |
| 東北大学 | 4 | 9 | 15 | 72 | 100 |
| 東京教育大学 | 9 | 0 | 8 | 27 | 44 |
| 東京大学 | 8 | 9 | 11 | 34 | 62 |
| 京都大学 | 7 | 6 | 16 | 52 | 81 |
| 広島大学 | 1 | 0 | 2 | 14 | 17 |
| 九州大学 | 2 | 0 | 6 | 21 | 29 |

1968年）など，1970年代末までに地団研会員が一般向けに出版した著作は100冊以上にのぼった．こうした著作もまた，地団研の科学運動に対する理解を広げ，歴史法則主義的な地質学や独自の「地向斜造山論」を普及・浸透させる上で大きな役割を果たしたと考えられる．

学位の授与も，地団研の勢力を拡大する上で利用されたのではないか，と疑われる．

大学院の制度も戦後変更され，修士課程と博士課程の2階建てになり，1953年度から新制大学院がスタートした．これに伴って学位の授与制度も，課程博士と論文博士からなる新制度に変わったが，1961年度までは経過措置として旧制大学院の修了者にも，旧学位令による博士号が授与された．このため1959年から1961年度にかけては，駆け込み申請が殺到し，全国で約3万5000人の博士が誕生した．うち理学博士は約3000人である(130)．

地質学関係での旧学位授与者数を，大学別，年度別で示すと，**表 3-1** のようになる．1961年度の北海道大学が飛び抜けて多く，授与者数は東京大学の2倍以上を数える．北海道大学での授与者が多いのは，同大学以外の学校の出身者が多数を占めているからである．

北海道大学の1961年度の授与者102人のうち，出身学校がわかる人は58人いる．このうち，北海道大学出身者は24人で，他の大学・学校出身者は34人である．この中では東京大学の出身者が21人と多く，北海道大学の出身者の数に匹敵し，大久保雅弘，亀井節夫，紺野義夫，山下昇ら地団研で大きな役割を果たした人がいるのが目につく．当時，北海道大学の教授陣には

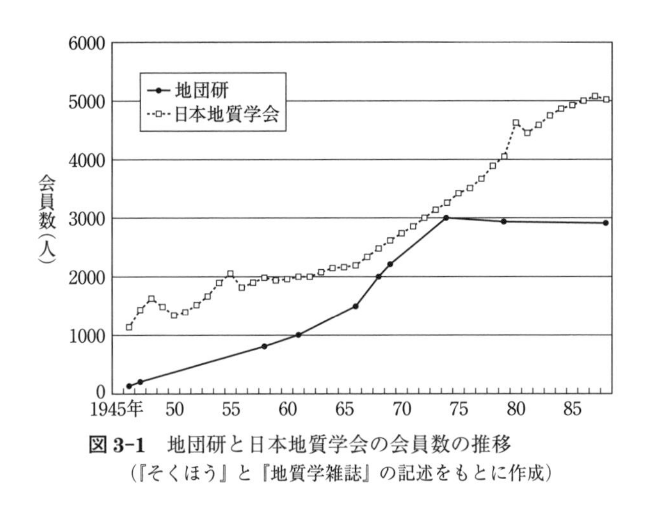


**図 3-1**　地団研と日本地質学会の会員数の推移
(『そくほう』と『地質学雑誌』の記述をもとに作成)

湊正雄，舟橋三男，橋本誠二ら地団研の有力メンバーがいた．一方，この頃には東京大学の教授陣には，地団研の会員はいなくなっていた．こうした事情から，地団研の会員にとっては，北海道大学の方が学位を取得しやすかった，と考えられる．一方で，出身の東京大学で学位を取得した地団研会員もおり，地団研会員が東京大学で差別されたとは考えにくい．

東北大学，東京教育大学，京都大学，九州大学にも地団研の推薦を受けて日本地質学会の評議員になった教授・助教授がいた．同じ時期，これらの大学で旧学位を授与された 9 割以上は，同じ大学の出身者であるが，やはり地団研関係者が目につく．

地団研はさまざまな方法で，自らの影響力を拡大し，その維持をはかった．地団研の会員数の増加は**図 3-1** に示されるように，1970 年代初めまでは目覚ましかった．1961 年に 1000 人を超えると，1968 年には 2000 人に達した．1974 年に 3000 人を超え(131)，日本地質学会の会員数と肩を並べた．すなわち，1970 年代初めには日本地質学会の会員のほとんどは，地団研の会員でもあった，と考えられるのである．次章で述べるような歴史法則主義的な地質学や「地向斜造山論」が地質学界で支配的な考え方になったのも，この故であった．

1950 年代の地団研の会員数増加の背景には，1949 年に新制大学が発足し，新潟大学，金沢大学，熊本大学，鹿児島大学の理学部に地質鉱物学科や地学科が設置されたこと，教員養成学部にも地学専攻の教室がもうけられたこと，全国の国公私立大学の教養部でも地学が教えられるようになったこと，「40歳以下」という会員の年齢制限を撤廃したことがある．

1960年代の会員数増加の中心になったのは，学生時代に地団研で活動し，大学卒業後も教師などに就職してそのまま地団研に留まった人たちである．1963年度から文部省の学習指導要領改定が実施に移され，高校では「地学」が必修になり，地学を教える教員が増えたことも会員増に寄与した．信州大学に地質学科が，岡山大学に地学科が新設されたことも関係している．

地団研の会員数が増えたのに伴って，その構成にも大きな変化が生じた(132)．1947年の地団研の発足直後は，地団研の会員は，大学の研究者と大学院生・学生がほとんどであった．小，中，高の教師や官公庁の研究者は合わせても1割程度にすぎなかった．ところが，徐々に小，中，高の教師や官公庁の研究者が占める割合が大きくなり，1964年には教師層が3分の1を占め，これに官公庁の研究者を加えると，ほぼ半分近い比率になった．

1977年には教師層が4割以上を占めるようになり，これに官公庁の研究者，1970年代から増え始めた地質コンサルタントなど民間会社に所属する人を加えると，6割近くになった．大学生・院生・大学の研究者の比率は一貫して減り続け，1977年には大学の研究者の占める割合は1割余にまで低下した．

地団研の会員数は，1970年代後半になると，横ばいか減少の傾向を示すようになった．これは，学生の入会が少なくなったことが主要な原因であった(133)．1970年代には，国立大学の地球科学科新設ブームがあり，千葉大学，神戸大学，静岡大学，弘前大学，高知大学，愛媛大学，山形大学，茨城大学，富山大学に相次いで地学科や地球科学科が新設された．新設学科の教官の少なからぬ数は地団研の会員によって占められたが，学生の入会は少なかった．これと同時に進行したのが，会員の高齢化であった．

#### 参考文献と注

(1) たとえば，終戦から1年後の1946年8月15日付『朝日新聞』「天声人語」は，「1年前の8月15日は，旧い日本を防空壕の中に埋葬した日であった．〔中略〕国民は臣道実践の制服をぬぎ，八紘一宇の鉄かぶとをぬいで，常闇の防空壕から，はいずり出て，はじめて日本の姿を見，世界のたたずまいを白日の下にみた．自由と真実の凍結していた氷河時代から，やっとのことで脱出した日である」などと書いている．

(2) ジョン・ダワー，三浦陽一・高杉忠明訳『増補版・敗北を抱きしめて・上』岩波書店，2004年，12頁．

(3) ジョン・ダワー，同上書，10頁．

(4) 正村公宏『戦後史・上』筑摩書房，1985年，52-97頁．

(5) 歴史学研究会『日本同時代史1・敗戦と占領』青木書店，1990年，212-238頁．

(6) ジョン・ダワー，三浦陽一・高杉忠明訳『増補版・敗北を抱きしめて・下』岩波書店，2004年，298-299頁．

(7) たとえば，小田実『小田実評論撰・2』筑摩書房，2001年，146頁．

(8) 久野収・鶴見俊輔『現代日本の思想』岩波書店，1956年，65頁．

(9) 佐々木力『マルクス主義科学論』みすず書房，1997年，317-343頁．

(10) 大沼正則，藤井陽一郎，加藤邦興『戦後日本科学者運動史・上』青木書店，1975年，21-27頁．

(11) 広重徹『戦後日本の科学運動』中央公論社，1960年，6頁．

(12) 柘植秀臣『民科と私—戦後一科学者の歩み』勁草書房，1980年，44頁．

(13) 溪内謙「プレトニヨフの選択」『UP』236号（1992年），12頁．

(14) たとえば，古在由重「レーニンと日本の唯物論」『古在由重著作集第3巻（批評の精神）』（勁草書房，1965年）には「スターリンの『弁証法的および史的唯物論』はこの再出発にわたって有力な支柱を与えはしたけれども，そこに見られる過度な単純化と定式化がわが国の戦後の唯物論にもいくつかの弱点をもたらしたことは，あらそわれない」とある（61頁）．

(15) 広重徹『戦後日本の科学運動』（注11），42-45頁．

(16) 柘植秀臣『民科と私—戦後一科学者の歩み』（注12），52頁ならびに79頁．

(17) 久山康ほか編『戦後日本精神史』創文社，1961年，212頁．

(18) 地学団体研究会『科学運動』築地書館，1966年，2頁．

(19) 1945年に東京帝国大学助手から広島文理科大学助教授になった小島丈児も「新・地団研物語3・研究の自由を求めて」『そくほう』532号（1999年3月）で「ある時，小出・山田さんらと一緒に，坪井先生を中心にしてあるテーマを研究したいと申し出たところ，〔先生は〕烈火のごとく怒って“君達の研究テーマを決めるのは，教授である私ですよ”といって受け付けなかった．教授のお許しがなければ研究のテーマも決められない．教授の言いなりにならなければ研究室を出ていかなければならない，といった状況を打破しようというのが，地団研の学界民主化運動だった」（3-4頁）と回顧している．

(20) 八耳俊文「学界の民主化とレッド・パージ」『通史・日本の科学技術第1巻』学陽書房，1995年，320頁．

(21)「日本地質学会第53年総会記事」『地質学雑誌』52巻（1946年），32-33頁．

(22) 牛来正夫『一地質学者の半世紀』築地書館，1992年，31頁．

(23) 斜長石の双晶の研究：牛来は火成岩と変成岩では斜長石の結晶の仕方が違っていることに着目，変成条件下で形成された花崗岩と，貫入岩的な花崗岩を見分ける方法を提案した．

(24) 牛来正夫『一地質学者の半世紀』（注22），74頁．

(25) 牛来正夫，同上書，76頁．

(26) 牛来正夫『火成論への道・下・戦後編』火成論への道刊行会，1976年，117-119頁．

(27) 牛来正夫『一地質学者の半世紀』（注22），80頁．

(28) 地団研『科学運動』(注 18), 8 頁.
(29) 地団研『科学運動』(注 18), 7 頁.
(30)「日本地質学会第 54 年総会記事」『地質学雑誌』53 巻 (1947 年), 40 頁.
(31)「日本地質学会第 55 年総会記事」『地質学雑誌』54 巻 (1948 年), 70 頁.
(32) 関陽太郎『自分史・タナボタ人生始末記』自費出版, 1993 年, 203 頁.
(33) 地団研編『地団研物語』地団研, 1976 年, 7 頁.
(34) 上床国夫「第 55 年総会に際して」『地質学雑誌』54 巻 (1948 年), 76-77 頁.
(35) 地団研編『地団研物語』(注 33), 7 頁. なお, 1950 年に行われた日本学術会議の選挙にも, 井尻, 牛来の 2 人が地団研の推薦を受けて立候補したが, 落選した. その後も地団研は 3 年ごとに行われた日本学術会議の会員選挙で毎回候補者を推薦し, 推薦候補者 2-3 人を当選させた.
(36) 地団研『科学運動』(注 18), 213-214 頁.
(37) 牛来正夫『一地質学者の半世紀』(注 22), 88 頁.
(38)『地団研東京支部速報』1949 年 3 月 15 日付, ならびに『民科地学団体研究会東京支部速報』1949 年 5 月 19 日付.
(39) 地団研『科学運動』(注 18), 215 頁, ならびに地団研『みんなで科学を』大月書店, 1978 年, 71-73 頁.
(40)「科学研究費のこと」『そくほう』55 号 (1954 年 6 月), 8 頁.
(41)「第 3 回地団研総会記事」『地球科学』1 号 (1949 年), 27-28 頁.
(42) 地団研『科学運動』(注 18), 11 頁ならびに 59 頁. 地団研仙台支部は 1954 年には再建された.
(43) 地団研『科学運動』(注 18), 58-59 頁.
(44) ジョン・ダワー『増補版・敗北を抱きしめて・下』(注 6), 340 頁.
(45) 井尻正二「ヘーゲル『精神現象学』に学ぶ」『井尻正二選集・9』大月書店, 1983 年, 32-37 頁.
(46) 井尻正二, 同上書, 44-47 頁.
(47) 井尻正二「古生物学・研究テーマはどのようにしてえらんだか—私は, どうして歯の化石を研究テーマにえらんだか」『地球科学』17 号 (1954 年), 7-12 頁.
(48) 井尻正二, 同上論文, 9 頁.
(49) 井尻正二「ヘーゲル『精神現象学』に学ぶ」(注 45), 47 頁.
(50) 関陽太郎『自分史・タナボタ人生始末記』(注 32), 165 頁.
(51) 井尻正二「ヘーゲル『精神現象学』に学ぶ」(注 45), 36-39 頁
(52) 井尻正二『地質学の根本問題』地団研, 1952 年, 2 頁.
(53) 井尻正二「入党の記」『井尻正二選集・7』大月書店, 1982 年, 299 頁.
(54)「年譜」『井尻正二選集・10』大月書店, 1983 年, 6 頁.
(55) 井尻正二『古生物学論』平凡社, 1949 年.
(56) 井尻正二『地質学の根本問題』(注 52), 1952 年.
(57) 中山茂「井尻正二論」『思想の科学』1966 年 5 月号, 100 頁.
(58)「年譜」『井尻正二選集・10』(注 54), 7 頁.
(59) 関陽太郎『自分史・タナボタ人生始末記』(注 32), 229 頁.
(60) たとえば, 井尻は『地質学の根本問題 (増補改訂)』(地団研, 1958 年) で,『地質学の根本問題』(1952 年) で引用したスターリンの『弁証法的唯物論と史的唯物論』の一節に注釈を付け,「ところが, その後 1956 年にスターリン批判が行われ, わが国でもそれ以後“スターリン批判”がさかんです」,「わが国で行われているような, いわゆるスターリン批判の本質は, 弁証法的唯物論の修正主義がその大部分である, というのが

私の結論です．そして，スターリンを正しく批判できるのは，政治的にも，経済的にも，哲学的（理論的）にも，スターリン以上の実践をして，氏以上の実績をつみあげた者にかぎる，と信じています．したがって，ここに引用したスターリンの労作は，いまなお光り輝いていますし，すくなくてもその論旨が，多くのいわゆるスターリン批判者のそれより簡明である点に学ぶべきだと思います」（15頁）などと書いている．

(61)「年譜」『井尻正二選集・10』（注54），12-14頁．

(62) 上床国夫ほか「本邦油田の地質構造の研究（第1報）」『地質学雑誌』48巻（1941年），310-311頁，ならびに上床国夫ほか「本邦油田の地質構造の研究（第2報）」『地質学雑誌』49巻（1942年），264-266頁．

(63) 井尻正二「ヘーゲル『精神現象学』に学ぶ」（注45），50頁．

(64) 井尻正二ほか「関東山地における推し被せ構造の再検討」『東京科学博物館研究報告』14号（1944年），1-13頁．なお，現在では井尻らの主張は誤りで，藤本の発見が正しかった，とされている．

(65) 井尻正二「付・団体研究と研究統制」『古生物学論』（注55），119-125頁，ならびに井尻正二「団体研究法」『自然』6巻2号（1951年），22-25頁．

(66) 地団研『科学運動』（注18），72-73頁，ならびに地団研『みんなで科学を』（注39），220-223頁．

(67) 勘米良亀齢「戦後の25年古生界・四万十帯の研究—地向斜造山論の発展」『日本の地質学100年』日本地質学会，1993年，63頁．九州大学名誉教授の勘米良亀齢はここで「戦後の古・中生界の研究では，小林の造山体系の検証が1つの目標になった．特に民科の地学団体研究会では，思想的な反目もあって“小林つぶし”が命題となった」と書いている．

(68) 中川衷三ほか「坂州不整合の意義について」『地質学雑誌』58巻（1952年），286頁．ならびに市川浩一郎ほか「坂州不整合について」『徳島大学学芸紀要（自然科学）』3巻（1953年），61-74頁．

(69) 市川浩一郎ほか「黒瀬川構造帯」『地質学雑誌』58巻（1952年），287頁．ならびに市川浩一郎ほか「黒瀬川構造帯」『地質学雑誌』62巻（1956年），82-103頁．

(70) 甲藤次郎ほか「佐川盆地北縁の地質の再検討」『地球科学』26・27号（1956年），1-9頁．

(71) 関東ローム研究グループ『関東ローム』築地書館，1965年．

(72) 地団研『みんなで科学を』（注39），108-111頁，142-143頁．ならびに地団研『地球のなぞを追って—私たちの科学運動』大月書店，2006年，109-111頁．

(73) Masao Minato, Masao Gorai, and Mitsuo Hunahashi, *The Geologic Development of the Japanese Islands* (Tokyo: Tsukiji Shokan, 1965).

(74) 市川浩一郎ほか編『日本列島地質構造発達史』築地書館，1970年．

(75) 井尻正二『古生物学論』（注55），124-125頁．

(76) 地団研が約60年に及ぶ自らの科学運動をまとめ2006年1月に出版した『地球のなぞを追って』（大月書店）には，「団体研究法の6原則」が194-196頁に紹介されているが，「研究者の世界観・社会意識・科学思想の一致」や「選んだリーダーへの絶対服従」，「研究統制」などは出てこない．

(77) たとえば，関陽太郎は『自分史・タナボタ人生始末記』（注32）で「〔昭和23年の初夏には，〕東大の共産党細胞の集まりでも『人民政府ができれば，東大の中をどのように処理するか．反動的・反革命的教授として追放されなければならないのは誰か』というような議論が真面目な顔でされていた」（210頁）と書いている．

(78) たとえば，日高六郎『戦後思想を考える』岩波書店，1980年，119頁．

(79) 地団研『科学運動』(注 18), 23-24 頁など.
(80) 八耳俊文「団体研究を理想にセクト主義の打破に挑む—地質学会の民主化」『エコノミスト』1990 年 6 月 5 日号, 92-93 頁.
(81) たとえば, 地団研の『そくほう』317 号 (1979 年 7 月) では,「『研究者層』はこう考える」と題して, 団体研究とグループ研究の違いについて研究者層にアンケートした結果を特集しているが,「団研は開かれていて誰でも参加できるが, フィールドに参加しないとメンバーとは認められない. 一方, グループ研究はフィールドとは関係がない」との声が紹介されている.
(82) 地団研は 1994 年の総会で規約を改正し, 役員についての「40 歳未満」という年齢制限もはずし, 年齢制限条項をすべての役職についてなくした.
(83)「1970 年代の創造活動の問題点は何か」『そくほう』225 号 (1971 年 1 月), 1 頁.
(84)「学生会員に一層の奮起を！—5 月 3 日会長講演」『そくほう』230 号 (1971 年 6 月), 1 頁.
(85)「1970 年代の創造活動の問題点は何か」『そくほう』(注 83), 1 頁.
(86) 広重徹「民主主義科学者協会 (1) —続・戦後日本の科学運動 1」『自然』15 巻 1 号 (1960 年), 82-83 頁.
(87) 松本達郎『日本地史学の課題』平凡社, 1949 年, 128 頁.
(88) 例えば, 山田直利「これからの科学運動」『そくほう』124 号 (1961 年 2 月), 2 頁.
(89) 地団研の本部事務局員は 1940 年代後半から 1950 年代にかけては東京大学と東京教育大学の地団研会員が多数をしめたが, 1960 年代になるとほとんどが東京教育大学と地質調査所の地団研会員で占められるようになった.
(90) 地団研に会長が置かれることになったのは 1958 年からである. 初代会長は, 北海道大学の小林英夫であった. その選出は, 各支部の代表者と本部事務局員が集まって開かれる全国運営委員会で行われた. 全国運営委員のメンバーの氏名が『そくほう』誌上に掲載されるようになったのは, 1963 年からである.『そくほう』550 号 (2000 年 11 月) 6 頁によると, 地団研の会員名簿は現在でも一般会員には公開されていない.
(91)「地団研への質問」『そくほう』76 号 (1956 年 7 月), 3 頁.
(92)「書評と紹介」『そくほう』74 号 (1956 年 5 月), 9 頁.
(93)「特集・東京支部 7 月例会をめぐって」『そくほう』79 号 (1956 年 11 月), 7-9 頁.
(94) 井尻正二「これからの地質学の研究方法と地団研 10 年のテーマとして提起された太平洋問題」『そくほう』100 号特別ふろく (1958 年 12 月), 1-8 頁.
(95)「テープライブラリー第 1 号完成」『そくほう』95 号 (1958 年 6 月), 6 頁. この記事は「われわれの共通のテーマとして提起されたこの問題を聞けなかった人はもちろん, 聞いた人ももう一度きいてみんなで考えよう」で結ばれている.
(96)「池袋大学に学んで」『そくほう』243 号 (1972 年 10 月), 5 頁.
(97) 牛来正夫「現在の時点における地団研活動の問題点」『そくほう』124 号 (1961 年 2 月), 2 頁.
(98)「井尻をとりまく 7 人の侍」をはじめ井尻を取り巻く人たちは「親衛隊」,「護衛戦闘機隊」などとも呼ばれた.
(99)「書評：湊正雄・井尻正二『日本列島』(岩波新書, 100 円, 1958)」『地球科学』38 号 (1958 年), 40 頁.
(100)「これは読んでほしい—地球科学を学ぶ若い仲間へ」『そくほう』238 号 (1972 年 4 月), 3 頁.
(101)「井尻正二氏の略歴と業績—同氏の還暦を記念して」『そくほう』253 号 (1973 年 9 月), 3 頁.

(102)「300 号特集アンケート—そくほう・思い出・期待・夢（上）」『そくほう』300 号（1977 年 12 月），12-15 頁.

(103)『そくほう』の毎月の発行日が 15 日になったのは，301 号から 336 号までで，337 号からは再び毎月 25 日発行に戻った.

(104) 井尻正二「井尻正二選集の完結にあたって」『そくほう』359 号（1983 年 5 月），5 頁.

(105) 地団研『科学運動』（注 18），6-8 頁，ならびに 40 頁.「三位一体」の方針に沿って規約が改正されたのは 1954 年になってからである.

(106) 地団研「輝く茨の道」『地球科学』12 号（1953 年），4 頁.

(107) 地団研『そくほう』を見る限り，地団研による評議員候補者の推薦は，1986 年の選挙まで続いた.

(108)「地質学会評議員選挙結果」『そくほう』12 号（1950 年 4 月），3 頁．ならびに「学会評議員きまる」『そくほう』24 号（1951 年 4 月），1 頁.

(109)「学会評議員きまる」『そくほう』24 号（1951 年 4 月），1 頁.

(110)「地質学会会長・評議員選挙結果」『そくほう』42 号（1953 年 3 月）など，毎年の選挙結果を報じた『そくほう』や『地質学雑誌』に掲載された「総会記事」「学会記事」による.

(111)「日本地質学会第 64 年総会および年会記事」『地質学雑誌』63 巻（1957 年），381 頁．ならびに「日本地質学会第 65 年総会および討論会記事」『地質学雑誌』64 巻（1958 年），357 頁.

(112)「（鉱物学会）年次総会をめぐって」『そくほう』66 号（1955 年 7 月），3 頁.

(113)「研究費の割り当てをめぐって—話合いをこばむグループ」『そくほう』65号（1955 年 6 月），6 頁．ならびに「研究費は公平に配分されたか」『そくほう』76 号（1956 年 7 月），5 頁など.

(114)「学会の民主化をこばむものはだれか？」『そくほう』77 号（1956 年 9 月），1 頁．ならびに「誰のための『民主主義』か」『そくほう』79 号（1956 年 11 月），1 頁など.

(115)「新しい評議員を選ぼう—私たちがのぞむ二つの基準」『そくほう』71 号（1956 年 1 月），1 頁.

(116)「本年度の科学研究費の配分」『そくほう』84 号（1957 年 5 月），8 頁.

(117)「科研費配分決まる」『そくほう』168 号（1965 年 4 月），3 頁.

(118)「個人配分は 3 万円に」『そくほう』187 号（1967 年 4 月），2 頁.

(119) 地団研『みんなで科学を』（注 39），1978 年，72 頁.

(120) V. V. ベロウソフ「構造地質学の若干の問題」『地質学雑誌』64 巻（1958 年），99-102 頁.

(121)「ソ連海洋探検船ビチャージ号の海洋地質学者による講演会記事」『地質学雑誌』68 巻（1962 年），125-129 頁.

(122) たとえば，『地質学雑誌』81 巻（1975 年），650 頁に紹介された藤田至則『地質への招待・頭とハンマーで』（玉川大学出版部，1975 年）は，藤田のエッセー集であるが，「まことに『頭とハンマー』両道の達人のかざらない語り口は，若い学生諸氏のまたとない指針となるだけでなく，すでに経験を積んだ研究者にとっても，新鮮な感覚をよみがえらせるものといえよう（清水大吉郎）」などと，評されている.

(123) 坂野昇平「紹介『日本の地質 6・近畿地方』」『地質学雑誌』93 巻（1987 年），706-707 頁.

(124) 星野通平「坂野昇平“日本の地質 6・近畿地方”の紹介について」『地質学雑誌』94 巻（1988 年），313 頁.

(125) 坂野昇平「星野氏への答え」『地質学雑誌』94巻（1988年），313-314頁.

(126) たとえば，堀越叡「プレートテクトニクスについての個人的経験」『月刊地球号外』5号（1992年），38頁．また，磯崎行雄も「オッサンの置き土産—松田哲夫さんの研究と人生」『風の如く—松田哲夫追悼文集』（松田哲夫追悼文集作成委員会，2002年）で「『地質学雑誌』の編集委員会は1970年代後半になっても，まだプレートテクトニクス的な考えを受け入れられず，したがって当時のK編集委員は松田さんの『オリストストローム』論文の掲載を拒否し続けた」（115-129頁）と書いている.

(127)「投稿原稿に関する最近の動向」『地質学雑誌』87巻（1981年）によると，論文が投稿されてから掲載されるまでの期間は，1978年には平均7カ月であったが，1980年には平均10カ月に延びた，とある（424-426頁）．また「地質学雑誌の編集状況」『地質学雑誌』90巻（1984年）によると，1984年に投稿されてから受理されるまでの平均期間は約4カ月であった，とある（926頁）.

(128)『国土と教育』は，地団研の教師層の機関誌として1956年に創刊されたが，累積赤字が大きくなったために1963年の12号で休刊になった．1970年に復刊されたが，これも1976年の37号で休刊になった.

(129) 関陽太郎『自分史・タナボタ人生始末記』（注32），515-516頁.

(130) 能勢岩吉「旧学位令による博士人員一覧」『日本博士録・昭和36年集』教育行政研究所，1962年.

(131)「第28回総会にむけて」『そくほう』258号（1974年2月），1頁.

(132)「地団研の会員構成のうつりかわり」『みんなで科学を』（注39）217頁.

(133) 例えば「“ともに学ぶよろこび”のわかる会員を」『そくほう』398号（1987年）では，会長の赤羽貞幸が「会員数はこの10年間でほとんど増加していません．とくに学生会員の入会が少なく，かつては20～30名の学生会員を擁し，学生会員が活動の主体であった一部の支部・班で学生会員が0になってしまった所もあります」と報告している.

# 第4章 「2つの科学」と地学団体研究会

1947年に設立された地団研は運動体と学会という二面性を持ち，第3章で述べたように日本の地質学界の民主化に取り組む一方，地質学の歴史性を強調した独自の学風をつくり出した(1)．この章では，地団研がつくり出した独自の学風について考えてみたい．

ここではまず，地団研の独自の学風の背景に存在した，科学には「資本主義的科学」と「社会主義（民主主義）的科学」という「2つの科学」があるという思想と，そうした考え方を強化する上で大きな役割を果たした日本におけるルイセンコ論争を紹介する．次いで，地団研の独自の学風の具体的内容を調べ，それは哲学者ポパーのいう「歴史法則主義」(Historicism）の研究伝統と呼ぶべきものであることを明らかにする．歴史法則主義とは，後に詳述するように，歴史の発展には何らかの法則性が存在することを確信し，その法則性を見付け出すことに重きをおく思想である．

歴史法則主義の研究伝統は，1950年代から1960年代にかけて日本の地質学界の主流になり，戦前から存在した現在主義の研究伝統との間で，少なからぬ論争・対立を生んだ．そして，地団研が日米科学協力に反対する要因になったことも，ここで論じる．

## 4.1 日本でのルイセンコ論争と「2つの科学」

地団研は戦後の民主主義運動の中から誕生した民科の影響を強く受けながら発展した．前章で述べたように，民科の「民主主義的科学」の中には，2つの意味が含まれていた．すなわち1つは，民主的な変革なくして科学の健全な発展は望めず，科学的な精神なくして民主主義はありえない，との考え方である．もう1つは，「資本主義的科学（ブルジョワ科学）」を乗り越えて「民主主義的科学（プロレタリア科学）」を建設しようという意気込みである．

「ブルジョワ科学」と「プロレタリア科学」の二分法は，革命後のソ連で始まった．ところが，レーニンらがこの二分法に否定的な態度をとったこともあって，1920年代の日本では，科学思想や科学技術の利用の仕方には階級性が現れるが，自然科学の理論内容には階級性はない，と進歩的な学者の間では理解されてきた．しかし，1930年代になると，ソ連でスターリンの御用哲学者たちが自然科学の理論内容自体にも階級性が及ぶと主張し，「ブルジョワ科学」と「プロレタリア科学」の二分法に従って闘争を組織した．これが日本にも影響を与え，戦後は自然科学の理論内容にも階級的性格が反映する，という考え方が主流になった(2)．そして「プロレタリア科学」を建設するための正しい方法論を与えるのは「弁証法的唯物論」をおいてほかになく，「弁証法」に対立するものは「形而上学」あるいは「機械論」であり，「唯物論」に対立するものは「観念論」であるとして批判された．

この「2つの科学」の考え方を確固とする上で大きな役割を果たしたのが，ソ連で起きたルイセンコ事件と，それをめぐっての日本での論争であった．

ルイセンコ事件の主役は，ソ連の農業生物学者ルイセンコ（Trofim D. Lysenko）である．彼は1898年にウクライナの農民の子として生まれ，キエフの農芸専門学校を卒業後，アゼルバイジャンの育種試験場に就職した(3)．

1929年に彼は，秋播き小麦の種子を低温で保存した後，春に播くと芽を出し実もつけるので，秋播き小麦の枯れ死問題が解決できる，と主張し，これを「ヤロビザーチャ（春化処理）」と名付けた(4)．ソ連ではこの年から農業集団化が始まり，スターリンは「実践は理論に勝る」との演説を行ったこともあって，「ヤロビザーチャ」は脚光を浴びた．

1931年にはルイセンコは，春播き小麦を「ヤロビザーチャ」すると，収穫量が増えると宣伝した(5)．1935年になると彼は，夏になると病気によってジャガイモの収穫量が落ちるのを防ぐ方策を立てよ，との党の指令に答えて，ジャガイモの植え付け時期を夏に遅らせれば病気を防げると提案し，クレムリンで表彰された．大戦中には，食糧難の解決策としてジャガイモの芽を植えることを提案，スターリン賞を受けた(6)．

こうした実践での「成功」を足がかりに，ルイセンコは獲得形質は遺伝するなどとした独自の遺伝学説をつくりあげ，自らの勢力を拡大するために，従来の正統的な遺伝学とその研究者を「機械論的」「反マルクス主義」などとして攻撃し始めた．そしてルイセンコは自分の学説は，1920年代にソ連で国民的英雄視された園芸育種家ミチューリン（I. V. Michurin）の伝統を引き継いだ「ミチューリン主義」である，と宣伝した．

日本でもルイセンコの名前は，小麦のヤロビザーチャによって戦前から知られ(7)，ルイセンコがメンデルの遺伝の法則を否定し，正統遺伝学に対して思想闘争を挑んでいることも部分的に伝えられていた(8)．だがルイセンコの学説が本格的に紹介されるには，戦後の民主主義運動を待たねばならなかった．紹介したのは，民科の中につくられた理論生物学研究会のメンバーの生物学史家八杉龍一や育種学者高梨洋一，生物学者石井友幸らであった．

たとえば八杉は，ルイセンコは，①秋播性のコムギの種子を一定期間低温で保存することによって，これを春播きにできることを実証した，②これらを根拠に，生物の遺伝的性質は環境条件や生活条件を変えることによって変化させることができる，と主張していることを紹介し，「この学説はメンデル的遺伝学〔生物の遺伝的性質は遺伝子によって支配されると考える〕と明白な対立をなすものである」と述べている．そして「ル氏の学説の発展に当たっては，その実験的成果が直ちにソ連各地の研究所や試験場さらにソホーズやコルホーズにおいて，広汎な試験と実践に移され，またそこから新たな問題が絶えず提起されつつあり，学説は農業の実践と緊密に結びついている」と，ルイセンコ学説は実践の中から生み出されたものであることを強調した(9)．

同時に八杉は，「ルイセンコの学説が日本で問題にされ始めてから，日本においても科学者の間の思想的対立の尖鋭な表現としてとらえる傾向が生じている．〔中略〕しかし我々はその傾向をできるだけさけたいと思う」と述べ，思想上の問題としてではなく，経験的な事実の問題として議論することを訴えた(10)．

高梨も，ルイセンコがジャガイモの植え付け時期を遅らせる方策によって収穫量を上げた事実や，果樹の接木によって両品種の特徴を合わせ持った雑種（栄養雑種）をつくり出すのに成功している事実を紹介した後，メンデルの遺伝法則を基礎にした従来の育種学は行き詰まりを見せているとし，ルイセンコ学説を「理論と実践の統一が見られる」として高く評価した(11)．

一方，戦前からメンデル式の遺伝学を「観念論的」「機械論的」と批判していた石井は「メンデル式遺伝理論は，資本主義国における理論の実践からの遊離の結果として生じたところの機械論的・形式主義的理論的偏向を示しているのであるが，この偏向が，ソヴェートの社会主義的農学的実践の中から生まれたルイセンコ学説によってはじめて批判・克服されていることに私はきわめて大きい示唆と意義を認めている」などと述べ，すでに「資本主義的科学」と「社会主義的科学」，「理論」と「実践」の対立という枠組みでとらえていた．とはいえ，その石井でさえも，「現代遺伝学は全面的に否定さるべきではなく，ダーウィン及びルイセンコの正しい線の上に止揚されるべきものと考えられる」とも述べていた(12)．

ルイセンコ学説は，生物学者を中心に多くの自然科学者の間で反響を呼んだ．ルイセンコ学説，あるいは「ミチューリン生物学」は，「弁証法的唯物論」を生物学に正しく適用した見事な範例である，と喧伝されたからである．他方，遺伝学の専門家の多くの受け止め方は違った．ルイセンコが主張する獲得形質の遺伝は，過去何度も多くの研究者によって主張されたが，実験的な根拠を調べてみると，いずれも誤りと判明していた上，ルイセンコ自身の実験についても，その方法が誰にもわかるような形では示されてはいなかったからである．

このため，ルイセンコの学説を「科学の学説としての資格を欠いている」などと，まったく問題にしない遺伝学者もあったが(13)，ルイセンコの学説は従来の遺伝学の研究に一石を投じたもの，と受け止める遺伝学者も多かった．たとえば，九州大学名誉教授の田中義麿は，「彼等〔従来の遺伝学者〕は環境の重要性は知り過ぎるほど知っていたし，〔中略〕当然のこととしてそれを取り立てて論ずることをしない傾向もあったが，遺伝学を学部からのぞいた程度の人の眼には，その点に大きな欠点があるように映じたことであろう．今後は遺伝子の作用の発現について環境のもつ役割の如何に大きいかを示す生理遺伝学や発生遺伝学が一層深く研究されるべきであろう」などと述べている(14).

このように，ルイセンコ学説が本格的に紹介された最初の時期には，石井のようにこの問題を「2つの科学の対立」ととらえる人もあったが，ルイセンコ学説に批判的な側でも，好意的な側でも，ルイセンコ学説の当否は，実験や実践によって決着がつく，と考える人が多かったのである(15).

このような状況を決定的に変えたのが，1948年夏にソ連農業科学アカデミーで行われた討論集会であった．ソ連共産党機関紙『プラウダ』は，この集会の模様を10日間以上にわたって連載し，その英語訳も発行された．これによって集会の模様は，時間差はあったが日本にも伝わった(16).

この集会でルイセンコは，生物学にも2つのイデオロギーがあり，一方は「メンデル・モルガン主義」，もう一方は「ミチューリン主義〔ルイセンコ主義〕」であり，一方はブルジョワ的，観念論的で非科学的，もう一方はプロレタリア的で唯物論的，科学的である，と主張した．そして，自説に反対するものをすべて「メンデル・モルガン主義者」と呼んで，攻撃した．ルイセンコは最終日に「党の中央委員会は私の報告を読み，それを承認している」と述べ，自分がスターリンの直接の支持を受けていることを明らかにした．長年にわたる遺伝学派とルイセンコ派のソ連での論争は，これによって決着がつけられ，3人の遺伝学者が自己批判して集会は終わった(17).

集会の後，「メンデル主義追放」のキャンペーンが始まり，多くの遺伝学者が大学や研究所での職を解かれた．大学などの授業では，正統的な遺伝学を教えることは禁じられ，代わって「ミチューリン主義生物学」が教えられるようになった．生物学以外の分野でも，「西側の資本主義的な科学」に対抗して「ソ連の社会主義的な科学」を発展させる「ミチューリン主義」キャンペーンが始まった(18).

日本の遺伝学者たちが，ルイセンコ学説への批判を高めたのは，この農業科学アカデミー集会以降である．米国や英国などでは生物学者が相次いで，ソ連の遺伝学者「追放」に対する抗議声明を出したことも，関心をかきたてた．日本遺伝学会の雑誌『遺伝』を中心に多くの批判論文が書かれたが，そこで中心になったのは，ルイセンコらの実験結果は疑わしい，などとのルイセンコ学説への批判と同時に，「学問・科学の自由」という問題であった．

たとえば，京都大学名誉教授の駒井卓は，ルイセンコは実験の方法や結果を部分的にしか公開していないことを批判した後，「その説が同僚から批判された時，生物学に何の関係もない共産党中央委員会の推奨をふりかざして，反対論を沈黙させるなど，どんなにひいき目に見ても，フェアプレーの態度も科学者の心構えをも欠いた人物といわざるを得ない」と述べている(19).

京都大学教授の木原均も，ソ連農業アカデミー集会の速記録（英訳）を読み，ルイセンコ派のやり方を批判した．木原は，集会最終日に「この討論会はミチューリン主義の完全な勝利を示した」とのルイセンコの演説が嵐のような拍手で承認された後，3人の遺伝学者が自説を撤回したことにふれ，「科学上の真理を信ずる人々が，他の人々に〔自らの説を〕撤回させる必要があるだろうか．真理は最後の勝利者である．しかしそれは討論会の席上で直ちに改宗せしめることだろうか」と書いた(20).

駒井や木原らのルイセンコ批判の基盤には，「科学の真理は１つである」「科学は世界共通のものである」という考え方があった．

これに対して，「2つの科学」という考え方を基礎に反論したのは日本共産党である．党科学技術部編集の雑誌『科学と技術』では藤井敏が，ソ連の遺伝学者の多くが1948年集会後，職を追われたことを紹介した後，「支配階級の召使たちが彼らなりの頭でこれを“追放”ととるのは勝手だが，真に科学を理解しようとするものはこの問題を正しくつかみ，それを通して，科学の階級性，科学もまた本質的な点においては決して妥協をゆるさない階級闘争の激しい舞台の１つであることを認識しなくてはならない」などと主張した(21)．そして，生物学には，①ミチューリンやルイセンコによってつくりあげられた唯物弁証法的方向，②メンデルらによって発展させられた観念的反動的方向，の２つがあるとした上で，「現在の生物学におけるこの２つの方向の対立は，自然や社会を絶えず変化発展するものとする世界観と，自然や社会を固定した不変のものとみる世界観との対立であり，科学と神秘主義とのたたかいであり，又世界各地でおこっている労働者階級を中心とする勤労者と，支配階級である独占資本家との対立の現れでもある」と書いた．

党書記長の徳田球一も，「資本主義イデオロギーは，もはや新しい〔科学の〕発展を理解し，指導することができなくなっている．それはミチューリン・ルイセンコによって新しく展開された遺伝学説において国際的に立証されているところである．〔中略〕マルクス・レーニン主義の唯物弁証法と唯物史観は，今後の科学と技術の発展を決定する」と，科学者に「マルクス・レーニン主義」への理解を訴えた(22)．

そして党科学技術部長であった井尻正二は，機関紙『アカハタ』に「科学の党派性」と題する論文を書き，「唯物弁証法を生物体に対して意図的に適用して，科学の理論と農業上の実践とを統一した」のがルイセンコ学説であり，これに対するメンデル・モルガン遺伝学は「反動的，観念論的，形而上学的，ブルジョワ的」と批判し，日本でもルイセンコ学説を正しく理解して，これを展開・発展させてゆくことを主張した(23)．井尻は，ルイセンコ学説を支持する高梨ら何人かの名前もあげ，「科学の党派性をぼかしている」などとして，その見解も批判した．

敗戦直後の日本の知識人の間で，共産党の権威は大きかった．共産党が，ルイセンコ学説を支持するかしないかは世界観・思想の問題である，と言明したことは，知識人に対して「踏絵」を踏ませる効果を持っていた．たとえば，1947年には「獲得形質の遺伝は，実験によって証明されていない」(24)とルイセンコの主張を批判していた哲学者の山田坂仁は，日本共産党の機関誌『前衛』で批判された(25)のを受け，「ミチューリン主義こそが労働者・農民階級の理論である」との見解を公表し，ルイセンコ学説支持に転じた(26)．

ルイセンコ学説を支持しながらも「メンデル遺伝学を全面的に否定すべきではない」と述べていた石井友幸も「メンデル・モルガン遺伝学は資本主義の矛盾を反映し，一部少数特権階級に奉仕するブルジョワ遺伝学であり，之に反し，ルイセンコ学説は社会主義農業の発展の基礎の上に生れ，最も正しい意味における人民のための理論であることが知られる」などと書き，メンデル遺伝学否定に転じた(27)．このように，これまでルイセンコ学説を批判したり，中間的，あるいは慎重な立場を取ったりしていた民科所属の科学者のほとんどは，ルイセンコ学説支持の立場に回ることになったのである(28)．

ソ連でルイセンコ派が大きな権力を手中にすることができたのは，ルイセンコ派の考え方が，「弁証法的唯物論」に調和したという理由からではなかった．ソ連共産党指導部は，科学を支配の道具として利用するという強い意志は持っていたが，科学論争自体には関心はなかった．科学的な問題に干渉したのは，その時々の国際・政治・社会情勢などにもとづく必要に迫られたからであった．

スターリンが 1948 年の段階で遺伝学論争に介入したのは，ちょうど冷戦が最高潮に達したためであった．冷戦が始まると，ソ連では西側に対抗するための「愛国主義」キャンペーンが始まった．科学にも「西側の科学」と「ソ連の科学」の 2 つがあり，一方は「観念論的で非科学的」で，もう一方こそ「唯物論的，マルクス主義的で，科学的」とされた．

「西側」と「ソ連」の対立を科学者の中にも印象付ける格好の舞台として利用されたのが，遺伝学論争であった．遺伝学の中心は当時，米国であったことも都合がよかった．スターリンの介入の目的は，科学的な問題についても党中央委員会が最高権威を担っていることを知らせることによって，科学者共同体に対する党の統制をより強めることにあった，と最近のソ連史家の間では解釈されている(29)．ルイセンコは，こうした「スターリン主義的科学体制」を巧みに利用し，「実用的」農業技術を次々と繰り出すことによって，出世競争の頂点に立ったに過ぎなかった．

こうしたルイセンコ事件の実態が明らかになったのは，1970 年代以降のことである．戦争直後の日本では，こうした実態を知るすべもなかった．ルイセンコ事件は，ソ連共産党の機関紙『プラウダ』などが伝える通り，「2 つの科学」の対立・闘争としてとらえられたのであった．そして，この事件をきっかけに，「2 つの科学」の考え方は科学者の間では動かしがたいものになった．地団研がつくりあげた独自の学風も，こうした「2 つの科学」の考え方の強い影響下に形成されたのである．

## 4.2 歴史法則主義的な地質学の誕生

地団研運動の必読文献として広く読まれたのは，第 3 章でも紹介したように，井尻正二が 1949 年に出版した『古生物学論』と，1952 年に出版した『地質学の根本問題』である．この 2 冊の本を貫いているのは「地質学は地球の発展の法則を探究する歴史科学である」という思想である．これに従って，地団研は新しい学風をつくり出した．この節では，こうした思想は「歴史法則主義」というべきものであることを主張する．

『古生物学論』も『地質学の根本問題』も，ともに井尻流の「弁証法的唯物論」に従って書かれている．井尻は，『地質学の根本問題』の「はしがき」の中で，『古生物学論』には「弁証法的唯物論」に対する理解に欠ける点や，「2つの科学」の考え方が不鮮明である点などの問題があった，と自己批判しているので(30)，まずは『地質学の根本問題』の方から見ていこう．

井尻はまず，紡錘虫，ゾウ，アンモナイトの化石を時代を追って調べてみると，単純なものから複雑なものへ，下等なものから高等なものへと変異し，繁栄して，遂には滅亡していることを紹介する．その後で，「このことは，とりもなおさず，すべてのものは，生成（発生）し，変化発展し，消滅するという，弁証法的唯物論の根本的な運動法則が，生物系（生物の世界）に，具体的にあらわれたものである，と考えることができると思います」と述べ，自然界にも弁証法的唯物論が貫徹している，と説く(31)．

続いて，「弁証法的唯物論」とはいかなるものかという説明に入るが，その大部分はスターリンが書いたとされる『弁証法的唯物論と史的唯物論』からの引用である．まず唯物論とは，①世界はその本性において物質的であり，世界は物質の運動する法則に従って発展する，②物質，自然，実在はわれわれの意識の外に独立して存在し，物質こそが感覚，観念，意識の源泉である，と考える立場である，と紹介する(32)．

弁証法とは，①自然を，互いに有機的に関連し，互いに依存し，互いに制約する連関した統一のある全体と見る，②自然を，生成し，変化発展し，消滅してゆく過程と見る，③自然物と自然現象には内的矛盾がつきものであり，低いものから高いものへの発展は，物や現象につきものの矛盾にもとづく対立諸傾向の「闘争」として起こると主張する，立場である，と説明する(33)．

こうした引用を受けて，「弁証法的唯物論では，ものの発展の原因を，そのものの外部に，静力学的外力にもとめることをしないで，発展の過程にあるもの自体に，そのもの自身の内部に，そのものの内部原因に，自己原因に，これをもとめるのです．このことは，とりもなおさず，ものの発展を“自己運動”としてとらえることにほかなりません」と述べている(34)．井尻の

「弁証法的唯物論」では「自己運動」の考え方が中心になっているのが特徴である.

続いて地球を水成岩, 火成岩, 鉱物と鉱床, 地形に分け, それぞれが発展の法則に従って運動していることを示唆した後,「この発展が自己運動としてとらえられるならば, その根底にある内部矛盾や対立的要素はなにであろうか, といった問題は, 今までの地史学や地質学では夢想さえもしなかった問題です」などと述べ(35),「弁証法的唯物論」を方法として, 発展の法則にのっとって地球を理解し, 研究することが, 地質学の根本問題である, との考えを繰り返し強調している. 最後には「発展の法則を正しく理解するように努力し, 発展の法則を積極的に運営することを学び, 発展の見地にたって研究をおしすすめるならば,〔中略〕すべての地質学の事象について, これまでの研究の行きづまりをうちやぶり, より自然の本質にふれた研究ができるばかりでなく, 地質学の革命をさえ行うことができるであろうと, 私は固く固く信じている次第です」と結んでいる(36).

井尻はまた「2つの科学」の考えかたにもとづいて, 従来の地質学を「機械的」などと批判もした. 批判の直接の対象になったのは, 米国カーネギー地球物理学研究所のボーエン (N. J. Bowen) がつくった理論をもとに研究していた東京大学教授の坪井誠太郎らと, 井尻の「宿敵」小林貞一である.

井尻は坪井らを「現代の岩石学の主流 Bowenisum は, 生物学におけるダーウィン・ミチューリン・ルイセンコ学説に対する, ワイズマン・メンデル・モルガン主義に対比して考えることができるのであって, 全く形式的な, 機械的な, 自然とは遊離し, 実践からは隔離された学説となっているのです」などと批判した(37). “Bowenisum” (ボーエン主義) については4.4節で詳しく触れるが, 井尻は続いて「私たちが切り開いて行くべき岩石学の進路は, 岩石学におけるダーウィン・ミチューリン・ルイセンコ学説—正しい科学的な進化論—ともいうべき, 発展の見地に貫かれた岩石学ではなくてはならないと信じます」とも書いている(38). この井尻の言に従って, 地団研では「ミチューリン的岩石学」との言葉が使われるようになった(39).

小林が批判にさらされたのは, 小林が戦後復刊されたばかりの『地質学雑誌』に書いた「地史学上における史材・史実批判の例説」と「地史学上における史体と史点との関係」と題する２つの論文である．小林は，この２つの論文で，地史学の研究は歴史研究法に学ぶ点が多いこと，地球と生物界の進化という視点が重要なことなどを主張した(40)．これに対して井尻は，「氏の説く発展の概念は，発生があっても消滅のないものであり，発生の根拠も，発生にともなう質の転換も，その内部原因も明らかにされていない」などと述べ，小林が「弁証法的唯物論」に立っていない，として批判している(41)．

続いて『古生物学論』を見ておこう．『古生物学論』では，井尻は「地質学や古生物学は歴史科学であり，物理学や化学，生物学などの現在科学とは方法論や認識論などで大きな相違がある」との主張を展開した．「歴史科学とは，過去の材料を直接対象に取って，まず，過去の材料を記載分類し，次にそれらの資料（現象）を系統的に総合することによって，ものの発展過程の法則性を探究する科学である」と定義し(42)，現在科学ではものの因果関係の法則性を発見することに重きが置かれるのに対し，歴史科学の目標はものの生成・変化・発展・消滅の過程を支配する法則を発見することだと主張している．そしてここでも，ものの発展は，そのものの内部に含まれる対立・矛盾の闘争によって起こるとの「自己運動」の考え方を強調している(43)．

井尻はまた「現在科学における現象，または法則は，現在および少なくとも近き未来においては，そっくりそのまま反復されるものであると認められているのに反して，歴史科学における現象，または法則は，現在および未来においてそのまま繰り返されるとは認められないのが通則である」と述べ(44)，自然法則の歴史不変性を否定している．そして井尻は「現在は過去を解く鍵である」というよりも「過去は現在を解く鍵である」とも主張した(45)．

歴史科学の研究の意義については「我々が歴史科学の研究によって過去から把握できるものは，〔中略〕過去が如何なる必然的発展過程をとったかということと，過去が如何なる必然的発展過程をとったが故に現在は如何にあり，かつ，未来はいかに展開する傾向にあるか，という，ものの発展の法則と，現在の論理的基礎と，未来に対する可能性の３つである」と述べられている(46)．

井尻の歴史科学に関する考え方は，戦後日本の歴史学界で支配的であった

「歴史のうちには普遍的な発展法則が貫徹していると想定し，その基本法則を明らかにすることこそが歴史学の任務である」との考え方(47)と軌を一にしている．同時にこうした考え方は，英国の哲学者ポパーが「歴史法則主義」(Historicism) と名付けた思想でもある．

歴史や社会の発展には普遍的な法則があると考え（たとえば，スターリンによる原始共産制→奴隷制→封建制→資本主義→共産主義の図式），そのような法則性を見出し，それによって現在を理解し，未来を予測することができるという思想を，ポパーは「歴史法則主義」と呼んだ(48)．こうした思想は，第二次大戦後から1960年代の初めにかけて西欧でも大きな影響力があった(49)．ポパーが「社会にはこうした発展の法則は存在しない」と「歴史法則主義」を批判する著作を相次いで出版したのも，その故であった(50)．

井尻の考え方は，社会の歴史に対するこうした考え方を，地球の歴史や生物の歴史にそっくりあてはめたもので，ポパーのいう「歴史法則主義」と酷似しているのである．これは，4.4節で詳述する「岩石学論争」でのやりとりを見れば，より鮮明に理解できる．

地団研がつくり出した学風は「歴史主義」と呼ばれることが多かった(51)．それは，地団研がしばしば「地質学は歴史科学である」と，その歴史性を強調したからだと考えられる．しかしながら，これは適切ではない．地質学は地球の歴史に関わる科学であり，歴史が重要な要素であることを否定する人はだれもいないからである．

歴史学・思想の分野では，「歴史主義」はHistorismus（英語ではHistoricism）の訳語であり，ドイツのランケ（L. von Ranke）らによって提唱され，マイネッケ（F. Meinecke）らによって完成された歴史観をさす．歴史主義は，歴史には普遍的な発展法則が存在するというヘーゲル（C. W. F. Hegel）らの考え方に反対するところから出発した．そして，歴史の多様性や個別性，非単線的な発展を主張した(52)．これに対して井尻の主張は，ヘーゲルらの伝統を受け継いでおり，この点からも「歴史主義」と呼ぶのは誤解を生む．

実際，1960年代半ばに都城秋穂は，地団研の「歴史主義」とドイツの「歴史主義学派」を混同して，「〔歴史主義あるいは歴史学派は〕全体主義思想や有機体説と密接に結びついて，非合理主義の武器となってきた」などと批判し，議論が混乱したことがある(53).

こうした誤解を避けるためにも，地団研がつくり出した研究伝統は「歴史法則主義」と呼ぶのが適切である．歴史法則主義的な研究伝統は，1950年代から1960年代にかけて日本の地質学界の主流になり，戦前から存在した研究伝統(54)との間で，少なからぬ論争・対立を生んだ．こうした論争は，これまで「歴史主義対物理化学主義」の図式で語られることが多かった(55)．4.4節では，こうした論争も歴史法則主義と「現在主義」の両研究伝統間の対立であったと解釈すれば，よりよく理解が可能であることを示すが，その前に「現在主義」の研究伝統についての説明が必要である．

## 4.3 現在主義の研究伝統

明治維新の後に西欧から輸入された近代地質学の方法論は，英国の地質学者ライエル（C. Lyell）が1830年から1833年にかけて出版した *Principles of Geology*（『地質学原理』）全3巻の中で提唱し，近代地質学の成立に重要な役割を果たした「斉一主義」であった．

明治になって最初に紹介された西欧の地質学書の1つは，ライエルの『地質学原理』の簡略版ともいえる *Manual of Geology* である．中国の華衡芳が漢訳し，これに訓点を施したものが『地学浅釈』として出版された(56)．日本人によって著された最初の地質学の教科書の1つ，神保小虎『日本地質学』でも，ライエルに従って，水の侵食のような小さな変動が積み重なって長期間には目に見える大きな変動になることや，こうした変動は地熱や水，氷，空気，生物など現在の地球上に見られる作用によって生じることが説かれている(57)．ただし，「斉一主義」などの言葉は使われていない．

ライエルの『地質学原理』の第1版の副題は，「地球上の過去の変化を現在働いている原因によって説明しようとする試み」である．すなわちライエルは，地球の歴史を研究するに際しては，「ノアの大洪水」のように現在の地球では見られないような大変動を原因とすることなく，われわれの周囲に現在観察される火山，地震，暴風雨，洪水，潮流などの原因が過去にも同じように働いていた，という仮定にもとづいて行うべきだと説いた(58)．

ケンブリッジ大学の科学史家セコード（J. A. Secord）によると，ライエルの方法論には3つの推論の規則が含まれている．最初は，地質学者は自然法則は時間に対して不変であることを仮定しなければいけないという点である．2番目は過去の原因も，現在の原因と変わらなかったという仮定（ライエルは違う原因があったかも知れないことを認識していたが，それを認めれば科学でなくなると考えた），3番目は原因の強さの程度も変わらなかった，という仮定に立って歴史を解釈すべきだという点である(59)．こうした考え方はしばしば「現在は過去を解く鍵である」と表現される．

ライエルの考え方に対して英国の科学哲学者ヒューエル（W. Whewell）は，「英国では，夾炭層〔石炭紀の地層〕が極端に傾くとともに褶曲し，その上が水平な層で覆われているので，夾炭層を狂わせるようなカタストロフィーが起きたという意見は強く支持される」，「ピレネーやアルプス，アンデスを雲の中まで押し上げた力は，現在働いているものとは違った何かであったに違いない」などと批判し(60)，ライエルの考え方に“Uniformitarianism”（斉一主義），自身らの主張を“Catastrophism”（激変主義）とそれぞれ名付けた(61)．以来，斉一主義と激変主義に関する論争は，20世紀に入っても続いた．

米国の進化生物学者で科学史家でもあるグールド（S. J. Gould）は，ライエルが説いた斉一主義のうち，①自然法則の不変性と，②作用原因の斉一性の2つを合わせたものを「方法論的な斉一主義」と呼び，③作用強度・速度の斉一性を「実質的な斉一主義」と呼んだ(62)．一方，米国の科学史家ラドウィックは，ライエルの斉一主義を「現在主義（Actualism）」と称している(63)．

グールドによれば，ヒューエルは「実質的な斉一主義」を指して「斉一主義」と呼んだのに対し，19世紀の地質学者の多くは，ライエルの「実質的な斉一主義」は受け入れがたかったので，「方法論的な斉一主義」を「斉一主義」と呼んだ．現代においても，斉一主義を批判する人たちは「実質的な斉一主義」を攻撃し，斉一主義を支持する人たちは「方法論的な斉一主義」を擁護するという混乱が見られる(64)．

一方，オランダの科学史家ホーイカース（R. Hooykaas）によると，激変主義は，現在作用中の作用原因の強さは地質学的な出来事を説明するのには十分でない，と考える点では共通するが，ヒューエルのように①昔は現在とは種類も強さも違った作用原因があったと考える立場（伝統的な意味での激変主義）から，②作用原因の種類は変わらないが，昔の力の方が強かった，③力の強さは変わらないが，作用原因の種類は違った，などさまざまなバージョンが存在した．このため，「激変主義」と「斉一主義」に二分するのは適当でなく，「現在主義的な方法にもとづいた概念」と「非現在主義的な方法にもとづいた概念」の2つに置きかえるべきである，とホーイカースは主張している(65)．

序章で紹介したように，フランスの地質学史家ゴオーは，斉一主義を現在主義と定常主義，激変主義を不連続主義と定向主義のそれぞれ2つの要素に分けている．米国の科学史家ウィルソン（L. G. Wilson）は，ライエルの唱えた斉一主義は，地質学者の仕事は現在の地球で起きている原因を研究することであり，地質現象は現在とのアナロジーで解釈されるべきだ，との考え方を強調したものであると主張している(66)．

以上に紹介したように「斉一主義」や「現在主義」は，さまざまな意味合いで使われ，混乱も見られるので，本書では「方法論的な斉一主義」を「現在主義」と呼ぶことにする．「現在主義」とは，①自然法則の不変性と，②作用原因の不変性，を方法論として採用するという立場であって，それを信じるということではない．なお，本書の引用文中に登場する「斉一主義」はさまざまな意味合いで使われていることを断っておく．

一方，激変主義にもさまざまなバージョンが存在するが，本書では②作用原因の不変性，ないしは③作用強度・速度の斉一性のいずれか，あるいは両方を否定する立場を総称して「激変主義」と呼ぶことにしたい．したがって，現在主義者であり，かつ激変主義者であるという立場も存在する．

「現在主義」はライエル以降，多くの地質学者に支持されたが，地球上の造山運動はごく短い期間に世界で同時に起きるとのドイツのシュティレらの主張によって，激変主義の考え方は20世紀初めには再び勢力を盛り返した．その結果，日本でも1920年代になるとシュティレらの激変主義の研究伝統が入ってきた(67)．

シュティレは，造山運動は30万年程度の短期間に世界同時に起きるが，現在は造山運動が終わり，地球には穏やかな変動しか存在しない時期だと主張した．また彼は，造山運動には一定の発展法則があり，地殻のくぼみに堆積物が大量にたまった地向斜が，4つの発展段階を経て山脈や剛塊が形成されたと主張したが，これについては次章で詳述する．

激変主義の研究伝統が日本にも入ってきたことによって，日本でも斉一説や激変説などの用語も使われるようになる．新しい研究伝統が入ってきたことによって，現在主義と激変主義という2つの研究伝統の違いが初めて明確に意識されたのである．もっとも，ライエルの提唱した現在主義は「自然の斉一性」「漸変説」「同一過程説」などと表現されている．激変主義も「激変説」「地殻激変説」「大変革説」などと，さまざまに訳されている(68)．

現在主義の研究伝統は1930年代になって，地震研究所の大塚弥之助や東京帝国大学地質学教室の坪井誠太郎らによって発展され，深められた．

大塚の専門は，日本列島の比較的新しい時代の地質の研究であった．大塚は，その代表的著書『日本の地質構造』で，研究手法として現在主義的な方法を採用すべきことを明確に述べている(69)．大塚は，日本列島では水準測量，三角点測量によって現在も大きな地殻変動が観測されることから，日本列島の地質構造を知るには，地震や火山など現在の地質現象を解明することが重要である，との考えをもとに多くの著作を発表した．この中には，後のプレートの沈み込みモデルを先取したとも見られるアイデアが含まれている(70)．

一方，坪井は米国のボーエンの理論を導入し，それをもとに火成岩の研究を進めた(71)．ボーエンは1910年代から，岩石の溶融体や造岩鉱物の合成実験を精力的に進め，その結果にもとづいて，ほとんどすべての火成岩の成因は，もとになる玄武岩質マグマの温度や圧力が下がるにつれ，特定の鉱物が順次結晶として析出してゆく結晶分化作用によって説明できるとした(72)．

現在主義の研究伝統は戦後も，東京大学の杉村新(73)や松田時彦(74)，久野久(75)，都城秋穂(76)らによって継承・発展されてゆく．この研究伝統の中から1950年代末から1960年代にかけて，杉村の「火山フロント」の概念や，都城の「対の変成帯」の概念などが生れ，日本列島は造山運動の終末期ではなく，今日も活動している造山帯であるとの主張が唱えられた(77)．これらは後に，PT にもとづいた造山論に取り入れられることになる．

日本列島には多くの活火山があるが，海溝から一定の距離だけ離れないと活火山は見られない．海溝から一番近くに活火山が出現する地点を連ねた線を，杉村は 1957 年に火山フロントと名付けた(78)．そして「Stille の考えをひいている研究者たちのなかには，現在を造山運動の終末期に当たると考える人が多いが（例えば，湊，八木，舟橋，1956），筆者はむしろ中新世中期以来の造構造期が現在でも継続あるいは再開しているのではないかと考えている」と述べた(79)．現在の知識によると火山フロントは，海溝に沿って沈み込んだプレートが 120 km 程度の深さに達するところに相当する．

日本列島には，三波川帯や領家帯などと呼ばれる変成帯が東西に帯状に配列している．領家帯は高温低圧型の変成作用を受けたものであるのに対し，三波川帯は高圧低温型の変成作用によってできた．都城は，弧状列島ではこのように高温低圧型と高圧低温型の変成帯がしばしば対になって見られることに着目し，高圧低温型の変成帯は海溝部で，高温低圧型の変成帯は火山フロントの地下で形成されるとの考えを 1961 年に発表した(80)．これが「対の変成帯」の概念である．

ここで，こうした現在主義の研究伝統と，地団研がつくりあげた「歴史法則主義」の研究伝統との間には，どのような差異があるかをまとめておこう．

第一は，自然法則の不変性をどう考えるのかについてである．現在主義では自然法則の歴史不変性を仮定して議論を進めてゆく．歴史法則主義では，自然法則が時代によって変化することが前提とされ，その発展の法則性を探究してゆくことが研究の目標になる．

第二は，作用原因についてである．現在主義では，作用原因の種類も時代によって変化がなかったと仮定して議論を進める．歴史法則主義では，そうした仮定には根拠がないとして，否定する．歴史法則主義は，この点において激変主義と親和的であり，ある種のバージョンということも可能である．

第三に，現在主義では現在（あるいは新しい地質時代）の共時的な地質現象の法則性やその理解に重きが置かれるのに対して，歴史法則主義では，地球誕生以来の通時的な発展の法則の探究に重点が置かれる．

比喩的な表現をすれば，現在主義では「現在は過去を解く鍵」であり，歴史法則主義では「過去は現在を解く鍵」となる．

## 4.4 歴史法則主義と現在主義との対立

現在主義の研究伝統は，地団研が産み出した歴史法則主義の研究伝統から，しばしば批判・攻撃された．ここでは，1950 年代から 1970 年代初めにかけて繰り返された岩石学をめぐる論争と，岩石の放射年代測定値をどう解釈するかをめぐって争われた絶対年代論争の 2 つを取り上げる．

岩石学論争の底流をつくったのも井尻正二である．井尻は『地質学の根本問題』の中で，東京大学教授の坪井誠太郎とその流れをくむ研究者たちを “Bowenisum”（ボーエン主義）と批判していたことは 4. 2 節で述べた．

最初の論争は「火成岩の成因」をめぐって，坪井の教え子の久野久（当時，東京大学助教授）と，地団研の推薦を受け日本学術会議の第 1 回の会員選挙で当選した牛来正夫の間で行われた．久野は 1953 年の『科学』に「火成岩成因論最近の動向」と題する論説を書き，火成岩の成因は，ソレアイト質かんらん石マグマというただ 1 種類の本源マグマにたどりつく，との自説を展開した．そして，大部分の火成岩は本源の玄武岩質マグマがさまざまな条件下で結晶分化したことによって説明でき，花崗岩の成因も，分化の最後に残った花崗岩マグマか，地殻が再溶融してできたマグマが地殻に貫入して固結したものと考えられる，と主張した(81)．

これに反論したのが牛来である．牛来は「ソレーアイト質かんらん石マグマが本源マグマであるとする久野の考えにははっきりした根拠があるわけではない」と主張した(82)．一方で牛来は，一種類の本源マグマからすべての火成岩の成因を説明しようとする火成岩成因論を「BOWEN 理論」と呼び，「火成岩の進化というばあいには〔中略〕火成岩のでき方にまつわる法則の変化が問題にされなければならない．〔中略〕そのような歴史的な見方が BOWEN 理論では全くかけており，地球の歴史とかかわりなしに，おなじように岩しょう（マグマ）の分化の過程が，くりかえしおこっていると考えられているのである」と述べ，「BOWEN 理論」は「歴史性を欠く」と批判した(83).

牛来は，火成岩の進化という立場に立つと，玄武岩マグマの成分は時代とともに変わってきたと考えるのが正当で，原生代以前には酸性と塩基性の2種類の本源マグマが活動したと考えるのが合理的である，などとも主張した.

これに対して久野は「筆者は地球創成以来火成岩の成因に関する法則の根本には変りがないと考えている．時代毎に，また地域毎に岩石の種類またはその量比に差があれば，それは火成岩生成の際の物理化学的条件の差によるものとして説明しようとする」などと述べ，現在主義的な考え方を足場に反論した(84)．そして「筆者は，各種火成岩の地域的分布・量比を軽視するわけではないが，物理化学的に可能な過程かどうかの点をより重視する」とも述べた．久野に再反論した北海道大学岩石グループは，久野の最後の言説をとらえて「実験的な方法と，自然の観察を基礎にしたものとは，どっちが正しいか？〔中略〕どちらを出発点にすべきかについての考えのわかれが，岩石学の2大流派を決定付けているように思われる」と述べた(85)．争われたのは「実験」か「観察」かの二者択一ではなかったけれども，地団研の一部では，このようにも理解されたのである.

2度目の岩石学論争は，1959年に地団研の学術誌『地球科学』に掲載された北海道大学助教授の舟橋三男の論文「岩石・鉱床・鉱物の歴史的性格について」をめぐって行われた.

舟橋は1911年に生れ，北海道帝国大学を卒業した．日高山脈などの変成岩の研究が専門で，次章で詳述する日高帯団研の中心人物の一人であった．この論文で舟橋は，岩石の形成は，①ある温度・圧力条件の下での物理化学の平衡の問題にほかならぬとの考え方と，②地殻の発展過程の産物と見る見方，の2つが存在する，とした．そして①の考え方は「岩石学のすべてが物理化学に下属するものとうけとる」ものであり，「歴史的な観点を欠いている」と批判した．②の考え方では「地殻の発展に特有な歴史法則を求めることが中心課題となっている」が，そうした法則は「現象の次元の大(ママ)いさから見て，それらを直接物理化学的に因果づけて説明しようとする点の誤りは明らかであろう」と①の立場を批判した．と同時に「この2つの面は究極には一体化されねばならぬ」とも主張した(86).

この論文に反論したのは東京大学地質学教室で都城秋穂と同じ研究室にいた坂野昇平，伊東敬祐であった．2人は「〔われわれは〕舟橋の論文全体をつらぬく『ものの見方』に反対である．それは地質学における『歴史』のとらえかたに関係する」，「我々は地殻の発展史を力学・熱力学等々の諸法則からみちびかねばならない」，「〔舟橋の主張するような〕実在する物質から離れた客観的な歴史法則なるものは存在せず，そのようなものをもちこむことは，自然科学の認識の限界を知り，その打開の方向を見定めることを妨げる」などと舟橋を批判した(87)．

整理すると舟橋は，地殻の発展過程には物理化学法則を超えるような発展の法則性があり，岩石の生成はそのような法則によって説明されるべきだと主張する．舟橋は発展の法則の存在を強調しているものの，物理化学的な研究手法自体を否定しているわけではない．ただし，物理化学の法則は時代とともに変化発展する，との考えが背景に存在した(88)．

これに対し坂野らは，そのような発展法則は存在せず，地殻の発展の歴史は物理化学の法則によって説明されなければならない，と主張する．坂野らも歴史の持つ重要性を否定しているわけではない．すなわち，地球の誕生以来現在まで，マグマの結晶分化作用を支配する法則には変化はない．しかし，地質時代の環境の変化とともに，岩石が生成される温度や圧力，組成などの条件は変化しており，その結果，岩石にもそれぞれの時代の特徴が現れることは当然である．地殻の発展の歴史は，そのような岩石生成の境界条件の変化としてとらえられる，というのが坂野らの立場である(89)．

このような岩石学をめぐる論争は，その後も雑誌『自然』誌上での舟橋対都城論争(90)，『地球科学』誌上での舟橋対松本隆の論争(91) などとして繰り返された．しかし，1970年代初めに一連の議論を振り返った中山勇が「最近の10年間は，以前の蒸し返しで発展がない」と総括している(92) ように，基本的な論点は牛来対久野論争，舟橋対坂野・伊東論争と変わりがない．

都城と舟橋の論争では，都城が舟橋らを「歴史主義者」と呼んだ．一方，舟橋らは都城らの考え方を「物理化学主義」「機械論」などと批判したことから，この論争・対立は前に述べたように「歴史主義対物理化学主義」との図式でとらえられることが多かった．

しかし，こうした論争を歴史的に検討した科学史家柄内文彦は「論争の論点は，地質学研究では物理化学的手法と歴史的手法のどちらに力点を置くべきかという点だった」と結論し，論争を「歴史主義対物理化学主義」の図式でとらえるのは誤解を生むと主張した(93)．舟橋らは，物理化学的方法を否定しているわけではなく，一方，坂野・伊東も地質学における歴史の重要性を否定しているわけではないからである．

すでに述べたように，柄内のいう「歴史的手法」を重視する立場は，歴史法則主義の研究伝統であり，「物理化学的手法」を重視する立場は，現在主義の研究伝統であった．岩石学論争は，この両伝統間の対立の現れととらえるなら，より明確に理解できる．

続いて，岩石の放射年代測定値をどう解釈するかをめぐって争われた絶対年代論争に移る．直接の争点になったのは，飛騨変成帯や三郡変成帯，領家変成帯，三波川変成帯の形成時期についてであった．

小林貞一は「佐川造山輪廻」説で，飛騨変成帯と三郡変成帯は古生代末から中生代初めにかけての秋吉造山運動に伴って，領家変成帯と三波川変成帯は中生代のジュラ紀から白亜紀にかけての佐川造山運動に伴ってそれぞれ形成された，と主張したことはすでに述べた．

これに対して，小林説を批判・再検討した牛来正夫や山下昇らの地団研の有力メンバーは，三郡変成帯，領家変成帯，三波川変成帯は，古生代末の本州変動によって同時に生じたという説を1950年代から展開していた(94)．彼らが3つの変成帯が同時に生じたと考えた大きな根拠は，シュティレらによって提唱された地向斜の発展の法則性である．

それによれば，変成帯は地向斜の造山時代にその中心部に花崗岩類が貫入するために生じる．このために中軸部に高温型の変成帯ができ，その両側に低温高圧型の変成帯が対称的にできるとされた．本州造山運動の際に，領家変成帯を中軸に，三郡変成帯と三波川変成帯が対称的に生じた，と解釈すればこの法則にあてはまる．

これに対して久野久らは，当時導入され始めたばかりの放射年代測定法(カリウム−アルゴン法)を使って各地の変成岩の変成年代を測定した．その結果，領家変成岩や三波川変成岩が形成されたのは9400万〜1億年前で，三郡変成岩の形成時期1億8000万年前とは著しい相違があった．すなわち，領家変成作用や三波川変成作用は白亜紀中期に起こったと考えられ，久野は「小林の考えが正しいことが証明された」と主張した(95)．

坂野昇平らは，さらに多数の岩石の放射年代測定の結果をもとに，領家変成作用は約1億年前に起きたと考えて間違いないことを示した(96)．と同時に坂野らは「造山帯の構造は対称的で，中心に花崗岩，その両側に変成帯，非変成帯が配置するという考えは，〔中略〕わが国から造山運動についての新しいアイデアの生まれるのを妨げてきた．〔中略〕単に変成作用が古生代末か，中生代末かという論争以上に，論理体系の検証が行われたと考えてよい．戦後の日本の地質学史は，単なる研究史として以上に，思想史の一部として追求さるべき問題を多く含んでいる」と述べ，地団研主流の歴史法則主義的な考え方を暗に批判した．

これに対して山下昇は「ほんらい古い岩石が後の結晶作用によって若い絶対年代だけを表わす可能性がある」などと述べ，放射年代測定値をそのまま信用するのは問題がある，と反論した(97)．佐藤信次も山下の立場を支持して「〔鉱物の〕年齢が“絶対年代”ではなく，“見かけの年齢”にすぎないことは明白であろう」などと反論した(98)．佐藤はさらに「既存の物理化学の法則に盲従して，地質現象を単純に割り切るのではなく，従来の物理化学像に比べてはるかに多くの要因によって長い地質年代の間支配されてきた複雑な地質現象を，歴史的に解析する能力のある新しい地学的物理化学の法則を創り出す必要があるのではなかろうか」と述べ，放射年代測定法の適用自体にも疑問をなげかけている．

この論争は久野も述べているように(99)，放射年代測定値をどう解釈するかという問題であった．久野や坂野らはさまざまな検討を加えた上で，測定値はそのまま変成作用の時期を示すと解釈したのに対し，山下や佐藤は，地向斜の発展の法則から演繹される結果の方を信頼し，さまざまな解釈の余地がある放射年代測定値は信頼できないとした．この論争も，2つの研究伝統の違いに発していたと考えると，よく理解できる．

このように多数派を占めた歴史法則主義の研究伝統はしばしば，少数派の現在主義の研究伝統を批判・攻撃した．現在主義的な考え方を基礎に誕生したPTが1970年代に入って日本に紹介されると，やはり同じような批判・攻撃が起きたのである（第6章で詳述）.

## 4.5 地団研と日米科学協力

地団研は，1950年代のウラン調査反対運動や原水爆禁止運動，1960年の日米安保条約改定反対運動など，政治的な問題に対しても発言を続けた．1960年代から70年代まで地団研が続けた活動として，安保改定の直後から始まった日米科学協力への反対がある．日米科学協力が持ちあがり，それが実施に移されたのは，ちょうど米国で海洋底拡大説が登場し，その後PTとして確立する時期と重なっていた．

日米科学協力問題は，1961年6月の池田・ケネディの日米首脳会談で，科学協力についての日米合同委員会を設置することが合意されたのに始まる．日本学術会議では，会長の和達清夫がこの「科学協力に関する日米委員会」に参加することをめぐって，「安保体制の一環として，米国の軍事科学の推進に協力する恐れがあるのではないか」などとの反対があった．このため，委員会の発足は遅れた．日本学術会議は同年11月の臨時総会で，「科学の国際協力についての日本学術会議の見解」を採択し，この見解を基本にして会長が参加することを了承した．この見解では，科学の国際協力の5原則として，①平和目的，②全世界的，③科学者の自主性の重視，④対等，⑤成果の公開，がうたわれていた(100)．

第1回の日米科学委員会は，1961年12月に開かれ，協力の重点として，①研究者の交流，②情報・資料の交換，③共同研究の推進，を決めた．そして，共同研究の分野として，①太平洋に関する学術調査，②太平洋地域の動植物地理学および生態学，③がん研究，の3つを選んで，動き出した(101)．その後の委員会で決まった具体的なテーマには，①ハワイ火山の地球物理学的研究，②太平洋地域の古地磁気学，③太平洋のサンゴ礁に関する研究，④カルデラの航空磁気測量，⑤太平洋底における熱流の研究，⑥深海域における地震探査，などがあり，地球科学分野の研究もかなり含まれていた．

地団研は1960年5月の総会で，日米安保改定に反対する決議を採択していた．その後，日米の首脳の間で合意された日米科学協力も「安保体制の確立という政治目標が隠されている」と，地団研ではとらえたのである(102)．その背景には，当時採択されたばかりだった日本共産党の新綱領そのままに，日本は米国によって半植民地の状態に置かれており，それが日本の科学の発展を阻害する重大な原因になっている，との現状認識があった(103)．

そして，日米科学協力は政治会談から生まれ出たものであり，そのテーマも科学者の民主的な討議にもとづいて決定されたものではなく，その研究費の配分も一部の人々が勝手に決めた不明朗なものであり，日本の科学者がいつのまにか軍事科学に協力させられる危険性をはらんでいる，などとして(104)，1963年5月の総会では日米科学協力に反対する決議を採択し(105)，『そくほう』誌上などで反対キャンペーンを続けた．

折しもベトナムでは，米国の本格的な介入によって戦争は激化の一途をたどっていた．日本でもベトナム戦争反対運動が盛んになり始めたことや，戦後に強い影響力を振るった「2つの科学」の考え方もまだ生き残っていたこともあって，地団研のこの「反米」路線を支持した会員が多かったのである．

日米科学協力の研究費は1963年度には約1億5000万円が計上された．日米科学協力に参加する研究者は少なくなかった．反対意見がほとんどなかった地球物理学分野での参加者が多く，これに誘われるようにして，日本地質学会の会員10人近くが火山やサンゴ礁などの研究に参加した．

地団研はこうした動きに対抗するため，日本学術会議の地質学研究連絡委員会や日本地質学会を動かした．そして，日米科学協力に参加する場合には，地質学研究連絡委員会を通して申請し，研究テーマの重要性や研究計画の妥当性について説明することを要求した(106)．すなわち，日米科学協力に参加したいと考える研究者を一人ひとり呼び出して，事情聴取を行ったのである．これは，日米科学協力に参加したいと考える研究者にとっては，いやがらせに近いやり方であった(107)．

また，1965年の日本地質学会の科研費配分委員会でも，日米科学協力に参加している研究者への科研費の配分が問題になった．そして評議員会で，他から多額の研究費をもらう予定のある人には，1966年から科研費の配分を辞退してもらうことになった(108)．

同時に，地団研では「輸入地学との対決」「自国に根をおろした科学」のキャンペーンを始め，*Japanese Islands* をその最も誇らしい成果として強調した(109)．ここにも「2つの科学」の考え方の残影が見て取れる(110)．

こうして日米科学協力に参加したり，米国に留学したりすることに対して後ろめたい雰囲気が，地質学界ではつくられた(111)．たとえば，日本共産党の『前衛』に掲載された「日本の地質学研究の現状と課題」と題する論文には，「日米科学協力に参加した研究者は，文部省科学研究費の自発的棄権を求められるという事態もおこり，地質学界内では正面から公然と日米科学協力に参加することができなくなって，その数はしだいに減少しつつある」と述べられている(112)．

地団研は，こうした日米科学協力反対の運動を1970年代まで続けた．1972年，日本物理学会はPTを中心とした新しい地球観を一般向けに紹介する講演会「現代の地球観」を企画し，地団研にも協賛を申し入れた．これに対して地団研は，講演会の講師の中に日米科学協力に積極的に参加している研究者が含まれていることを理由に協賛を断った(113)．

地団研が創立30周年を記念して1976年に出版した『地団研物語』には，日米科学協力に関連して「いまひとつ記憶にとどめておかなければならないのは，この“日米科学”を背景（研究財源）にして，プレートテクトニクスが生み出されたということである」と書かれている(114)．日米科学協力で行われた「深海域における地震探査」や「太平洋底における熱流の研究」は，PTを検証する上で貴重なデータとなったが，日米科学協力の成果をもとにPTが生み出された，という事実はない．しかしながら，PTと日米科学協力はこのように結び付けられ，PTに反対する理由の1つにされたのである．

## 参考文献と注

(1) たとえば，日本科学史学会編『日本科学技術史大系第14巻・地球宇宙科学』第一法規出版，1965年，532頁．
(2) 大沼正則『日本のマルクス主義科学論』大月書店，1974年，120頁．
(3) 中村禎里『日本のルィセンコ論争』みすず書房，1997年，9頁．
(4) David Joravsky, *The Lysenko Affair* (Chicago: The University of Chicago Press, 1970), p. 60.
(5) Ibid., pp. 83-85.

(6) Ibid., pp. 91-94.
(7) たとえば，和泉仁訳編『ソ連の科学・技術』(高山書院，1941年）には，ルイセンコの論文「植物有機体遺伝質の人工変異」が収録され，ジャガイモの球根を7月に植えると収穫量が増えること，ヤロビザーチャによって冬播きコムギを春播きに変化出来ることなどが紹介されている（3-15頁).
(8) たとえば，科学時事「遺伝学に関する思想闘争」『科学』7巻（1937年），131頁や，八杉龍一「ソ連の自然科学界展望」『中央公論』55巻7号（1940年），113-122頁.
(9) 八杉龍一「ルイセンコ遺伝学説について」『自然科学』8号（1947年），17-27頁.
(10) 八杉龍一「ルイセンコ論議について」『ルイセンコ学説』北隆館，1948年，33頁.
(11) 高梨洋一「ルィセンコ育種学説に関する諸問題」『農学』1巻（1947年），509-515頁.
(12) 石井友幸「現代遺伝学とルイセンコ学説」『ルイセンコ学説』北隆館，1948年，103頁.
(13) たとえば，京都大学教授であった駒井卓は「ルイセンコの遺伝学説批判」『ルイセンコ学説』(北隆館，1948年）で，「〔ルイセンコは〕当然引照すべき先人の業績や説をほとんどあげていない．〔中略〕この説〔ルイセンコ学説〕は科学的の学説と云われるべき資格を欠いている」などと述べている（173-191頁).
(14) 田中義麿「メンデリズムとルイセンコ学説」『ルイセンコ学説』北隆館，1948年，154-172頁.
(15) たとえば，若い遺伝学者の集まり「ネオメンデル会」の世話役の佐藤重平は，「ルイセンコ学説論争の経過」『ルイセンコ学説』北隆館，1948年，1-14頁で，「この問題の討議が，政治問題とかイデオロギー問題とはなれて純粋に学問的な立場から客観的に行われることが望ましい」と書いている．
(16) この集会の模様は，新聞や雑誌で伝えられたが，八杉龍一と高梨洋一は『プラウダ』の記事を翻訳・編集して『ソヴェト生物学論争』として1949年2月にナウカ社から出版した.
(17) Nikolai Krementsov, *Starlinist Science* (Princeton: Princeton University Press, 1997), pp. 164-182.
(18) Ibid., pp. 193-219.
(19) 駒井卓「ルィセンコ問題その後」『遺伝』3巻5号（1949年），20-22頁.
(20) 木原均「リセンコの遺伝学とその反響」『自然』5巻3号（1950年），60-72頁.
(21) 藤井敏「古いものから新しいものへ」『科学と技術』11号（1948年），26-30頁.
(22) 徳田球一「自然科学者ならびに技術者諸君に望む」『自然』5巻1号（1950年），50頁.
(23) 井尻正二「科学の党派性（上）（下)」『アカハタ』1950年3月24日，25日号，2面.
(24) 山田坂仁「哲学と科学との関係—その機械論的理解に抗して」『科学主義』10巻6号（1947年），9-21頁.
(25) 高梨洋一・星野芳郎「ルイセンコ学説の勝利第2部」『前衛』46号（1950年），106-120頁.
(26) 山田坂仁「客観主義について」『理論』1950年6月号，65-74頁.
(27) 石井友幸「ルイセンコ遺伝学説」『現代遺伝学説』北隆館，1949年，291-316頁.
(28) 中村禎里『ルィセンコ論争』みすず書房，1967年，110頁．日本では，1956年にフルシチョフによるスターリン批判が起き，ルイセンコが農業科学アカデミー総裁を辞任し，流刑先で死んだバビロフ（Nikolai I. Vavilov）の名誉回復が伝えられると，ルイセンコ学説は急速に権威を失墜した.
(29) Krementsov, *Starlinist Science*, op. cit.（注17), p. 178, p. 253, p. 282 など.

(30) 井尻は『地質学の根本問題』(地団研，1952年) の「はしがき」で「小著〔『古生物学論』〕は，弁証法的唯物論の根本法則である“対立物の闘争”の観点がかけており，“科学の党派性”や“実践と科学”の関連の分析などが．不十分であったことを否定することはできませんでした」と書いている (2頁).
(31) 井尻正二『地質学の根本問題』(注30)，8頁.
(32) 井尻正二，同上書，13頁.『弁証法的唯物論と史的唯物論』では，この後に③世界とその合法則性は完全に認識可能なものである，との1節が登場するが，井尻はこれには触れていない.
(33) 井尻正二，同上書，14-15頁.『弁証法的唯物論と史的唯物論』では，②と③の間に，発展過程を量的変化が質的変化に発展する過程と見る，との1節があるが，これも井尻は省略している.
(34) 井尻正二，同上書，15頁.
(35) 井尻正二，同上書，23頁.
(36) 井尻正二，同上書，42頁.
(37) 井尻正二，同上書，36頁.
(38) 井尻正二，同上書，37頁.
(39) たとえば，牛来正夫『一地質学者の半世紀』築地書館，1992年，92頁.
(40) 小林貞一「地史学上における史材・史実批判の例説」「地史学上における史体と史点との関係」『地質学雑誌』52巻 (1946年)，3-8頁．ならびに9-14頁.
(41) 井尻正二『地質学の根本問題』(注30)，18頁.
(42) 井尻正二『古生物学論』平凡社，1949年，3-19頁.
(43) 井尻正二，同上書，224，243，282頁など.
(44) 井尻正二，同上書，13，62-63頁など.
(45) たとえば，井尻は「自然科学の方法と歴史学の方法」『講座・歴史第1巻・国民と歴史』(大月書店，1956年) で「さらに生物のような，複雑で高次の自然物質になると，現在科学の法則だけで過去の生物の世界の現象をわりきることは，およびもつかないことになってしまう．ことここにいたると『現在は過去の鍵である』という考え方では，問題が一歩も前進しなくなる．そして問題は歴史学と同じように『過去は現在の鍵である』といった命題が大きく浮かび上がってくる」(315-316頁) などと述べている.
(46) 井尻正二『古生物学論』(注42)，100頁.
(47) 二宮宏之「戦後歴史学と社会史」『戦後歴史学再考』青木書店，2000年，125頁.
(48) Karl R. Popper, *The Poverty of Historicism* (London: Routledge & Kegan Paul, 1957), pp. iv-vi. 久野収・市井三郎訳『歴史主義の貧困』中央公論社，1961年の邦訳がある.
(49) たとえば，リチャード・エヴァンズ，今関恒夫・林以知郎監訳『歴史学の擁護』(晃洋書房，1999年) には「〔1950年代から1960年代初めにかけて〕共産主義者が大衆の利益を擁護し，歴史や進歩には『法則』があるという信仰が広がり，歴史過程や歴史解釈の中心にイデオロギーや信条が座を占めた．自由主義者や保守主義者は，個人の自由を守るために，そのような原理と闘わねばならないと考えた」(27-28頁) とある.
(50) ポパーは，上記の著作に前後して全2巻で700頁を超える *The Open Society and Its Enemy* (London: Routledge & K. Paul, 1945) の改訂版も出版している．邦訳は，武田弘道訳『自由社会の哲学とその論敵』世界思想社，1973年.
(51) たとえば，地団研『科学運動』築地書館，1966年，88頁では，自らの学風を「歴史主義」と呼んでいる.
(52) 山脇直司「歴史主義再考」『歴史の対位法』東京大学出版会，1998年，229-244頁.

ならびに広松渉ほか編『哲学・思想事典』岩波書店，1998年，1723-1724頁.
(53) 序章，12頁中段を参照.
(54)「研究伝統」については序章の（注8）を参照.
(55) たとえば，中山茂「井尻正二論」『思想の科学』1966年5月号，104頁.
(56) 望月勝海『日本地学史』平凡社，1948年，84頁.
(57) 神保小虎『日本地質学』金港堂，1896年，105頁.
(58) Charles Lyell, *Principles of Geology*（London: Penguin Book, 1997).
(59) James A. Secord, "Introduction," in Charles Lyell, *Principles of Geology*（注58), pp. ix-xlvii, on pp. xvi-xx.
(60) William Whewell, *History of the Inductive Sciences from the Earliest to the Present Time, Vol. 2*（New York: Appleton-Century-Craft, 1872), pp. 586-598.
(61) Stephen J. Gould, "Is Uniformitarianism Necessary?" *American Journal of Science*, **263**（1965): 223-228. ヒューエルがUniformitarianism, Catastrophismと呼んだのは1832年，ライエルの著書『地質学原理』の匿名の書評の中であった.
(62) Stephen J. Gould, "Toward the Vindication of Punctuational Change," in William A. Berggren and John A. Van Couvering eds., *Catastrophes and Earth History*（Princeton: Princeton University Press, 1984), pp. 9-34.
(63) Martin J. S. Rudwick, "Introduction," in Sir Charles Lyell, *Principles of Geology*（New York: Johnson Reprint Corpration, 1969), pp. ix-xxv, on p. xii.
(64) Stephen J. Gould, "Is Uniformitarianism Necessary?" op. cit.（注61), p. 225.
(65) Reijer Hooykaas, "Catastrophism in Geology, Its Scientific Character in Relation to Actualism and Uniformitarianism," in Claude C. Albritton, Jr. ed., *Philosophy of Geohistory: 1785-1970*（Stroudsburg: Dowden, Hutchinson & Ross, 1975), pp. 310-356.
(66) Leonard G. Wilson, "The Origin of Charles Lyell's Uniformitarianism," in Claude C. Albritton ed., *Uniformity and Simplicity*（Boulder: The Geological Society of America, 1967), pp. 35-62.
(67) たとえば，馬淵精一『構造地質学（二）新期岩相』（岩波書店，1933年）では，シュティレの世界同時造山の考え方を紹介するとともに（15-19頁），巻末の附録では，シュティレが名付けた造山期の一覧表を掲載している.
(68) たとえば，小川琢治・笹倉正夫『地質学史（一)』（岩波書店，1933年）では，ライエルの斉一主義については「漸変説」「斉一性」，キュヴィエ（Frédéric D. Cuvier）の激変主義については「地殻激変説」「大変革説」とそれぞれ2通りに表現されている. また加藤武夫監修『地学辞典』（古今書院，1935年）では"Uniformitarianism"は「同一過程説」と訳されている.
(69) 大塚は『日本の地質構造』（同文書院，1942年）の第1章「緒論」で「岩石の形成されて行く作用の研究をするに当たって吾吾は2つの足がかりを持っている. すなわち1つは今日経験できる岩石の成生過程から研究を進めて行くものと，他の1つは物理学的・化学的・地理学的諸条件が岩石が生成された総ての地質時代・総ての時間において現在と同様に充分に成り立ったという事を仮定して研究を進めて行くものである」と述べている（3頁).
(70)『日本の地質構造』にはこうした大塚の考えが述べられおり，238頁第78図には，深発地震の震源の位置が海溝から遠ざかるほど深くなる様子が描かれている.
(71) 栃内文彦・杉山滋郎「『新しい岩石学』の第二次大戦前の日本岩石学界への導入過程」『科学史研究』40巻（2001年），205-214頁.

(72) 都城秋穂・久城育夫『岩石学Ⅲ』岩波書店，1977年，5-6頁.
(73) 杉村は1923年生まれ，東京大学地質学科を卒業後，1947年から同教室の助手になり，1974年に新設された神戸大学地球科学科の教授に就任した．東京大学では当時地質学科の教授をしていた大塚弥之助の影響を強く受けた.
(74) 松田は1931年生まれ，東京大学大学院（地質学専攻）を卒業後，2年間地質学教室の助手をつとめた後，1961年から地震研究所に移った.
(75) 久野は1910年生まれ，東京帝国大学を卒業した後，地質学教室の坪井誠太郎の下で助教授を長年つとめ，坪井の退官した1955年に教授になったが，1969年に58歳で亡くなった.
(76) 都城は1920年生まれ，東京帝国大学を卒業，同大学の助手，久野の下で助教授をつとめた後，1968年に東京大学を辞職しアメリカに渡り，ニューヨーク州立大学の教授などをつとめた．2002年に「変成岩の理論的研究およびそのテクトニクス論への寄与」で日本学士院賞を受けた.
(77) たとえば，松田時彦「弧状列島の構造区分と日本列島」『地学雑誌』73巻（1964年），271-278頁.
(78) 杉村新「火山岩のソレイ岩質傾向と地球物理的諸現象との関連」『火山』2巻（1957年），50頁.
(79) 杉村新「“七島－東北日本－千島”活動帯」『地球科学』37号（1958年），34-39頁．杉村が（ ）の中で引用している文献は，Masao Minato, Kenzo Yagi and Mitsuo Hunahashi, “Geotectocic Synthesis of the Green Tuff Regions in Japan,” *Bulletin of the Earthquake Research Institute,* **34**(1956): 237-265.
(80) Akiho Miyashiro, “Evolution of Metamorphic Belts,” *Journal of Petrology,* **2**(1961): 277-311.
(81) 久野久「火成岩成因論最近の動向」『科学』23巻（1953年），66-71頁.
(82) 牛来正夫「久野久氏の火成岩成因論最近の動向・批判」『地球科学』16号（1953年），16-21頁.
(83) 牛来正夫「火成岩の進化の問題によせて―BOWEN理論の批判」『科学』23巻（1953年），612頁.
(84) 久野久「火成岩成因論をめぐっての論争」『科学』24巻（1954年），415-416頁.
(85) 北海道大学岩石グループ「火成岩成因論に対する私たちの見解と疑問（Ⅰ）」『地球科学』16号（1954年），17-22頁.
(86) 舟橋三男「岩石・鉱床・鉱物の歴史的性格について」『地球科学』43号（1959年），23-31頁.
(87) 坂野昇平・伊東敬祐「舟橋三男『岩石・鉱床・鉱物の歴史的性格について』にたいする反論」『地球科学』49号（1960年），40-41頁.
(88) 坂野昇平は「日本の変成岩研究の現状について」『地学雑誌』106巻（1997年）で「1950年代の終わりごろには『坂野君は先カンブリア時代にも熱力学は成り立っていると思うのか』と不思議がられた」（668頁）と，回顧している.
(89) こうした見解は，八木健三「玄武岩マグマの分化作用について」『地球科学』14号（1953年），21頁や松本隆「現代岩石学の展望」『地球科学』25巻（1971年），237頁に鮮明に述べられている.
(90) 序章，12頁で紹介した都城秋穂の批判と，これに対する舟橋三男の反論を指す.
(91)『地球科学』25巻6号（1971年）には，舟橋三男「岩石をどのようにみるか」（229-232頁），松本隆「現代岩石学の展望」（233-238頁）の対論が掲載された.
(92) 中山勇「岩石学研究方法の討論の歴史的経過について」『地球科学』27巻（1973年），

141 頁.

(93) 栃内文彦「第二次大戦後の日本地質学界における"歴史性論争"—舟橋三男は"歴史主義者"だったのか？」『科学史研究』41 巻（2002 年），65-74 頁.

(94) 牛来正夫『火成岩成因論』築地書館，1955 年，88 頁．ならびに山下昇『中生代（上）』築地書館，1957 年，17 頁.

(95) 久野久「カリウム－アルゴン法による本邦岩石の絶対年代測定」『科学』31 巻（1961 年），13-17 頁.

(96) 坂野昇平・J. Miller「領家および三波川変成帯の変成時期の新しい資料」『科学』31 巻（1961 年），144 頁.

(97) 山下昇「絶対年代にまつわる諸問題」『地質学雑誌』67 巻（1961 年），695-704 頁.

(98) 佐藤信次「放射性元素の比に基づく造岩鉱物の見かけの年齢から変成岩・深成岩の真の年齢を推定することの困難さについて」『地質学雑誌』68 巻（1962 年），50-52 頁.

(99) 久野久「佐藤氏の批判に対する回答」『地質学雑誌』68 巻（1962 年），52 頁.

(100) 日本科学者会議編『現代社会と科学者—日本科学者会議の 15 年』大月書店，1980 年，41 頁.

(101)「ガンなどを共同研究，日米科学委閉幕，コミュニケ発表」『朝日新聞』1961 年 12 月 16 日朝刊 1 面.

(102)「日米科学委員会—安保体制の一露頭」『そくほう』133 号（1961 年 11 月），1 頁.

(103) 地団研『科学運動』（注 51），1966 年，33 頁.

(104)「新しい年と日米科学委」『そくほう』145 号（1963 年 1 月），1 頁.

(105)「日米科学協力に対するわれわれの態度」『そくほう』149 号（1963 年 5 月），2 頁.

(106)「日米科学協力の討論経過について」『そくほう』157 号（1964 年 4 月），6 頁.

(107) 関陽太郎『自分史・タナボタ人生始末記』自費出版，1993 年によると，1964 年に日米科学協力の研究を日本学術振興会に申請したところ，東京・学士会館の一室で開かれた地質学研究連絡委員会に出席を求められ，そこで「君は親米だ」などといわれたという（450 頁）.

(108)「学会記事」『地質学雑誌』72 巻（1966 年），215-216 頁.

(109) たとえば，「『"日米科学"さま，おかげで研究ができました』—骨なし人形」『そくほう』169 号（1965 年 5 月），1 頁.

(110)「2 つの科学」の考え方は 1953 年のスターリンの死後まもなくして，米ソの「雪解け」が始まったことなどから，日本でもしだいに影響力を失っていった．日本の"マルクス"主義者の「科学の階級性」についての理解も，「自然科学にはイデオロギー的部分と客観的真理の総体の 2 部分があり，前者は階級的制約を受けるが，後者は階級から独立している」との見解が支配的になった．大沼正則『日本のマルクス主義科学論』（注 2），126-127 頁，ならびに 236-237 頁.

(111) 当時の米国留学に関して，地団研の『科学運動』（注 51）には，「若い研究者のなかには，あたかも赤線区域にでもでかけるように，コソコソと出発していくものも少なくない．この理由として，行き先がほとんどアメリカであること〔後略〕」（209 頁）と書かれている.

(112) 水戸清一「日本の地質学研究の現状と課題」『前衛』1969 年 11 月号，104-127 頁.

(113)「個人研究と日米科学ははたして別か？—『現代の地球観』（日本物理学会主催）に，地団研が協賛を辞退した事実経過」『そくほう』240 号（1972 年 6 月），8 頁.

(114) 地団研編『地団研物語』地団研，1976 年，22 頁.

# 第5章 日本独自の「地向斜造山論」の形成

PTが日本に紹介されると，「地団研学派」が育ててきた造山運動論，あるいは「地向斜造山説」にもとづいて反対が起きたことを序章では紹介した．この章のねらいは，「地団研学派」が育ててきた造山運動論，あるいは「地向斜造山説」とはいかなるものであったのかを明らかにすることにある．

そのためにまず，欧米で誕生した地向斜概念や地向斜論の発展の歴史をひもといてみる．そうすると，欧米では，地向斜は造山作用を受ける場としてとらえられ，それを山脈にまで隆起させる力は，地球収縮など地向斜の外部に求められたことがわかる．海洋底拡大説やPTが誕生すると，地向斜をその枠組みの中でどのように再解釈するかについて，多くの論文が書かれた．地向斜論とPTは，対立する関係にはなかったことが確認できる．

続いて，日本での地向斜概念の受容の歴史を調べてみると，少なくとも戦後直後までは，地向斜概念は日本でも欧米と同じように理解され，使用されていたことがわかる．様相が変わったのは，1950年代に入ってからである．地団研のつくりあげた歴史法則主義的な地質学の研究伝統の中から，地向斜の「自己運動」「自己発展」によって山脈にまで成長するという日本独自の考え方が出現し，それが従来の地向斜論と一体化したのである．1960年代には，この日本独自の理論にもとづいた日本列島論が完成し，後にそれは「地向斜造山論」と呼ばれるようになった．つまり「地向斜造山論」は日本で独自に形成されたものであることがここで明らかにされる．

## 5.1 地向斜概念の誕生とその発展

地向斜の概念を最初に考えついたのは，19 世紀に米国アパラチア山脈の地質を調べていた古生物学者のホール（J. Hall）である．彼はアパラチア山脈では厚さ 1 万 m にも及ぶ地層が形成されているのに驚き，そのような厚い地層ができる仕組みとして，1857 年の米国科学振興協会の講演で地向斜のアイデアを発表した．論文として発表されたのは，その 2 年後であった(1)．

この論文によると，まず大陸の縁に細長い沈降帯ができる．そこに大陸の侵食によって運ばれてきた砂，泥などがたまる．堆積物がたまるにつれて，その重みで海底はさらに沈降していき，さらに堆積物がたまる．沈降帯が深くなるにつれて，その中の堆積物は褶曲を受ける．また底にひび割れができるので，そこからマグマが侵入して火山活動や変成作用が起きる(2)．ホールは，堆積物の厚さが厚くなるほど高い山脈ができると考えたが，そうした厚い地層がどのようにして隆起に転じ，山脈が生まれるのかについては，明確な考えを示さなかった．

これに対してイェール大学の教授であったデイナは「ホールの理論は山脈の起源についての説明を欠いた理論である」と批判し，1873 年に論文を発表した(3)．この中でデイナは厚い堆積物がたまった沈降帯を “Geosynclinal”「地向斜」(4) と名付け，地向斜をつくるのも，山脈へと隆起させるのも，地球の冷却・収縮に伴って生じる横（水平）圧力が原因であると主張した．大洋地殻と大陸地殻の境界部部分は弱いので，そこに横圧力が集中し，沈降帯や山脈ができる，と述べている．

造山の原因を地球の冷却・収縮に求める見解は，第 1 章でも紹介したようにデイナの独創ではない．17 世紀以来デカルトら多くの自然哲学者が示唆してきたが，初めてはっきり述べたのは 1829 年，パリ鉱山学校教授のボーモンとされる．19 世紀末から 20 世紀前半の地質学に大きな影響を及ぼしたウィーン大学教授のジュースも，山脈の形成を地球の冷却・収縮説によって説明したが，地向斜に相当するものが現代には見あたらない，などとして地向斜概念には反対した(5)．

しかし，ヨーロッパでも地向斜概念はフランスのベルトラン（M. A.

Bertland）やオー（E. Haug）らによって受け入れられ，20世紀に入ると，地向斜の発展・進化という考え方が付け加えられた(6).

地向斜が山脈へと発展していく過程には，一定の規則性が見られるのではないかという考え方は，ベルトランによって19世紀末に提出された．その後オー，ドイツのシュティレ，ブブノフ（S. von Bubnoff）らによって洗練され，地向斜に堆積物がたまり，それが火山活動や変成作用を起こして隆起し，やがては安定化するという造山輪廻（Geotectonic and Magmatic Cycle）という考え方に発展し，地向斜論（Geosynclinal Theory，あるいはTheory of Geosyncline）と呼ばれた(7).

最も影響力のあったシュティレによると，地球の進化は可塑的な地向斜が強固なクラトン（剛塊）に変わってゆく過程の繰り返しであり，造山輪廻の発展段階は，①地向斜期，②造山期，③準クラトン期，④クラトン期の4段階に分けられる．地向斜期には地向斜に厚い堆積物が生じると同時に，玄武岩を中心にした火成活動が起きる．造山期には，地向斜中央部に花崗岩マグマが貫入し，その周辺には対称的な変成帯ができ，地向斜は隆起に転じる．準クラトン期にも安山岩を中心とした火成活動が起き，地殻は強固になる．クラトン期には，最終的な火成活動が起きるとする(8).

シュティレはまた，このような規則正しい造山運動が古生代以降に3回（カレドニア造山運動，バリスカン造山運動，アルプス造山運動）認められ，造山運動は世界中で同時に起きるとの考えを強調した．

1910年代から30年代にかけて，このように地向斜は山脈形成の必要条件であるという考え方が一般的になり，地向斜の概念や造山輪廻の考え方は世界各地の山脈や各地域の地質発達史を記載するのに便利な枠組みとして広く使われるようになった．しかし，ここで注意しなければならないのは，造山輪廻の考え方はものごとの起きる順序をいっているだけで，地向斜を山脈まで隆起させる原因については何も説明していない点である(9).

「地向斜」の名付け親のデイナは前述したように，地向斜を山脈に隆起させるのは地球の冷却・収縮による横圧力であると考えた．シュティレもやはり山脈へと上昇するのは地球の冷却・収縮による横圧力が原因だ，と述べている(10).

一方，スイス・ヌーシャテル大学のアルガンは1922年の万国地質学会議で，ドイツのヴェゲナーが唱えた大陸移動説を支持するとともに，大陸移動説と地向斜を結び付け，大陸と大陸との間にある地向斜は大陸の移動に伴って狭められ，やがては大陸同士の衝突によって地向斜堆積物は万力に挟まれるようにして隆起する，と主張した(11).

英国のホームズは，大陸移動の原因はマントルで熱対流が起きているからではないかと考え，対流が上昇しているところでは硬い地殻が引き延ばされて割れ，対流が下降しているところでは地向斜帯が圧縮される，と主張した(12). 米国のグリッグス（D. Griggs）はこのホームズの考えを立証しようと実験した(13). 彼は水ガラス（マントル）の中でドラムを回転させて対流を起こし，水ガラスの上に浮かべた重油と砂の混合物（地殻）がどのように振舞うかを調べ，対流が止ると地向斜が上昇に転じることを示した（**図 5-1**）.

このように欧米では，地向斜を隆起させるメカニズムは，第1章で述べたようなさまざまな地球論，すなわち地球収縮説，大陸移動説，マントル対流説，熱的輪廻説などと組み合わせて説明されてきた．言い換えれば，「地向斜論」は1つの独立した地球論ではなかったのである.

一方，地向斜についての研究が進むにつれて，一口に地向斜といっても，その堆積環境や火山活動，大陸との相対的な位置などには大きな違いがあることが明らかになった．すなわち大陸近くの浅い海に堆積したと考えられるものがある一方で，大陸から遠く離れた深い海で堆積したと考えられるものもあり，火山活動がまったく見られないものもあった．シュティレは山脈まで成長しない地向斜があることを認め，こうした地向斜を準地向斜，山脈にまで成長する地向斜を正地向斜と名付けた．シュティレはまた，正地向斜の中にも火山活動を伴わないものがあることも認め，こうした地向斜をミオ地向斜，火山活動を伴う地向斜をユウ地向斜と呼んだ(14).

このように地向斜のさまざまな分類が行われた結果，新しい地向斜名が次々に導入され，地向斜の種類は1940年代末には30種類以上に達した．また，海洋底調査のデータが増えるにつれて，現代には地向斜は存在するのか，あるとしたらそこはどこなのかについても，地質学者たちの見解の相違が無視できないような状況が出現した(15).

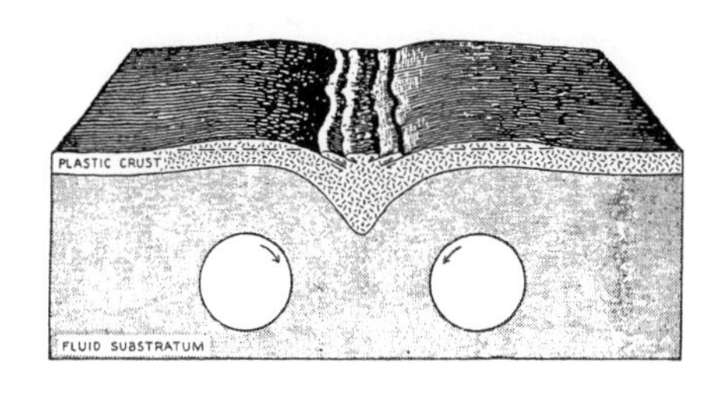


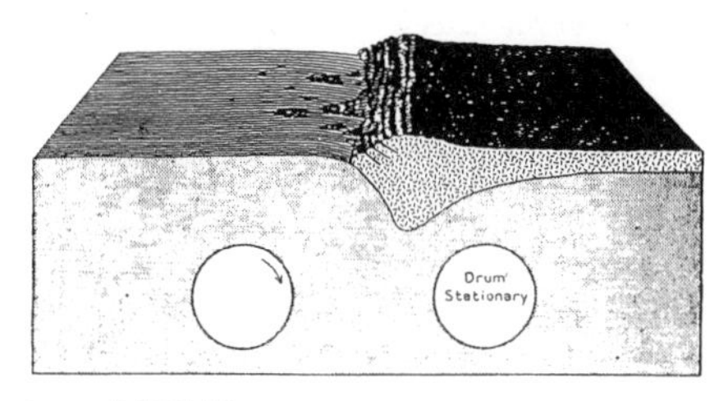


**図 5-1**　グリッグスの実験結果

2つのドラムを反対方向に回転させると(上),「地殻」にくぼみができ,「地向斜」が出現する. 片方のドラムの回転を止めると(下),「地向斜」は隆起に転じる.

(D. Griggs, "A Theory of Mountain-Building," *American Journal of Sciencce*, **237** (1939), pp. 642-643 より)

こうした混乱状態はその後も続き, 1960 年代半ばにはフランスのオーブゥアン (J. Aubouin) は「地向斜概念は次第に正確な意味を失い, 多くの著者は誤解が生じるのを恐れてその言葉の使用をためらうほどである」と述べている(16). また, 従来は地向斜ができるとそれが造山帯に発展すると考えられてきたが, その因果関係は逆で, 造山帯ができると, そこに地向斜が形成されるのではないか, との考え方も出てきた(17). PT が誕生したのは, このように地向斜概念への疑問が大きくなった時代でもあった.

海洋底拡大説や PT が登場すると, 欧米では地向斜論の支持者はどのように対応したのであろうか.

第 1 章でも述べたように PT の基礎となったのは, 1961 年から 62 年にかけて, 米国プリンストン大学の岩石学者ヘスと, 米海軍研究所の海底地質学者ディーツによってそれぞれ独立に提唱された海洋底拡大説である. ヘスもディーツも最初の論文では地向斜については触れなかったが, ディーツはまもなく，海洋底拡大説に従えば，現代の地向斜はどこに相当するかという論文を発表した(18).

それによると，海洋底と大陸が一緒に動いている場合には，大陸棚やそれより深い大陸縁膨に堆積物がたまる．大陸棚の堆積物がミオ地向斜にあたり，大陸縁膨の堆積物がユウ地向斜にあたる．何かの理由で海洋底が大陸の近くで沈み込みを始めると，ユウ地向斜堆積物は大陸地殻の下に引きずり込まれて変成作用を受け，大陸地殻に付け加わる．現在このような現象が起きている典型的な場所として南アメリカの太平洋岸があげられ，アンデス山脈は海洋底の沈み込みによって圧縮され，隆起している，とディーツは主張した．

トランスフォーム断層の考え方を提唱したカナダ・トロント大学のウィルソンも，海洋底拡大説と地向斜との関係を示す論文を1966年に発表した(19).それによれば，古生代初めにはアメリカとヨーロッパの間には原大西洋と呼ぶ大洋があった．海洋底はアメリカ側に沈み込み，アメリカ沿岸には厚い堆積物ができ，火山活動も起きた．これがアパラチア地向斜である．しかし，古生代中頃になると原大西洋は閉じ始め，オルドビス紀になると両大陸は衝突した．この衝突によってアパラチア地向斜の堆積物が隆起したのが，アパラチア山脈であり，英国などのカレドニア山脈である．白亜紀に入って2つの大陸の間にマグマが湧き出し，新しい海洋底が誕生して大西洋となり，アパラチア山脈とカレドニア山脈は引き離された，とウィルソンは主張した．

PTによって造山帯の生成を説明する仮説を発表したニューヨーク州立大学のデューイとケンブリッジ大学のバードも，従来のさまざまな種類の地向斜がPTのもとではどのように解釈されるかについての論文を発表した(20).それによれば，大陸にリフト（地溝）が生じて，そこにマグマが噴出して新しいプレートが誕生し，大洋ができる．ベルトコンベアのように移動したプレートは，大陸の縁に沈み込み，島弧・コルディレラ型の造山帯をつくる．その際には日本海のような縁海をつくることもある．やがて，新しいプレートの供給が途絶えると，大洋は閉じ，大陸や島弧同士の衝突が起こり，ここでは衝突型の造山帯ができる．これがプレート運動の1サイクルである．このサイクルのそれぞれの段階に応じて，プレートの上に生じる堆積物，すなわち地向斜堆積物と見なされてきたものは異なってくる．デューイとバードはこう考えることによって，約10種類の地向斜について，その生成の場所や性質などをうまく説明できることを示した．

国立台湾大学の王（C. S. Wang）も，大陸のリフティング→海洋底の拡大→大洋の閉鎖→新しい大陸の形成で終わるPTの一連の出来事は，シュティレの造山輪廻の4段階に似ているとして，さまざまな種類の地向斜の生成をやはりプレートの進化や運動に結び付けて論じた(21)．

このように海外では，海洋底拡大説やPTが登場すると，従来の地向斜概念や造山輪廻の考え方をPTによって再解釈する論文が次々に発表された(22)．しかし，一方で陸上の地質学にPTを適用した研究が進むにつれて，地向斜概念や造山輪廻の考え方は，PTの考え方とは異質なのではないかと考える人も現れ始めた．

PTのメカニズムから期待される造山帯のさまざまな岩石の特徴を示した論文で知られる米国スタンフォード大学のディッキンソン（W. R. Dickinson）も，その一人である．彼によれば，PTに基づいて島弧－海溝系がユウ地向斜にあたり，大陸縁辺の堆積物はミオ地向斜にあたると解釈することは可能ではあるが，PTによる造山運動はプレート運動の様態によって異なり，造山輪廻のような一定の規則性は見られない．PTでは造山運動は主にプレートの収束境界で起きると考えるが，地向斜の概念や造山輪廻の考え方は，このようにものを考える上で障害になる，とディッキンソンは主張した(23)．

米国ミドルバリー大学のコニー（P. J. Coney）もやはり，「山脈は1つ1つ違った歴史をもっており，1つの決定論的な輪廻には帰せられない」と造山輪廻の考え方に反対を表明した(24)．

米国ウィスコンシン大学のドット2世（R. H. Dott Jr.）も「大部分の地向斜堆積物は造山運動の原因というより結果である．正地向斜と造山運動との関係は，1つのものの連続的な進化段階を表しているわけではなく，たまたまの関係にすぎない」などと造山輪廻の考え方を批判した．そして「複雑な現象を解明するには〔さまざまな地向斜の〕分類が欠かせなかったが，今やわれわれの研究は新しい段階に入った．地向斜概念は死んだ，あるいは博物館行きだと主張する人もあるだろう．概念が変われば言葉も変わる」と書いた(25)．この言葉通り，PT のもとでは地向斜概念はほとんど意味を持たないとの認識が徐々に広まり，1980 年代に入ると地向斜という術語は，欧米の地質学教科書から歴史的な説明を除いて消えていった(26)．

第 1 章でも述べたように，欧米で PT に反対したのは，主に地球収縮説や地球膨張説などを支持した地球科学者であった．地向斜の概念や造山輪廻の考え方をもとに PT に反対する人は見られなかったのである．

## 5.2 日本での地向斜概念の受容

地向斜概念は，日本ではいつごろから知られるようになったのだろうか．

「地向斜」の名付け親デイナは 1895 年 4 月に亡くなった．デイナを追悼する記事が『地質学雑誌』第 25 号に 2 頁にわたって掲載されている(27)．しかし，この中では地向斜に関連したデイナの業績には何も触れられていない．1898 年にはホールが亡くなったが，『地質学雑誌』にはその死亡を知らせる記事さえ見あたらない．

1896 年に相次いで出版された帝国大学教授の横山又次郎による『地質学教科書』，同神保小虎による『日本地質学』にも，地向斜に類する術語や概念は見られない．神保は山脈の生成を地球収縮説に従って，ひからびたリンゴ（地球）と，それにできる皺（山脈）に例えている(28)．

明治初期から大正にかけて，地向斜概念を最初に取り上げたと見られるのは，1914 年に出版された横山又次郎の『普通地質学講義』である．ここでは地向斜は「ヂオシンクリナル（地球の向斜地）」と表現され，地殻変動や褶曲を受けやすい「地殻の特に弱い所である」と紹介されている(29)．同年に出版された東京地学協会編『英和和英地学字彙』には “Geosyncline” は「単向斜」と訳され(30)，まだ訳語が定まらなかった状況がうかがえる．

1923 年出版の辻村太郎『地形学』では，「ジェオシンクライン」と表現され，「現今の褶曲山脈を構成する地層は他の同時代の地域に比して非常に厚く，堆積当時の状態を考えるに，特に厚層の沈殿に都合よき条件があったことが知れる．此の関係に始めて注意した J. Dana〔デイナ〕は此の如き地域を称するにジェオシンクラインの名を以てした」，「ジェオシンクラインは褶曲山脈の揺籃である」などと，と説明されている(31).

「地向斜」との訳語が使われるようになるのは1924年ごろからである．同年発行の『地質学雑誌』に米国人で中国在住のグラボー（A. W. Grabau）の論文 “Migration of Geosynclines”（地向斜の移動）が小沢儀明によって紹介されている．この中で小沢は “Geosyncline” に「地向斜」の訳語をあてている(32)．1926年に出版された森下正信の『地質学通論』でも，「地向斜」と訳されている(33).

以降，「地向斜」という訳語が定着するが，「造山運動を蒙りたる場所は，地球表面の或る特種の部分に限られていて，〔中略〕デーナはかかる褶曲作用を受けた地域の構造を地向斜と云った．地向斜は地殻の容易に又久しく動き易かった地点であって，此処には久しい間緩慢な沈降作用が起こっているのである」(34)，「地向斜は地殻上の不安定な場所となり，ここに圧縮が加えられると，褶曲や断層が生じる．かくして過去の地向斜は山地と化するのである」(35) のように，地向斜は造山運動を受ける場所であるとの理解が共通している．地向斜を褶曲・隆起させる力は，欧米と同様に別に論じられ，そこでは地球収縮説，大陸移動説，熱的輪廻説，重力滑動説(36) などが紹介されている．

「地向斜」の訳語の定着とともに，シュティレの世界同時造山という考え方が日本にも入ってきた．第2章で紹介した，小沢儀明が西南日本の大規模な地殻変動の時期を論じた1925年の論文にもその影響が見られる．

1931年から33年にかけて当時の地質学の知識を集大成した岩波講座『地質学及び古生物学，鉱物学及び岩石学』全96分冊の中の1冊，馬淵精一『構造地質学（二）』では，シュティレの4段階にわたる造山輪廻の考え方や，造山運動が起こるのは短い期間に限られており，その期間には世界いたるところで造山運動が起きるという考え方を紹介している(37).

日本の地質構造発達史を地向斜論にもとづいて具体的に論じたのは，2.5節で述べたように，東京帝国大学教授であった小林貞一の「佐川造山輪廻」である．この論文で小林は，日本列島は古生代につくられた秩父地向斜がペルム紀から三畳紀にかけての秋吉造山運動と，ジュラ紀から白亜紀にかけての佐川造山運動によって基本構造ができあがり，秩父地向斜の南東側にできた四万十地向斜などが第三紀に大八洲造山運動を受けて現在の姿になった，と主張した．

この小林論文以降，日本では「地向斜論」を「造山輪廻」と呼ぶのが一般的になる．同時に，秋吉，佐川，大八洲という3回の造山運動によって現在の日本列島が誕生したとする小林の日本列島構造発達史は，その後の地質学界で支配的な考え方になったことはすでに述べた．

## 5.3 日本独自の「地向斜造山論」の誕生とその発展

戦後の地質学界を大きく変えた地団研は，第3章と前章で詳述したように「地学の団体研究」と「学会の民主化」を掲げ，独自の学風を築きあげた．「学会の民主化」は研究面では従来の学説を批判・再検討するという形で現れた．批判の中心にすえられたのは，小林貞一の「佐川造山輪廻」説であった(38)．

しかしながら，地団研の「佐川造山輪廻」説批判も，やはりシュティレらの地向斜論の枠組みから出発したことには変わりがなかった．造山運動を地向斜の生成から山脈の形成・消滅まで4つの発展段階で区切るシュティレの造山輪廻の考え方は，「ものの発展の法則性」という歴史法則主義の考え方と調和的である．したがって，井尻らがシュティレらの地向斜論の考え方を取り入れたのは，ごく自然なことであったといえよう．その中で，造山運動の原因は地向斜自体の中に備わっているとする独自の造山観が誕生し，それが造山輪廻の考え方にプラスされ，「地向斜造山論」と呼ばれるようになっていく．

「地向斜造山論」誕生の契機になったと考えられるのは，北海道大学などの研究者でつくられた日高帯研究グループによる日高山脈の調査・研究である．同グループによる調査・研究は1940年から始まり，1949年には団体研究の形態をとって再組織された．研究によると，日高山脈はジュラ紀から地向斜の状態が長く続いたが，白亜紀に地向斜の深部に花崗岩類が貫入したのに歩調を合わせるように，地向斜が隆起に転じたと考えられた(39)．そして，中心部に花崗岩やその貫入によってできた混成岩（ミグマタイト）が，その両側に変成岩が見られることなどから，日高山脈こそが典型的な地向斜で，アルプス造山運動の典型であるとの主張が展開されていった(40)．

研究グループの一員で北海道大学助教授であった湊正雄は(41)，この研究をもとに，地向斜の中軸部の深部に花崗岩が貫入すると，それによってできた混成岩や花崗岩は密度が周辺の地向斜物質よりも小さいために，浮力によって周辺の岩石を押し分けるような形で上昇し，これによって山脈も盛り上がるとの考え方に発展させた（**図 5-2** 参照）．

この考え方(42) を初めて明らかにした 1953 年出版の『地層学』で，湊は「地向斜が如何にして地背斜（隆起）に転化するかということに対し，従来 Stille〔シュティレ〕，Bubnoff〔ブブノフ〕なども なんらの説明も行っていない．これは著者の呈出する仮説であるが，井尻正二・舟橋三男氏に負うところ多大のものがある」と書いている(43)．

5.1 節で述べたようにシュティレは，地向斜が山脈にまで上昇する原因を，地球の冷却・収縮による水平圧力に求めた．一方，湊は山脈上昇の原因を，

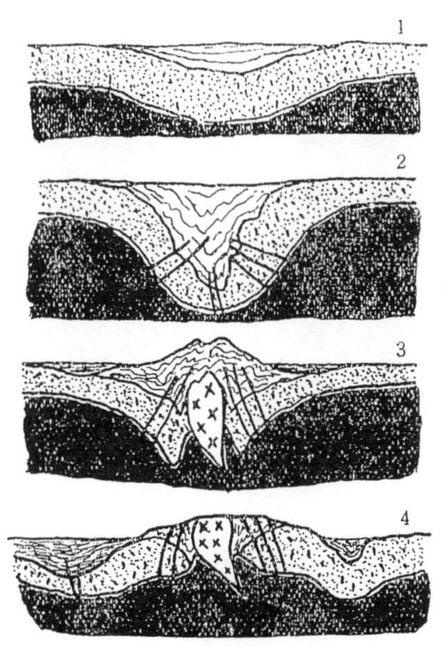


第 104 図　地向斜から地背斜への転化・概念図（原図）

本図は Bubnoff（103 図）の説明を補促するために作製した．初期および終末期の火成岩活動は省略されている．

1：地向斜の誕生
2：地向斜の深化，造山時火成活動の濫觴
3：造山時火成活動を契機とする地向斜の地背斜への転化
4：元の地向斜の完全なる地背斜化と，その前帯における新しい地向斜の誕生．

**図 5-2**　湊が描いた地向斜が山脈に発展するまでの概念図
3, 4 の中央に白地に×が付けられているのが花崗岩．
（湊正雄『地層学』岩波書店，1953 年，312 頁より）

地向斜の中に生じる花崗岩に求めた．このように地向斜自体に山脈隆起の原動力があるとする考え方は，湊が謝辞を述べているように，井尻正二の「自己運動」の考え方がもとになった，と考えられる．

井尻は第4章でも述べたように，「自己運動」「自己発展」の重要さを強調していた．『地質学の根本問題』の中では，「地向斜の形成にともなって，沈降し，累積した地層が，その下部がとけて岩しょう化するとともに，その岩しょう自体の営力で，沈降運動の対立物である上昇運動に転化していきます，言葉をかえていえば，地向斜を形成する運動は，その対立物である“造山運動”に自己運動として転化していくのです」と述べていた(44)．

もっとも，山脈の隆起を花崗岩の生成と結び付けたのは，湊のいうように湊独自のアイデアとはいえそうにない．松田時彦によると，オランダの地質学者ベンメレン（R. W. van Bemmelen）も，地向斜の深いところで物質が化学反応を起こし，その結果生じた花崗岩物質は軽いので，その上昇力によって地層を変形・褶曲させると考えていた，という(45)．

また，地向斜自身の上昇運動によって山脈の生成や地層の褶曲を説明する考え方は，旧ソ連の地質学者ベロウソフらの垂直振動テクトニクスの影響も受けている．ベロウソフは，マントル物質の分化によって軽い花崗岩質のマグマは上に浮き上がり，地球の沈降個所（地向斜）に集中するが，花崗岩質マグマの中には放射性元素がたくさん含まれているので，それから生じる熱によって地向斜が膨張し上昇する，と主張していた(46)．

地団研のメンバーら59人が参加して大学教養課程用の教科書として1959年に出版された『地球科学序説』には，その直接の影響が見られる．同書では「現在では，地殻運動は地球内部の運動，とくにマグマの活動によって引き起こされると考えられる」などと，ベロウソフの考え方を紹介し(47)，「地向斜の造山段階でのマグマの発生はマントルとの相互作用の結果であり，発生したマグマによって堆積物が押し上げられる」と書かれている．

それ以上に注目すべきなのは，同書で「地向斜」と「造山」が結び付けられ，「地向斜造山帯」という言葉が初めて使われたことである．これについて同書では，「地向斜」と「造山帯」は「ひとつのものの，個々の段階をとらえたものである．両者をあわせた意味でここでは地向斜造山帯とのことばを用いる」，との注釈を付けている(48)．この注釈の背景には，地向斜は必然的に後に造山運動を起こすとの考え方が存在したことは，明らかである．

欧米では，地向斜と造山を結び付けた「地向斜造山帯」あるいは「地向斜造山論（説）」というような用例や用語は存在せず，地質学用語集や辞書にもこうした術語は載っていない(49)．5.1 節で詳述したように，欧米では地向斜が山脈にまで隆起するメカニズムについては，地球収縮説やマントル対流説，大陸移動説などのさまざまな地球論と組み合わせて説明され，共通の理解が存在しなかった上に，地向斜の中にも山脈にまで成長しないものが存在すると考えられていたからである．

日本でも，戦前には「地向斜」と「造山」を結び付けた「地向斜造山」などという用例はなかった．地向斜を山脈まで隆起させる力については，欧米と同様に地球収縮説やマントル対流説などさまざまな地球論と組み合わせて説明されていた．たとえば「佐川造山輪廻」説を唱えた小林貞一は，山脈にまで隆起させる力として「地球の回転」による大陸の移動を重視していたことは，2.5 節で述べたところである．

「地向斜造山帯」という言葉の誕生は，地向斜が形成されれば，地向斜自体が内部に持つ原因によって必然的に山脈にまで発展するという，日本独自の「地向斜造山論」の確立を意味するものと考えられる．「地向斜造山論」の確立によって，地向斜は他の地球論の助けを借りることなく，それ自身の力によって隆起できることになった．言い換えれば，「地向斜造山論」は 1 つの地球論としての地位をも得たのである．

以降，「地向斜」と「造山」を結び付けた「地向斜造山運動」(50)，「地向斜造山論」(51) などの言葉が時折使われるようになる．もっとも，1960 年代や 70 年代前半には，その使用はまれである．地団研が 1970 年に出版した『地学事典』にも，1973 年に古今書院から出版の『新版地学辞典』のいずれにも，「地向斜造山論」やそれに類する用語は見あたらない．

日本独自の「地向斜造山論」の確立を強く印象付けたのは，1965 年に湊らが中心になって出版された *Japanese Islands* である．地団研運動の集大成といわれるこの本の執筆には，84 人が参加した．この本も小林の「佐川造山輪廻」と同様に英文で書かれ，頁数でも 442 頁と，小林の「佐川造山輪廻」(360 頁) を上回っている.

この本では，地団研が推進した団体研究の成果を取り入れる一方，シュティレらの造山輪廻の考え方をより厳密に適用しているのが特徴である．それによると，小林が言及しなかったバリスカン造山運動は日本の古生代にも存在し，その現れは北上山地に見られる(52)．日本列島は元来大陸であったが，シルル紀からその基盤の上に地向斜が発達した．この本州地向斜は，古生代後期から中生代初期にかけてのバリスカン造山運動とアルプス造山運動を合わせた本州変動によって陸地になり，本州主要帯と呼ばれる基本的な骨格ができ上がった．この本州造山運動の際に，飛騨変成帯，三郡変成帯，領家変成帯，三波川変成帯の 4 つの変成帯もつくられた(53)．中生代になると，本州主要帯の外側に四万十地向斜，日高地向斜などがつくられ，日高地向斜はジュラ紀後期から白亜紀中期にかけて日高造山運動を受けた．日高山脈の隆起は新生代後期まで続いた(54)．中生代後期には，本州主要帯では活発な火山活動（広島変動）が起きた(55)．四万十地向斜は新生代に入って 2 度の造山運動を受け陸地になった(56)．第三紀後期になって，日本列島はグリーンタフ変動を受け，現在に近い島弧が誕生した(57)，などと述べられている．

小林の「佐川造山輪廻」説への批判もあちこちに見られる．いわく，小林が中生代に起きたとする秋吉造山運動の根拠にした山口県秋吉台の地層の逆転構造は，特筆するような大きなものではなく，それをもとに秋吉造山運動と呼ぶのは不適当である(58)．小林が佐川造山運動の根拠にした高知県佐川盆地での地層の不整合も観察の誤りで，佐川造山運動というのも適当でない(59)，などである．小林のいう秋吉造山運動や佐川造山運動は存在せず，日本列島の骨格は，古生代から中生代にかけて起きた本州変動によって形成された，というのが *Japanese Islands* の中心命題である．

1970 年にはこの *Japanese Islands* を一部改訂した日本語版の『日本列島地質構造発達史』が出版された．この本の序文でも湊正雄は「新知見や新事実が加わったところで，旧著〔*Japanese Islands* を指す〕の内容が根本的に変更さるべきものでないことに，私どもはあらかじめ自信を有していた．それは“佐川造山輪廻”のようなものと旧著との間のいかんともしがたい差なのである」などと，自負している(60)．だが，現時点から振り返ると，日本列島の大変動の時期をペルム紀から三畳紀と，ジュラ紀から白亜紀の2回に分けた小林の「佐川造山輪廻」説の方が，PTにもとづく現在の説に近いという皮肉な結果になっている(61).

*Japanese Islands* 出版と前後して，大学用の教科書や参考書でも，地向斜自体に造山の原動力が備わっている，あるいは，花崗岩の貫入によって山脈が隆起するとの記述が多数を占めるようになる．たとえば，大学用の教科書として出版された金沢大学教授市川渡ほか『地学通論』には「このように地向斜から出発し，自身の中に含まれる原因によって一大褶曲山脈ができる過程を造山運動と称する」と書かれている(62)．東京教育大学教授であった柴田秀賢の『地質学入門』でも「深成岩の貫入のために地向斜全体が隆起するようになる．狭義の造山運動はこの時期からである」などと書かれている(63).

「地向斜造山論」の使用頻度が増え始めるのは，1970年代中頃からである(64)．日本でもPTにもとづく造山論が紹介されるようになったことに伴い，それとの差異を明確化するためにしばしば使用されるようになった，と考えられる．1990年代になると「造山輪廻」という用語に代わってごく一般的に使われるようになり，1996年に出版された地団研の『新版地学事典』にも「地向斜造山論」が初めて登場する(65).

その意味するところは，シュティレらの唱えた「古典的造山論」「造山輪廻（地向斜論)」であったり，造山運動の原因は地向斜自体の中に備わっているとの「地向斜造山論」の意味であったりする．それに伴って「造山輪廻(地向斜論)」と「地向斜造山論」の区別はあいまいになり，2つの概念は同一視されるようになる．すなわち，地向斜自体に造山の原動力が備わっているという考え方は，最初から「造山輪廻（地向斜論)」の中に存在したという誤解が共有されることになっていった．すなわち，地向斜が形成されれば，その「自己運動」によって必然的に山脈にまで発展するという「地向斜造山論」は，日本で独自に誕生・発展したものである，との歴史認識は失われてしまうのである(66).

このように日本の地質学界では，地団研の歴史法則主義的な考え方にもとづいて，地向斜が形成されれば，地向斜の「自己運動」によって山脈にまで発展するという日本独自の「地向斜造山論」が1950年代に形成され，60年代から70年代初めにかけては，その考え方が支配的になった．日本では「地向斜造山論」が，いわば1つのパラダイムのような地位を占めていたのである．PTの登場する前には支配的なパラダイムが存在しなかった欧米とは，この点で大きな違いがあった．

## 5.4 日本の地質学の特徴と地団研

この節では第3章から第5章までのまとめとして，地団研の大きな影響下で発展した戦後の日本の地質学の特徴は，第2章で詳述した地域主義的・記載主義的・地史中心主義的という戦前の特徴と比べてどう変わったのかについて，考えてみたい．

1968年に東京大学の助教授を辞任し，米国に移り住んだ岩石学者の都城秋穂は，序章でも紹介したように，雑誌『自然』に「地球科学の歴史と現状」と題する論考を1965年から翌年にかけて15回にわたって連載した(67)．この連載には，戦後の日本の地質学のあり方に対する都城の批判が随所に現れている．

その中で，都城が日本の地質学の第一の特徴としてあげるのは，地域主義である．都城は「日本に輸入した地質学で，一番容易にできることは，それを応用して日本の国土を地方主義的(68) に調査することであった」と書き，その源流を明治時代初期に求めている(69)．そして，地域主義の弊害として「新しい地域の調査や観測をしさえすれば，それが1つの業績になるということは，学問の原理や概念や法則に対する探究心を麻痺させやすい」点をあげている(70)．

都城が日本地質学のさらなる特徴としてあげているのは，日本では層序学者や古生物学者，岩石学者，鉱物学者ばかりが多くて，一般地質学の専門家がほとんどいないことである(71)．一般地質学とは，地球の表面や内部で起こる造山運動や火山活動，地震活動，侵食・堆積作用などの原因や法則を探究する分野をさす．都城はこれも，個々の地域の性質を記載することを重視してきた地域主義の1つの現れと見ている(72)．

都城によれば，戦前の日本地質学の特徴だった地域主義的・地史中心主義的な傾向は，戦後も変わらなかったということになる．

都城のこのような指摘が当を得たものであるかを確かめるために，1960年の『地質学雑誌』に掲載されている62篇の原著論文の内容や引用文献を調べてみた．62編の論文が論じる対象とする鉱物・岩石・化石・地層はすべて日本列島の物に限られ，特定の地域の地質や地史について書かれた論文が34篇と半分以上を占めている．第2章でも述べたように，地域地質や地史に関する論文は，外国文献に頼らないで書けるのが特徴で，62篇のうち日本人の文献だけを参考にして書かれた論文が29篇ある．全論文について調べてみても，参考文献中に外国文献が占める割合は1割余しかない．

ここでは1960年の数字だけをあげたが，1950年代から60年代にかけてのどの年をとってみても，こうした傾向は変わらない．これは第2章で紹介した太平洋戦争突入前の『地質学雑誌』の状況と，ほとんど同じである．

一方，日本地震学会発行の1960年の『地震』には19篇の論説が掲載されているが，日本人の文献だけを参考にして書かれた論文は4篇しかない．参考文献中に外国文献が占める割合は4割を超えている．都城の指摘の正しさが支持されるのである．

日本の地質学の地域主義的・地史中心的特徴が戦後も大きくは変わらなかったのはなぜであろうか．

地団研は，戦前の地質学のあり方を鋭く批判するところから出発し，団体研究法と「地質学は地球の発展の法則性を探究する歴史科学である」という考え方を強調した．そして，地球の発展の法則性を見付け出すために，団体研究によるフィールド調査と地史研究がとりわけ重視されるようになった．室内での実験結果や机上の計算をもとに地質現象を説明しようとする研究は「地質学における近代主義」「プラグマティズム」などと批判された(73)．

フィールド調査にもとづいて地球の法則性を発見することは，容易なことではない．これに代わって具体的な目標となったのは，小林貞一の「佐川造山輪廻」説を否定する証拠を見付け，それに代わる新しい日本列島の地質発達史を描くことであった．地団研がその活動の最大の成果として誇ったのは，1965年に出版された*Japanese Islands*と，その一部改訂の日本語版で1970年に出版の『日本列島地質構造発達史』である．それが論じる対象は小林と同様に日本列島に限られていた．*Japanese Islands* が大きな成果として喧伝されたことは，「日本地質学の最大の課題は日本列島の歴史の解明にある」という考え方を，日本の地質学界でさらに強固なものにしたのではないか，と考えられる．

さらに地団研は「輸入地学との対決」も運動方針に掲げていた(74)．日本の地質学に大きな影響を与えてきた英国や米国の学説は批判された．一方で，社会主義国の学説は歓迎された．たとえば，旧ソ連の地質学者ベロウソフの著書5冊が，地団研関係者らによって翻訳出版された．1960年代になると，地団研は日米科学協力に反対したこともあり，反米的な雰囲気がより強化されたことは4.5節で述べた．「輸入地学との対決」も，欧米の学説や，欧米との国際交流を軽視する傾向を生んだ．

日本は戦後，外貨が不足したために，海外に出かけて地質調査をする機会もなく(75)，海外との交流もままならなかった．こうして，戦前の日本の地質学が持っていた地域主義的・地史中心主義的な特徴はより一層強化された，と考えられるのである．

海外では海洋底の研究が進み，次々に新事実や新しい考え方が現れているのに，日本の大部分の地質研究者の関心は日本列島に閉じ込められたままであった．海洋底拡大説やPTが日本に紹介されたのは，このような時代であった．

**参考文献と注**

(1) Frederic L. Schwab ed., *Geosynclines: Concept and within Plate Tectonics* (Stroudsburg, Penn.: Hutchinson Ross, 1982), p. 9.

(2) James Hall, "Description and Figures of the Organic Remains of the Lower Helderberg Group and the Oriskany Sandstone," *Natural History of New York, Paleontology, Part 1,* **3**(1859), pp. 69-83.

(3) James Dana, "On Some Results of the Earth's Contraction from Cooling, Including a Discussion of the Origin of Mountains and the Nature of the Earth's Interior," *American Journal of Science,* **5**(1873): 423-443.

(4) geo はラテン語で地球，synclinal は英語で「向斜状の」の意味の形容詞．英語表記ではその後，名詞形の geosyncline が一般的になった．

(5) A. M. Celâl Sengör, "Classical Theories of Orogenesis," in Akiho Miyashiro, Keiiti Aki, and A. M. Celâl Sengör, *Orogeny* (Chichester: John Wiley & Sons, 1982), pp. 1-48, on p. 22.

(6) Schwab, *Geosynclines,* op. cit.（注 1）, pp. 26-29.
(7) Ibid., pp. 44-45.
(8) Hans Stille, *Einführung in den Bau Amerikas*（Berlin: Borntraeger, 1940）, pp. 4-23.
(9) こうした指摘は，杉村新「K さんの質問に答えて」『地団研専報』19 号（1975 年），252 頁や V. Ye. Khain, "The Doctrine of Geosynclines and Plate Tectonics," *Geotectonics,* **20**(1986): 349-356 などに見られる．
(10) Stille, *Einführung in den Bau Amerikas,* op. cit.（注 8）, pp. 4-23.
(11) Emile Argand, trans. by Albert V. Carozzi. *Tectonics of Asia*（New York: Hafner Press, 1977）.
(12) Arthur Holmes, "Radioactivity and Earth Movement," *Transactions of the Geological Society of Glasgow,* **18**(1931): 559-606.
(13) David Griggs, "A Theory of Mountain-building," *American Journal of Science,* **237**(1939): 611-650.
(14) Stille, *Einführung in den Bau Amerikas,* op. cit.（注 8）, pp. 4-23. ミオ地向斜は劣地向斜，副地向斜，ユウ地向斜は優地向斜などとも表現された．
(15) M. F. Glaessner and C. Teichert, "Geosynclines: A Fundamental Concept in Geology," *American Journal of Science,* **245**(1947): 465-482, 571-591.
(16) Jean Aubouin, *Geosynclines*（Amsterdam: Elsevier, 1965）, p. 1.
(17) Robert H. Dott Jr., "Mobile Belts, Sedimentation and Orogenesis," *Transactions of the New York Academy of Sciences Ser. 2,* **27**(1964): 135-143.
(18) Robert S. Dietz, "Collapsing Continental Rises: An Actualistic Concept of Geosynclines and Mountain Building," *The Journal of Geology,* **71**(1963): 314-324.
(19) J. Tuzo Wilson, "Did the Atlantic Close and Then Re-open?" *Nature,* **211**(1966): 676-681.
(20) John F. Dewey and John M. Bird, "Plate Tectonics and Geosynclines," *Tectonophysics,* **10**(1970): 625-638.
(21) Chaucer S. Wang, "Geosynclines in the New Global Tectonics," *Geological Society of America Bulletin,* **83**(1972): 2105-2110.
(22) A. M. Celâl. Sengör, "Plate Tectonics and Orogenic Research after 25 Years," *Earth-Science Reviews,* **27**(1990): 30-31.
(23) William R. Dickinson, "Plate Tectonics Models of Geosynclines," *Earth and Planetary Science Letters,* **10**(1971): 165-174.
(24) Peter J. Coney, "The Geotectonic Cycle and the New Global Tectonics," *Geological Society of America Bulletin,* **81**(1970): 739-747.
(25) Robert H. Dott Jr., "The Geosynclinal Concept," in Robert H. Dott, Jr. and Robert H. Shaver eds., *Modern and Ancient Geosynclinal Sedimentation*（Tulsa: The Society of Economic Paleontologists and Mineralogists, 1974）, pp. 1-13.
(26) Sengör, "Plate Tectonics and Orogenic Research after 25 Years," op. cit.（注 22）, p. 32.
(27) 鉄椎子「デーナ教授伝」『地質学雑誌』3 巻（1895 年），26-28 頁．
(28) 神保小虎『日本地質学』金港堂，1896 年，82 頁．
(29) 横山又次郎『普通地質学講義』冨山房，1914 年，198-199 頁．
(30) 東京地学協会編『英和和英地学字彙』東京地学協会，1914 年，58 頁．
(31) 辻村太郎『地形学』古今書院，1923 年，282-283 頁．
(32) 小沢儀明「新著紹介及解題」『地質学雑誌』32 巻（1924 年），445-446 頁．

(33) 森下正信『地質学通論』古今書院，1926 年，265 頁.
(34) 佐藤傳蔵『地質学提要』中興館書店，1928 年，182 頁.
(35) 上治寅太郎『地形図と地質図』古今書院，1928 年，182 頁.
(36) 重力滑動説：重力の運動の結果，褶曲や断層が生じるとする説．オランダのベンメレンが 1934 年に唱えた.
(37) 馬淵精一『構造地質学（二）新期岩相』岩波書店，1933 年，15-19 頁.
(38) 勘米良亀齢「日本の中・古生界の研究の歴史と現状ならびに地向斜に関する二，三の問題」『日本の地質学』日本地質学会，1968 年，39-40 頁.
(39) 舟橋三男・橋本誠二「日高帯の地質」『地団研専報』6 号（1951 年），32 頁.
(40) たとえば，湊正雄・井尻正二『日本列島・第 3 版』（岩波書店，1976 年）には「汎世界的なアルプス造山運動は，日本では日高山脈にだけ典型的にあらわれている」（124 頁）などと書かれている.
(41) 湊は 1915 年生まれ，北海道帝国大学を卒業後，同大学の副手，助手，助教授を経て，1955 年から北海道大学教授になった．北上山地での調査にもとづいて，日本列島は古生代にも大きな地殻変動を受けたと主張したことでも知られ，この主張は地団研の *Japanese Islands* にも取り入れられた．井尻正二との共著『地球の歴史』『日本列島』も広く読まれた.
(42) 湊正雄『地層学第二版』岩波書店，1973 年，315 頁．また，湊正雄・井尻正二『日本列島・第 3 版』（岩波書店，1976 年）では「これまで一路，沈降の過程をたどっていた地向斜は，混成岩と花崗岩の形成をさかいとして隆起の過程をとる．地下の混成岩や花崗岩は頭上に不変成の堆積物をのせたまま，左右の岩石をおしわけるような形でしだいに浮き上がって（隆起して）くる．その姿はあたかも潜水艦が海水をおしわけて浮き上がってくるのによく似ている」（121 頁）と，さらに平明に述べられている.
(43) 湊正雄『地層学』岩波書店，1953 年，306 頁脚注．「著者の仮説」は，312 頁の第 104 図「地向斜から地背斜への転化・概念図」の中で述べられている.
(44) 井尻正二『地質学の根本問題』地団研，1952 年，25 頁.
(45) 松田時彦「造山運動」『現代の自然観 3』岩波書店，1961 年，142 頁.
(46) ベロウソフ，湊正雄・井尻正二監訳『構造地質学・第 2 巻』築地書館，1958 年，289-294 頁.
(47) 地球科学刊行会『地球科学序説』築地書館，1959 年，229 頁.
(48) 地球科学刊行会，同上書，242-245 頁.
(49) 日本地質学会編『地質学用語集—和英・英和』（共立出版，2004 年）によると，「地向斜造山論」に対応する英語は “Geosynclinal Orogenesis” であるとされている（140 頁ならびに 306 頁）．しかし，この用語集が参考文献としてあげている Robert L. Bates and Julia A. Jackson, eds., *Glossary of Geology,* 3rd ed.（Washington: The American Geological Institute, 1987）には，“Geosynclinal Orogenesis” という言葉はどこにも見あたらない．この用語集の最も初期の J. V. Howell *et al., Glossary of Geology and Related Sciences*（Washington: The American Geological Institute, 1957）も同様である．また，John Challinor, *A Dictionary of Geology*(Cardiff: University of Wales Press, 1962) や，R. Zylka, *Geological Dictionary*（Warszawa: Wydanwnictwa Geologiczne, 1970）などにも，“Geosynclinal Orogenesis” は存在しない.
(50) 山下昇は「地質家列伝・シュティレ」『地球科学』67 号（1963 年）で，シュティレの説に関して「彼の立場にたつならば，地向斜造山運動を通じての大陸の成長という現象と〔後略〕」と述べ，「地向斜造山運動」という言葉を使っている.
(51) 山下昇は『地球科学入門』（国土社，1967 年）では「シュティレの完成させたのは古典的造山論と呼ぶのがよいと思う」(127 頁) としながらも,「収縮論の地向斜造山論の歴史は〔後略〕」(116 頁) と, 古典的造山論とほぼ同じ意味で「地向斜造山論」という言葉も使用している.
(52) Masao Minato, Masao Gorai, and Mitsuo Hunahashi, *The Geologic Development of the Japanese Islands* (Tokyo: Tsukiji Shokan, 1965), pp. 33-35.
(53) Ibid., pp. 85-125.
(54) Ibid., pp. 222-237.
(55) Ibid.. p. 191.
(56) Ibid., pp. 241-243.
(57) Ibid., pp. 250-256.
(58) Ibid., p.88.
(59) Ibid., p.89.
(60) 市川浩一郎ほか『日本列島地質構造発達史』築地書館, 1970 年, 序文.
(61) 磯崎行雄・丸山茂徳「日本におけるプレート造山論の歴史と日本列島の新しい地体構造区分」『地学雑誌』100 巻 (1991 年), 697-761 頁.
(62) 市川渡ほか『地学通論 (上巻)』広川書店, 1955 年, 27 頁, 222-223 頁.
(63) 柴田秀賢『地質学入門』朝倉書店, 1969 年, 85 頁.
(64) たとえば, 地団研編『新地学教育講座 7・地球の歴史』(東海大出版会, 1977 年) の「造山帯と地向斜」の項では「シュティレは地向斜造山論を完成させた」(21 頁) と書かれている.
(65) 地団研編『新版地学事典』(平凡社, 1996 年) の「造山運動」の項には「地向斜造山運動論の集大成は H. Stille (1936) によってなされた」(714 頁) と書かれている.
(66) たとえば, 木村学「テクトニクスと造山運動」『岩波講座地球惑星科学 9・地殻の進化』(岩波書店, 1997 年) では,「古典的造山運動論は別名, 地向斜造山論というが」と書かれ, この中には, 山脈が形成される原因は花崗岩の浮力にある, とする考え方が含まれている, と述べられている (187-276 頁).
(67) 都城の連載「地球科学の歴史と現状」は雑誌『自然』20 巻 9 号 (1965 年) から, 21 巻 11 号 (1966 年) まで, 15 回にわたった.
(68) この時点では都城は「地方主義 (Provincialism)」と呼んでいるが, 最終回 (1966 年 11 号) で「私は地方主義と書いたが, 地域主義と呼んだほうがよかったであろう」と, 地域主義に訂正している.
(69) 都城秋穂, 連載第 4 回「地球科学の黄金時代と今日のフロンティアー」『自然』20 巻 12 号 (1965 年), 57 頁.
(70) 都城秋穂, 同上論文, 56 頁.
(71) 都城秋穂, 連載第 5 回「地球科学における現代化と技術中心主義の問題」『自然』21 巻 1 号 (1966 年), 60 頁.
(72) 都城秋穂, 同上論文, 62 頁.
(73) たとえば, 水戸清一「日本の地質学研究の現状と課題」『前衛』1969 年 11 月号, 110 頁.
(74) 井尻正二「これからの地質学の研究方法と地団研 10 年のテーマとして提起された太平洋問題について」『そくほう』100 号 (1958 年), 1 頁.
(75) 日本地質学会『日本の地質学 100 年』(1993 年) によると, 文部省科学研究費による海外学術調査が認められたのは 1963 年からである. 地質学関係で海外調査が行われたのは, 1960 年代には 4 件しかなく, 1970 年代に入ると 20 件に増える (486-524 頁).

# 第6章 プレートテクトニクスの登場と日本の地球科学

戦後日本の地質学に大きな影響を与えた地団研の活動は，1965年出版の *Japanese Islands* や1970年の『日本列島地質構造発達史』の出版などで頂点を極めた．PTが日本に紹介されたのはちょうどその時期であった．

序章でも述べたように，固体地球科学分野や一般社会ではPTは大きな抵抗もなく，比較的早い段階で受け入れられた．地質学分野でも，一部の研究者によってPTにもとづく日本列島論が提案されたが，PTやそれにもとづく日本列島論は，強い批判にさらされた．

1970年代初めに起きたPTに対する批判・反対は，2つに大別される．1つは，歴史法則主義的な立場からのPTへの批判である．もう1つは，歴史法則主義的な地質学から生まれた「地向斜造山論」を基礎とした批判である．

一方，1970年代半ばになると，「地向斜造山論」では説明できないようないくつもの「変則例」の存在が顕在化した．PTにもとづく日本列島論は，このような「変則例」を解決する可能性を秘めていた．PTに対する強い批判が展開された背景には，こうした事情もからんでいた，と考えられる．

## 6.1 プレートテクトニクスの登場とそれを取り巻く時代状況

海洋底拡大説やPTが日本にどのように紹介されたかを見る前に，1960年代前半から1970年代前半にかけての時代背景を簡単に振り返っておこう．

1960年の日米安保条約の改訂という熱い政治の季節を乗り切った政府・自民党は，その後は所得倍増計画を掲げ，経済第一主義の方針をより鮮明にした．経済の高度成長は続き，1964年には日本もOECD（経済協力開発機構）に加盟，先進国の仲間入りを果たした．それを内外に鮮明に印象付けたのが，オリンピック東京大会である．経済成長の恩恵にあずかった国民の多くは「私生活優先主義」に傾き，レジャーブームが到来した．

1962年のキューバ危機で頂点に達した米ソの対立も，翌年には米ソが大気圏での核実験を禁止する部分的核実験停止条約を調印するところまで緊張緩和が進み，米ソの平和共存路線は確かなものになっていた．

そうした体制を揺るがしたのが，ベトナム戦争と，中国とソ連の対立である．1965年に米国が北ベトナムへの爆撃を始めると，ベトナム反戦の運動が世界各国で激化した．ベトナム戦争の後方基地となった日本でも，戦争の被害者としてではなく，「加害者」としての自らの責任を問おうとした「ベトナムに平和を！市民連合」の運動が，多くの人々の共感を呼んだ．ベトナム戦争を機に，多くの人々が自分の住む社会の仕組み全体，戦後につくられたさまざまな体制を再検討するようになったのである．1968年から69年にかけて全国の大学に燃え広がった学園闘争もその尖鋭な現れであった．

水俣病やイタイイタイ病，四日市の大気汚染など各地で公害問題が深刻化し，それに反対する運動や，スモンなどの薬害反対運動も盛り上がった．それらの害悪をもたらした経済成長のあり方が問われたのである．全国の自治体では，相次いで革新共闘が実現し，主要な府県や大都市で革新首長が生まれた．1950年代，60年代の国政選挙では少数議席に留まった日本共産党が1972年の総選挙では38議席を獲得，得票率でも初めて10%を超えた．60年代後半から70年代初めにかけては，多くの人々が再び社会の変革に期待をかけた時期でもあった．

この頃，地団研が20年間の運動で築き上げた「体制」は頂点に達しつつあった．全国の大学紛争では，地団研も「大学の民主化，改革」を叫んだが，大学を封鎖した全共闘系の学生に対しては「暴力学生」と批判した．地団研の有力者が日本地質学会の執行部の多数を占め，地質学界を事実上支配する体制にはゆるぎがなかった．1972年には地団研で井尻に次いで著名度が高かった北海道大学教授の湊正雄が会長に選ばれた．地団研の会員数も1974年には3000人を超え，日本地質学会の会員とほぼ同数になった．

その一方で，地団研の会員の高齢化が進み，会員の7割以上は40歳以上の人で占められるようになった．設立当初に比べると，若い会員の発言力が低下し，地団研の草創期から参加している会員の発言力が強くなっていた．戦後の民主主義運動から出発した地団研もまた，戦後体制の一翼を支える存在に化しつつあったのである．

## 6.2 日本社会でのプレートテクトニクスをめぐる言説

PTの基礎になった海洋底拡大説は，日本では1963年ごろから紹介され始める．その紹介には，雑誌『科学』（岩波書店）や啓蒙書の果たした役割が大きかった．『科学』の1963年8月号と9月号には，トロント大学のウィルソンが *Scientific American* に書いた論文(1) を翻訳したものが，「大陸の漂移」という題名で掲載された．ここでは，古地磁気学の研究によって，大陸が移動した証拠が出てきたことや，中央海嶺と呼ばれる深海の大山脈が地球を取り巻いている事実が説明された後，登場したばかりの海洋底拡大説の内容とそこに代表される生き生きとした地球観が紹介されている(2)．

翌1964年には，新しい地球観を一般向けにかみ砕いて解説した東京大学地球物理学教室の竹内均(3) と上田誠也(4) 共著の『地球の科学—大陸は移動する』が出版された．この本のもとになったのはNHK教育テレビで放送された同名の番組である．テレビ放送やこの本を通して，多くの非専門家も新しい地球観の出現を知った(5)．

1968年には上田誠也と東京大学地質学教室の杉村新によって，『科学』誌上で「弧状列島」と題した連載が7回にわたって掲載された(6)．この連載は日本列島の火山や地震，変成帯の帯状配列や列島の生い立ちなどについて，新しい地球観にもとづいて再解釈を試みたもので，その後のPTによる日本列島観の基礎になった．また，同年の『科学』4月号では「海と海底の地球科学」が特集された．ここでは，米国の大学や研究所に所属する都城秋穂，斎藤常正，宝来帰一の3人が，それぞれ海外での研究の最前線を紹介し，地球科学に革命が起こりつつある模様を報告した(7)．

PT(8) について最初に解説が行われたのも1969年，科学雑誌『自然』（中央公論社）誌上であった．上田誠也は，プレートの運動は球面上の剛体の回転運動として取り扱えるというPTの基本的な考え方を紹介して，これを「The plate tectonicsまたは敷石モデル」と呼んだ(9)．1969年末に米国地質学会主催の第2回ペンローズ会議に出席した東京大学地震研究所の上田誠也と松田時彦が，会議の模様を『科学』誌上で紹介し，「われわれが感銘をうけたのは，出席していた地質学者たちの多くが，全く素直（？）にプレート・テクトニクスを受け入れているように見えたことである」と伝えた(10)．

1971年からは『科学』で，PTによって世界の地質を再解釈した「世界の変動帯」の連載が始まる．6.4節で詳述するように，1972年から翌年にかけては，日本列島の地形やその成り立ちを，プレートの運動や海嶺の沈み込み，伊豆半島と日本列島の衝突などで説明を試みた杉村新や東京都立大学の貝塚爽平らの論文が次々に『科学』誌上に発表された．

一方，専門学会や学会誌ではどう扱われただろうか．日本地震学会発行の『地震』では1960年頃から，マントル対流や海底の地磁気異常の縞模様，中央海嶺の熱流量などに関する論文が掲載されるようになる(11)．1969年に発足した地震予知連絡会の『会報』には1970年に，プレート運動と地殻変動，地震の発生とを結び付けた報告が発表されている(12)．この動きは『地震』にも波及していった．日本火山学会の『火山』でも1971年には，火山噴火の原因としてプレートの沈み込みを論じた論文が掲載されている(13)．

**図6-1**は，序章で紹介した地震学会での「プレート語」を含む講演数の推移にならって，『地震』と*Journal of Physics of the Earth* (*J. P. E.*)，『火山』に掲載された論文の中から「プレート語」を使用した論文の数を年次ごとに調べたものである．

『地震』では，1960年代後半から「プレート語」は徐々に増え始め，ほぼ直線的に増加している．1960年代後半はほとんどがマントル対流に関するもので，マントル対流がプレートとほぼ同義語で使われている論文もある．プレートやPTという術語が使われるようになるのは，1971年に入ってからである．*J. P. E.* では，「プレート語」を使用した論文は1971年以降は毎年3, 4篇で，70年代前半で飽和状態に達したことをうかがわせる．『火山』では，掲載論文が年間20篇前後と少ないため，顕著な傾向は見出せない．

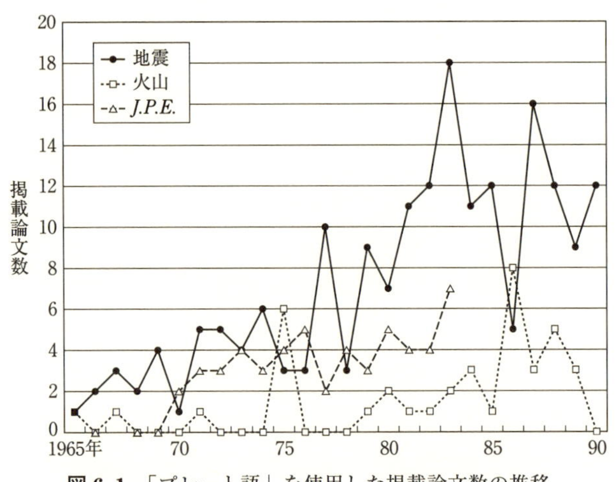


**図 6-1** 「プレート語」を使用した掲載論文数の推移
『地震』,『火山』, *J. P. E.* の 3 誌について.

PT に代表される地球科学の新しい動向は，1960 年代末に入ると『科学』『自然』(14) などの科学雑誌ばかりでなく，一般の新聞でもしばしば取り上げられた．たとえば 1966 年には，日本海の海底調査によって，その地殻構造が海洋性であることがわかったために，大陸が陥没してできたとする従来の日本海成因説には疑問が生じ，日本海の成因をマントル対流と結び付けて論じる研究が盛んになっていることが報じられている(15)．

1968 年には，えびの地震や十勝沖地震が起きた．この地震に関連して，地震の発生のメカニズムを説明する理論として，マントルの熱対流説が注目されていることが解説されている(16)．同年から米国で始まった深海掘削計画（DSDP）についての記事も掲載され，海洋底拡大説が紹介されている(17)．

1972 年になると，「プレート」や「プレートテクトニクス」という言葉も新聞紙面に登場するようになった(18)．73 年は関東大震災から 50 年目にあたった上，根室半島沖地震が起きたこともあって，地震を取り上げた記事が多数掲載され，太平洋岸で起きる地震の原因として「プレート運動」をあげるのが地震報道の「定番」となった(19)．

1973 年だけで 400 万部以上も売れ，空前のベストセラーになった小松左京の SF 小説『日本沈没』でも，日本列島を沈没させるトリックとして，

PT の考え方が採用されていた.

こうした新しい動向を無視できなかったためであろう. 文部省も 1970 年の高等学校学習指導要領の改訂に際し (施行は 1973 年から), 地学では従来の「地向斜と造山運動」に代わって, 海洋底拡大説や大陸移動説を教えるように決めた(20).

これに対して, 地質学分野での反応は違った. 6.4 節でも述べるように, 海洋底拡大説や PT を早い段階で受け入れた人も少数ながらいたが, 新しい地球観に対しては批判の方が多かった.

たとえば, 東京大学教授だった木村敏雄は, 1971 年の日本鉱山地質学会のセミナーで「この〔プレートテクトニクスの〕考えをあてはめることにより今まで作り上げられた新しい『地向斜の概念』『造山運動の仮説』は日本の地史にはあてはまらないと思っている」などと, PT に実質的に反対を表明した(21).

1973 年には, 地団研の有力メンバーの藤田至則ら 14 人が連名で『地球科学』に PT を批判する論文を発表した(22). 論文では, 同年から施行された高校の新学習指導要領で「大陸の移動」を教えるようになったことをとらえ,「これ〔PT〕をあたかも説明済みのものであるかのように考えて, 初中等教育のカリキュラムにまでもちこむことは,〔中略〕理科教育にマイナスの影響を与えかねない」と指導要領の改訂を批判した上で, 日本の地質構造は PT では説明がつかないと主張した.

また同年, 地団研の有力メンバーの新堀友行は, PT に反対したソ連のベロウソフらの論文を翻訳して『プレート・テクトニクス批判』と題するパンフレット風の冊子を出版した(23).

1970 年代には, 地団研の総会や日本地質学会の学術大会の討論会などで, PT に関連したテーマがしばしば取り上げられた. しかし, その総括の中では, PT にもとづく主張や解釈はいずれも否定的・批判的に取り扱われているのが目につく(24).

『地質学雑誌』や『地球科学』の新刊書の紹介・書評でも, PT に反対する本はよく取り上げられたが, PT の立場に立つ本の扱いは冷たかった(25).

**図 6-2** は,『地質学雑誌』と『地球科学』, 東京地学協会発行の『地学雑

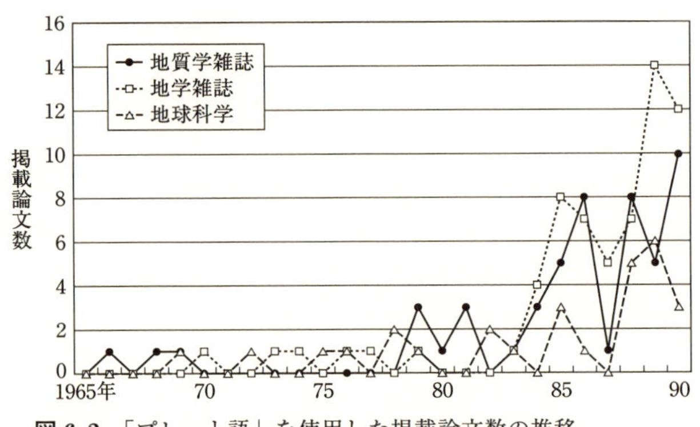


**図 6-2** 「プレート語」を使用した掲載論文数の推移
『地質学雑誌』,『地学雑誌』,『地球科学』の 3 誌について

誌』の 3 誌に掲載された論文の中から,「プレート語」を使用した論文の数を年次ごとに調べたものである. ただし,「プレート語」を否定的・批判的に使用した論文はカウントから除外した.

『地質学雑誌』では次章で詳述するように 1979 年に, 西南日本に広く分布する四万十帯という地質帯は, 海洋プレートの沈み込みに伴ってできた付加体であると主張する論文が初めて掲載された(26). 以降, この説を支持したり否定したりする論文が散発的に掲載されるようになり,「プレート語」が急に増えるようになるのは 1984 年頃からである. これは序章で紹介した日本地質学会の学術大会での「プレート語」を含む講演数の推移と共通している.『地学雑誌』もほぼ同様の傾向が見られる. 一方,『地球科学』では,「プレート語」が増えるのは, 1988 年ごろからで, 若干の遅れが見られる.

以上の調査結果を見ても, 地質学分野で PT を前提にして議論を展開するのが一般的になるのは 1985 年以降であり, 固体地球物理学分野や一般社会と比べると, 10 年以上の遅れが見られる.

## 6.3 地球物理学分野での受容

海洋底拡大説や PT が登場すると, 固体地球物理学分野では大きな抵抗もなく, それが受容されたことを前節で述べた. ここでは, 地震学を中核とした固体地球物理学分野でPTが受容されるまでの経緯をもう少し詳しく見ると同時に，日本の固体地球物理学の発展の歴史を踏まえながら，受容がスムースに進んだのはなぜなのかを考察してみたい．

日本には1967年まで本格的な海洋研究船がなかった(27) こともあって，1960年代初頭には海洋底について本格的に研究する人はほとんどいなかった．しかし，欧米では海洋底の調査が進み，海洋底に関する知識が飛躍的に増加し，新しい海洋底像が描かれ始めていることについては，少なからぬ研究者が注目していた．地震学会が1962年4月の春季大会で，「海域の地球物理に関するシンポジウム」を開催したのはその1つの表れである．

このシンポジウムでは，北海道大学の田望，東京大学理学部の宝来帰一，金森博雄の3人が講演した．3人は，中央海嶺が地球を縫うように連なっていることや，地震波探査によって海洋地殻には大陸のような花崗岩が存在しないこと，海洋底には地磁気異常の縞模様が存在するなどの新しい発見があったことを紹介した．また，中央海嶺では地殻熱流量が高く，海溝では地殻熱流量が低い上に，重力の負異常がどこでも見られることから，マントル対流が存在するのではないかという仮説が注目されていることも強調された(28)．

マントル対流に関する論文は，1960年発行の『地震』に掲載されており(29)，60年代には地震学会の大会や『地震』ではマントル対流に関する論文が盛んに発表された．こうした論文では，マントル対流の実在性やそのパターン，マントル対流によって起こるのではないかと考えられる造山作用，マントル対流とマグマの発生との関係などが論じられたが，当初は専ら数式を使った一般的な議論が中心であった．

1963年からは第4章で述べたように日米科学協力が始まり，海洋底拡大説の当否を検証するために，米国の研究者も参加して西太平洋での深海地震探査や，地殻熱流量の測定，地磁気異常の縞模様の観測などが行われた．60年代後半になると，気象庁の観測船などを使ってオホーツク海や日本海で熱流量の測定や地磁気の観測が，日本独自でも行われた(30)．

1966年の地震学会の春季大会では，同学会に入会している数少ない地質学者の一人である杉村新が，日本列島の地形，重力異常，地殻熱流量，火山・震源の帯状分布などのデータをあげ，それらがマントル対流説によって統一的に理解できる，と発表した(31)．それ以降は，地球物理学者のマントル対流に関する議論も，地質現象の具体的な解釈を意識したものに変わる．

たとえば，東京大学理学部の竹内均らは，日本の太平洋側に見られる地殻熱流量の小さい地域の成因や第四紀に入ってからの日本列島の急速な隆起などを，日本海溝に沈み込むマントル対流によって説明することを試みた(32)．また，名古屋大学の島津康男らも，日本海側での地殻熱流量が高いことは，日本海にマントル対流の湧き出し口があるとすると説明できる，との論文を発表した(33)．

一方，地震との関連については，気象庁の勝又護が1967年の『地震』で，日本列島周辺での地殻からマントルにいたる震源の垂直分布や水平分布は，海外ではマントル対流や大陸移動説を支持する証拠として取り上げられている，ことを紹介している(34)．

1968年には竹内均らが，日本列島の太平洋岸で起きる地震の前には，海に突き出た岬の先端部は沈降し，地震が起きると隆起する事実を指摘した上で，「それは地球内部のマントル対流に原因するのではなかろうか」と述べた(35)．

地震研究所の茂木清夫は，竹内の考えをさらに進めて1969年11月には，太平洋岸で起きる地震のメカニズムに定性的な説明を与えた．茂木は，国土地理院によって進められている三角点測量の結果，日本列島はほぼ東西方向に圧縮力を受けており，この圧縮力は日本海溝付近に沈み込むマントル対流によるものである，と主張した．そしてマントル対流によって太平洋沿岸は，内陸に向けて変位すると同時に先端部での沈降が起きるが，大地震によってこの歪が解放されると，逆に太平洋側に変位すると同時に先端部は隆起することが期待される，と述べた．その上で，三角測量の結果，内陸方向への変位が著しい三陸，東海，豊後水道周辺では「圧縮エネルギーの蓄積が推定され，地震発生の可能性が考えられる」，とも予測した(36)．

地震と地殻変動に関して茂木が与えたこうした解釈は，すぐに多くの研究者に受け入れられたようで，国土地理院地殻活動調査室もこの直後から，三角測量や水準測量によって観測された日本列島の地殻変動を，プレートの運動によって解釈するようになった(37).

金森博雄は，日本列島に限らず，アラスカからマリアナまでの西太平洋で起きるさまざまなタイプの巨大地震について，地震波の解析結果から得られた断層運動のパラメータをもとにして，すべてがプレート同士の境界ないしは沈み込むプレートの内部で起きていることを明らかにした．そして，プレートの沈み込みの発展段階に応じて，そこで起きる地震のタイプにも違いが現れる，と論じた(38).

東京大学理学部の地震学の教授であった浅田敏(39) は 1972 年，一般向けの参考書『地震』を出版した．この中で，「海洋底拡大説は，地震学とは全くかかわりなく誕生したのであるが，地震学上のいろいろの証拠がこの説を強く支持しており，一方，海洋底拡大説のおかげで地震はなぜ起こるかという根本的な疑問が解かれることになりそうである」と述べ(40)，PT の考え方を全面的に採用している.

浅田は「あとがき」の中で，「後悔が先にたたない話はまだいっぱいあるけれども，なかでも主なものは，海洋底拡大説の重要性について地震研究所の上田誠也さんが『自然』に紹介文を書く〔1969 年〕まで（ぜんぜん）気がつかなかったことである．これは不勉強，怠慢であるといわれてもしかたがない」と書き(41)，自分が海洋底拡大説を受け入れるのが遅かったことを後悔している.

当時はまだ，日本列島の内陸部で起きる浅い地震の原因や，日本海側で起きる大地震の原因などについては，PT にもとづいた十分な説明は存在しなかった．しかし，浅田のこの記述などを見ると，地震学を中核とする固体地球物理学の分野では 1972 年頃までにはほとんどの研究者が PT の考え方を受け入れ，それを作業仮説として研究を始めていたことがわかる.

次に，固体地球物理学と地質学の研究者が相半ばする火山学の分野に移ろう．日本火山学会は 1965 年に創立 10 周年特集号を発行した．この中で，東京大学地球物理学教室の小嶋稔は，ハワイ諸島の火山岩の生成年代が西北から東南にいくに従って若くなっている事実をあげ，これは海洋底がマントル対流に乗って年間 10–15 cm の速度で移動したとすれば説明できる，と述べている(42)．また，杉村新は，火山帯と深い地震が起きる地震帯の分布がほぼ一致していることは，2つの現象が同じ原因によるものと考えられる，と書いている(43).

杉村は1971年に発表した論文ではこの考え方をさらに発展させ，火山現象も2つのプレートの相互作用で説明できるとの基本的立場を表明した上で，マグマの発生の原因については，①プレート同士の摩擦熱を原因とする考え方，②大洋プレートに含まれている水が大陸側のマントルにしみ込み，マントル物質の融点を降下させるという考え方，③大洋プレートの溶けやすい部分がマグマとなるという考え方，の3つがあるが，自分は①の考え方を信じている，と書いている(44).

日本火山学会では1975年に創立20周年を記念する特集号「地球と火山」を出版した．この特集号には，論文16篇が収められているが，次節で触れるように，岩石学者たちもPTの立場からマグマの成因などを論じている．PTに否定的な論文は皆無である．

このように固体地球物理学分野では1970年代の早い時期に，海洋底拡大説やPTが大きな抵抗もなく受け入れられた．その要因として，まず，第2章で述べたように，この分野では戦前から世界に先駆ける研究が行われ，世界を意識して研究発表が続けられてきた事実があげられる．世界の新しい研究の動向に遅れをとってはいけない，という競争意識は，これまでに紹介した多くの研究者の著作にもうかがわれる．1957年から始まった国際地球観測年や，1963年から始まった日米科学協力などを通じて国際化が進み，米国の研究者との交流が増えたことは，こうした意識を一層かきたてた，と考えられる．

また，日本の地球物理学はとりわけ地震学を中核として発展したという事情も関係している．第2章で述べたように，1960年代半ばには地震の原因は2組の偶力によるとする断層地震説が確立した．ところが，この2組の偶力を発生する力はどこからくるのか，それについては不明であった．浅田敏が「地震発生の原因理由を考える地球物理学者はもはやそのエネルギー源について苦労する必要はない」と述べたように(45)，PTはこの力の源について明確な説明を与えたのである．日本の固体地球物理の研究者は，多かれ少なかれ地震の研究にも関与していた．地震発生の原因として，PTを受け入れれば，他の現象の研究にもPTを適用するのは，自然な成り行きであった．

## 6.4 プレートテクトニクスにもとづく初期の日本列島論

海洋底拡大説やPTの紹介が，地質学分野では遅かったわけではない．6.2節で紹介したように，東京大学地質学教室の杉村新は，同大学地震研究所の上田誠也と共同で1968年に雑誌『科学』で，「弧状列島」と題する計7回の連載を発表した．この連載では，最初に海洋底拡大説を詳しく紹介した後で，日本列島など太平洋に浮かぶ島弧では，火山帯や火山岩，深発地震帯，重力異常，地殻熱流量，変成帯などの帯状配列が共通して見られることを指摘し，このような帯状配列の成因が，海溝付近に沈み込むマントル対流の仮説によってどの程度説明できるかを中心に論じたものである．この連載は，地質学者と地球物理学者とが毎回共同で執筆し，筆頭著者が毎回交代するという点でも異色であった．

地団研の『地球科学』でも1969年に，金沢大学の河野芳輝が海洋底拡大説について，16頁にわたって詳しい解説を書き，「最近の地球科学的に重要な発見・仮説は，すべて外国でなされていること，我々日本人の貢献がきわめて少ないことは国内の研究体制とあわせて残念であると同時に反省させられることである」と結んでいる(46)．また，同年に開かれた日本地質学会総会の討論会では，東京大学地震研究所の中村一明が，PTを作業仮説として受け入れることを表明した上で，中新世初期から最近にいたるまでの東北日本の応力場の変化を日本海の生成と結び付けて議論した(47)．

1971年から1972年にかけては『科学』で，連載「世界の変動帯」が掲載された．この連載では，アイスランドやヒマラヤ，死海－紅海－東アフリカに連なる大地溝帯，大西洋を隔てて両岸にあるアパラチア山脈とカレドニア山脈などのそれぞれの成因が，PTではどのように解釈されるか，デューイやバードらによって始められた海外での研究も紹介しながら論じられた(48)．この連載も，杉村新や松田時彦，中村一明，勝井義雄，関陽太郎，堀越叡らの地質学者と，上田誠也らの地球物理学者との共同勉強会の成果であった．

この連載と前後して，「弧状列島」の考えをさらに発展させて，日本列島の地質はPTによってどのように解釈できるかを論じたり，PTにもとづいて日本列島の成り立ちを論じたりする論文も，相次いで発表された．

東京大学地震研究所の松田時彦と上田誠也は，日本列島などの太平洋造山帯の成因を，プレートの沈み込みによって説明する論文を1971年に発表した(49)．それによると，日本列島は火山フロントを境界にして外帯と内帯の2つに分けられる．外帯では熱流量は低く，高圧型の変成作用が起きており，いわゆるユウ地向斜(50)の特徴を持つ．これに対して内帯では火山活動が起きており，熱流量が高く，花崗岩の貫入や高温型の変成作用が見られる．このように日本列島ではユウ地向斜の形成と花崗岩の貫入が同時に起きており，太平洋造山帯には造山輪廻の考え方はあてはまらない．内帯でマグマ活動が見られるのは，沈み込んだ海洋プレートと大陸のプレートとの摩擦によって熱が生じ，部分溶融するまで温度が高くなり，溶けた物質が内帯のマグマの母体になるからである．日本海などの縁海の生成もこうしたマグマ活動によって説明できる，と2人は主張した．

杉村新は1972年の論文で，フィリピン海プレートは伊豆半島付近で本州と衝突しており，その境界は神縄－松田－国府津断層であり，北海道の日高山脈も陸のプレート同士が衝突したことによって生じたのではないか，と論じた(51)．東京都立大学の貝塚爽平も日本列島の起伏や山地の雁行地形をプレートの沈み込みによって説明する論文を発表した(52)．

日本列島のさらに古い歴史をPTによって説明しようとする論文も現れた．東京大学の堀越叡は，プレートによって移動してきた陸や島弧が日本列島に衝突すると，プレートの沈み込みが停止し，プレートの沈み込み場所は次々に太平洋側にジャンプしていくというモデルを考え，小林貞一のいう秋吉造山運動や佐川造山運動などを説明しようと試みた(53)．

上田誠也と都城秋穂は，約1億5000万年前以降の日本列島の形成を，プレートと海嶺の沈み込みに関連付けて論じた(54)．それによれば，三波川変成帯が生じたのは，太平洋プレートの前に存在したクラプレートの沈み込みが原因である．約8000万年前にクラ－太平洋海嶺が沈み込み，これによってアジア大陸東縁に大規模な火山活動が起き，日本海の誕生にもつながった．約4000万年前に太平洋プレートが運動方向を北北西から西北西に変えたことによって，東北日本で新たな造山運動が起き，フィリピン海が誕生した，などと2人は主張した．

岩石学者たちも，PTにもとづいてマグマや火山帯の成因を比較的早い時期から論じていた．たとえば，山形大学にいた宇井忠英は，1975年に発表した論文で，地球上の火山帯をPTの考え方に従って6種類に分類し，そこで生じる火山岩の特徴を論じた(55)．東京大学の久城育夫も同年の論文で，「プレート・テクトニックスは，マグマ生成のメカニズムを考えるうえにも無視することはできないものと思われる」と述べ，日本列島に多い安山岩マグマの成因をPTに結び付けて考察した(56)．富山大学にいた丸山茂徳も，都城秋穂が提唱した「対の変成帯」の概念を，PTと結び付けて詳細に論じた(57)．また，鉱床学者の一部も，地下資源探査のヒントになるとして早くからPTに注目していた(58)．

このようにPTを好意的に受け入れた地質学者の多くは，都城秋穂も指摘するように，現在主義的な研究伝統を引き継いだ人たちであった(59)．彼らがPTを作業仮説として論じた対象は，「世界の変動帯」にも見られるように，日本列島だけではなかった．地質現象をグローバルな現象としてとらえ，その中に日本列島を位置付けているのが特徴である．

しかし，こうしたPTにもとづく日本列島論は，地質学分野ではそれほど大きな関心を呼ばなかった(60)．その多くは，これまでの「地向斜造山論」の下で集められた既存の地質データを再解釈したものにすぎなかったからである．PTにもとづく日本列島論を説得力あるものにするには，次章で述べるようにPTの「目」でもって地質調査をやり直す必要があった．日本近海の調査によって，フィリピン海は大陸地殻ではなく海洋地殻を持つことや，日本海の地殻も海洋地殻に近く，不規則ながら地磁気異常の縞模様を持つことなど，海洋については新しいデータが盛り込まれていたものの，日本列島の陸上地質に関する新しいデータは何もなかった．したがって，「地向斜造山論」にもとづいた*Japanese Islands*など従来の日本列島論との違いは，ともすれば「解釈の違い」と理解される余地が大きかったのである．

## 6.5 プレートテクトニクスへの批判—歴史法則主義的な立場から

海洋底拡大説や新しい地球観に対しての批判が目立ち始めたのは，1970年頃からである(61)．そうした批判や反対は大きく分けると，2つになる．1つは，地団研のつくりあげた歴史法則主義的な考え方を基礎にした批判である．もう1つは，そこから生まれた「地向斜造山論」や *Japanese Islands* にもとづいたものである．この節では，まず歴史法則主義的な立場に立った批判・反対について述べることにしたい．

PTへの1つの批判は，それが歴史法則主義のいう発展法則とはまったく別物であるという点であった．「弁証法的唯物論」からの批判ということもできる．

東海大学の星野通平は「地球の歴史の時代区分の目安は，あくまでも地球内部に求めなければならない．最近，プレート・テクトニクスや対流理論などといった，超歴史的な仮説の流行によって，地史を造山運動によって区分しようという試みが，地球科学の世界で軽視されている」と，PTを「超歴史的な仮説」と批判した(62)．新堀友行も自らが編集・翻訳した『プレート・テクトニクス批判』の「あとがき」で，「総合的な地球の発展のscheme〔構造〕がプレート・テクトニクスには欠けている」と述べている(63)．

井尻正二は1973年の日本地質学会総会で「地質学における第一法則と第二法則」と題して講演した(64)．井尻によれば，ヘーゲルは経験科学の法則を第一法則と第二法則の2つに分けた．第一法則というのは，物理・化学などの法則のように，ものの因果関係を説く通常の法則であり，外的な必然性を述べたものに過ぎない．第二法則は「事象の内的必然性によって展開される，事象の発展の必然性をとらえたもの」であって，生物の進化の法則や地向斜の発展の理論などがこれに相当する．PTは，地球内部の対流という仮定の外因によって，プレートと呼ばれる仮定の物質が運動する，ということを説くだけで，第一法則にすぎない．しかるに，「あたかも火成岩の進化・地殻の発展・地球の進化の核心（本質）にふれる革命的新学説（第二法則）であるかのような錯覚におちいり，無反省にこれにとびつく態度はどんなものであろうか」と，井尻はPTを受け入れる研究者を批判した．

井尻はまた別の著作で，「陸と海とが現実（実体）としての対立物となれば，そこには両者の対立による矛盾がみられ，地表（ないしは地殻）の独自の運動形態（法則）が見いだされるはずである．この運動形態は，海洋底拡大説またはプレートテクトニクスなどとよばれる，単純な力学的（機械的）運動によるものよりは，はるかに高次の有機的な運動形態をとるはずである」と述べ，PTは機械論的・現象論的な仮説にすぎないと批判している(65)．

これとよく似た批判は，その後も「プレート説はプレートの発生～発展の過程における質的な転換をみようとする歴史観にかけている」，「自立して発生～運動する系としての地向斜～造山運動を，一枚のプレートの機械的運動で解釈しようとするところに無理がある」などと続けられた(66)．こうした批判の論点は，第4章で詳述した岩石学論争に見られたものとよく似ている．

一方，PTが前提とする現在主義への批判も強かった．たとえば，東京教育大学の牛来正夫は「こういう斉一説的なものの見方も，もう一度反省してみる必要があると思うのです．〔中略〕今の地球での観測データを過去の地質時代での現象を扱う際に，ただ機械的に当てはめていくというやり方をとるのが正しいかどうかということです」などと述べ，過去の地球には現在の地球では見られないような現象があったとして，海洋底拡大説を批判した(67)．

信州大学の黒田吉益も「現在の大洋プレートの沈み込みと考えられている深発地震面と同じようなものが過去にもあったとして，それと中生代，古生代の地向斜－造山帯の初期火成作用，それにつづいた変成作用などを結び付けようとするところは，まるで不可解である」などと批判した(68)．

地団研が創立30周年を記念して1978年に出版した『みんなで科学を―地団研30年の歩み』の中では，「プレート・テクトニクス説については，私たちのなかでは，それの事実との矛盾，あるいは認識論的な批判（？）などがなされています」と書かれているが(69)，ここでいう「認識論的な批判」とは，以上に述べたような歴史法則主義的な立場からの批判を指すものだと解釈できる．

PTは外国で生まれたもので，それをそのまま日本に直輸入するのは「日本の科学の植民地性といった点でも問題がある」などとの批判も多かった(70).

## 6.6 プレートテクトニクスへの批判—「地向斜造山論」の立場から

PTへのもう1つの批判は「地向斜造山論」にもとづいたものであった.

湊正雄は，1970年に開催された日本地質学会主催の第1回地質学セミナーで，「日本列島の構造発達史が1965年に私どもがまとめあげたような体系〔*Japanese Islands*を指す〕から，大きく離れたものでないことについては，私は不安をもっていません」などと，「地向斜造山論」の正しさを強調した．そして海洋底拡大説について「その根拠なるものは，それが最終的に事実として承認されるのは，なお先のことであります」，「造山帯の複雑な岩石や鉱物の問題にくらべれば，いまのところあまりにも，単純なモデルより与えられていないことを忘れてはなりません」などと批判した(71).

牛来正夫も同年の『地質学雑誌』で，海溝から沈み込んだ海洋底の部分溶融によって日本列島などの火山が生じるとする海洋底拡大説の考え方に対して「マグマの成因を海洋底拡大説と結び付けて説明するのは極めて困難である」と指摘した(72)．牛来は1972年の『地球科学』にも「現在の海洋底拡大説やプレート造構論が，〔大陸〕移動の機構や原因を，充分うまく説明しているとは思はない」と主張する論文を書いている(73).

1973年，6.2節で紹介した地団研の有力メンバーの藤田至則(74)ら14人が連名で『地球科学』に発表したPTを批判する論文(75)は反響を呼んだ．14人もが名前を連ねる論文は，地質学界では例がなかった上，14人は地団研の会長や，地団研の推薦を受けて日本地質学会の評議員をつとめたりするなど，地質学界で大きな影響力を持っていたからである．論文では，PTによっては日本の地質構造の説明がつかないことを細部にわたって論じている.

たとえば，都城らが三波川変成帯の成因を白亜紀のクラプレートの沈み込みに帰したことに対して，「三波川変成帯の形成時期は，ペルム紀から三畳紀と古い」などとする*Japanese Islands*の立場を維持して，「変成帯の配列はプレート・テクトニクスを持ち出さなくても，古典的造山論でその必然性を説明できる」と，都城らの主張を批判している．日本列島はプレートの沈み込みによって東西方向への圧縮力を受けているとの貝塚らの主張に対しても，「主要な造構力は垂直的なものである」と反論している．日本付近で起こる地震の起こり方についても，「プレート・テクトニクスのモデルと矛盾している」などと主張した．

「PT は機械論にすぎない」との批判に見られるように，「地向斜造山論」にもとづく批判・反対の底流には，地向斜の「自己運動」によって山脈が形成されると考える「地向斜造山論」と，プレート運動という外力によって造山現象を説明しようとする PT との間の概念的な対立があった．このような概念的な対立は，PT を早くから受容した人たちの中でも，鮮明に意識されていた．「地向斜造山論」が存在しなかった欧米では，こうした対立は見られなかったのと対照的である．

たとえば，松田時彦は日本鉱山地質学会の討論会で，PT の考え方を紹介した上で，新しい造山論の考え方の基本として，①造山帯は現在地球上に，現実に発達しつつある（現実説の確立），②造山帯の出現位置は，原則としてそれに先立つ地向斜の位置に規定されない（地向斜沈降と造山作用との間の因果関係の否定），③プレートの沈み込みは一方向から起こるから，造山帯の構造は本質的に非対称である（造山帯の対称性の否定），④造山帯の位置は固定しておらず移動している（固定観の否定），などをあげ，「地向斜と造山作用の因果関係を認める地向斜造山論」は，PT にもとづく造山論とは相容れない，などと指摘した(76)．

堀越叡は「“地向斜” とは何であったか」と題した論文で，地向斜概念の歴史を振り返り，「“地向斜” 征伐こそ地質学の枠を地球科学へ広げる第 1 歩である」と書いた(77)．次章で述べる四万十帯の研究を続けるうちに「地向斜造山論」から PT に「転向」した勘米良亀齢（かんめらかめとし）も「造山運動の原因に関して，地向斜自体内に内生的なものとしてとらえる地向斜概念」と PT にもとづく造山論との対立を指摘している(78)．

PT にもとづく初期の日本列島論と「地向斜造山論」との間の議論は，ほとんどかみ合わなかった．現在日本列島に見られる，海溝，地震帯，火山帯，重力異常，地殻熱流量などの帯状配列や，地震の起こり方などは PT を強く支持するものではあったが，日本列島の歴史を考える場合に，PTの考え方がどのくらい古くまでさかのぼれるのか，という点で疑問があった．

そして，事実を解釈する概念的な枠組みの違いも大きかった．PTを日本にいち早く紹介し，反対派との討論会にもしばしば参加した地球物理学者の上田誠也は「正直のところ，〔地団研の先端的研究者の所説は〕大抵はなにをいっているのかわからなかった．そういうときは謙虚にどうも私にその『哲学』がわからないのだろうと思ったこともある．（しかし，後年になると，地団研のかたがたのやっていることは一種の知的活動ではあるらしいが，どうもサイエンスとは異質の作業であるらしいと思うようになった）」と回顧している(79)．上田にこのように書かせたのは，両者の間では議論の組み立て方や何を重要な問題と見なすかなどについて，あまりにも大きな違い（通約不可能性）がありすぎたからだと考えられる．

## 6.7「地向斜造山論」の「変則例」の顕在化

PTにもとづく初期の日本列島論へのこうした批判・反対の一方で，1970年代半ばになると，その論拠とする「地向斜造山論」や*Japanese Islands*の主張にも，無視できない問題が顕在化してきた．

1つは，古生代にできた本州地向斜の堆積物であると考えられてきた美濃・丹波帯や秩父帯の地層の中から，1960年代末以降，中生代の三畳紀のものと見られるコノドントや二枚貝の化石が続々見付かってきたことである．それまで美濃・丹波帯や秩父帯の年代は主に，石灰岩に含まれている紡錘虫化石をもとに古生代と判定されてきた．ところが，紡錘虫以外の化石の研究が進んだ結果，こうした新報告が相次ぎ，論争が生まれたのである(80)．

コノドントは，カンブリア紀から三畳紀まで約4億年にわたって繁栄した原索動物の体の一部（硬組織）で，大きさは0.2-0.5 mmである．それを含む岩石を弗酸や酢酸で溶かして取り出す．戦後，地層の年代を決める上で重要な微化石として世界的に注目されるようになった(81)．

日本で最も早い時期にコノドントに着目したのは，群馬県の中学校や高校の教員をしていた林信悟である．地団研の会員であった林は栃木県の葛生に分布するアド山層と呼ばれる地層中のチャートから，コノドントを分離・抽出するのに成功した．コノドントの大半は三畳紀を代表する種類であった．しかし，アド山層の直下にある鍋山層の年代は，紡錘虫化石をもとにペルム紀中期とされていたので，林は1968年に発表した論文で，これらの種類のコノドントはペルム紀中期にすでに出現していた，と主張した(82)．そして，コノドントのいくつかは新種であるとし，「communisti〔共産主義者？〕」などと命名した．

林とは独立に全国各地の主に石灰岩中のコノドントの研究を進めていた東京教育大学の小池敏夫や猪郷久治らもアド山層を調査した．そして，アド山層のコノドントはペルム紀のものとは考えられず，三畳紀中期・後期のものである，とする論文を1970年1月に『地質学雑誌』に投稿した(83)．

小池らの論文は同年5月に掲載されたが，同年3月には林を含めて約20人のメンバーからなるコノドント団体研究グループが組織された．林は1971年には，鍋山層ではペルム紀のコノドントと三畳紀のコノドントの共存が見られた，とする調査結果を発表した(84)．コノドント団研も現地調査の結果にもとづいて，1972年に論文を発表し，「外国における生層序の知識をそのままうのみにし，抽出されるコノドントの年代の解釈に適用するような姿勢は，いわばさかだちした地質学の方法である」などと小池らを批判した(85)．

小池らも，アド山層と鍋山層は断層で隔てられており，ペルム紀のコノドントと三畳紀のそれが共存している事実はない，などと応酬した(86)．この論争は結局，コノドント団研が，1974年に「アド山層の年代は三畳紀中期と推定される」「三畳紀型コノドントがペルム紀中期に出現した可能性は否定される」と，小池らの主張を全面的に認めた論文を発表し(87)，決着がついた．

このように激しい論争に発展したのは，古生代の本州地向斜の堆積物からなる地層から発見されたコノドントがほんとうに三畳紀のものなら，本州地向斜は少なくとも三畳紀までは存在していたことになり，古生代末から中生代初めにかけての本州変動によって，地向斜は陸化したとの*Japanese Islands*の主張は，危うくなるからであった．一方，「佐川造山輪廻」説では，秩父地向斜の一部は白亜紀まで存在していたと考えていたので，それほど大きな影響を受けなかった．小池らは「佐川造山輪廻」説を支持していた．

三畳紀のコノドントはその後，北部北上山地や岐阜県の美濃帯，山口県の領家帯などでも続々発見された(88)．また，美濃帯のチャートから，中生代のジュラ紀〜白亜紀の放散虫化石を発見したという報告もあった(89)．

もう1つは，領家変成帯と三波川変成帯の形成時期の問題である．すでに述べたように *Japanese Islands* では領家変成帯は本州変動の際に生じた中軸変成帯で，三波川変成帯と三郡変成帯はその両側に対称的に生じた変成帯であると主張し，領家変成帯と三波川変成帯は中生代の佐川造山運動によって生じたとする「佐川造山輪廻」説の主張を否定していた．ところが，その後の調査・研究によって，領家変成帯に貫入して変成を起こした花崗岩の年代は，約1億年前と考えるのが妥当だとするデータが続々集まってきた(90)．三波川変成帯の変成作用が終わった年代についても，その後の放射年代測定のデータは約1億年前を示し，変成を受ける前の岩石も中生代のものである可能性が強くなった(91)．すなわち，領家，三波川の2つの変成帯は古生代後期の本州変動によって生じたとする根拠は，ほとんど失われたのである．

さらに，*Japanese Islands* がいう日高山脈の形成史についても，多くの疑問が生じてきた．日高山脈は，団体研究によって「地向斜への花崗岩の貫入を契機にして地向斜は沈降から隆起に転じる」(92) とする「地向斜造山論」が生まれた場所である．*Japanese Islands* では，日高山脈が隆起に転じたのは白亜紀とされていた．ところが，日高山脈の深部に花崗岩が貫入した年代は，放射年代測定によると，約3000万年前と1億年も若いことがわかった(93)．その後の詳しい地質調査の結果でも，日高山脈の隆起は約1500万年前から始まったことが明らかにされている(94)．

また，花崗岩類の浮力によって山脈が上昇するかどうかを計算したところ，100 m 程度の上昇は花崗岩類の浮力によって説明できるが，数 km もの隆起を花崗岩の浮力によって説明するのは難しいとの研究結果も発表された(95)．

このように *Japanese Islands* の主張が問題を抱えていることは，地団研関係者も強く意識していた．地団研の総会では毎年，活動スローガンの1つとして「*Japanese Islands* をのりこえるために近代化をすすめよう」が採択された．1970年代中頃からは，地団研総会の際のシンポジウムのテーマには「地向斜の諸問題」(1974年)，「日本列島構造発達史の諸問題」(1976年)，「北日本中生代以降の造山運動の諸問題」(1977年）などが取り上げられ，上述したような問題をどう解決できるのかが討論された．

これらのシンポジウムでは，従来の「地向斜造山論」の見直しが必要で，PTによる造山論の説明の方がうまくいく，と主張した研究者も少数ながら存在した．しかしながら，シンポジウムの世話人会がまとめた総括では「本州地向斜内には，太平洋底岩体を含まない」，「日高山脈の成立へのプレート論の適用はより慎重でなくてはならない」などと述べられ，PTにもとづく考え方は否定され，「地向斜造山論」の考え方に沿って研究を進めて行くことが確認された(96)．*Japanese Islands* がこうした多くの問題を抱えていたからこそ，それとまったく異なる考え方で問題を解決しようと試みる，PTにもとづいた日本列島論に対して強い反対があったとも考えられるのである．

PTには，以上のような反対があったことが大きな理由であったのであろう．北海道大学，京都大学，東北大学などの地質学鉱物学科では(97)，1970年代にはPTを主題とした講義は行われなかった．高校の教科書ではPTが教えられるのに，大学には「PTは誤りである」と教える教授がいたのである．学生たちは，PTに関する論文や本を自主的に勉強しているのを教授たちに知れるとしかられたので，教授たちが帰宅した夜間になって読書会を開くのが常だった，と伝えられる(98)．

1970年代後半になると，地団研の中でもPTの支持者が増えていった．その一方では，「地向斜造山論」から地球膨張説などに鞍替えして，PTに反対する人も現れた．その代表的な人物は牛来正夫や星野通平である．牛来は1978年に『地球の進化―膨張する地球』という本を出版した(99)．1.8節で述べたように，オーストラリアのケアリーらは地球膨張説の立場からPTに反対した．この本もケアリーらの主張を参考に，地球膨張説の立場から地向斜の発生や発展を論じたもので，やはりPTに反対している．

牛来の教え子でもあり，学生時代から井尻の研究助手の役割を果たしてきた藤田至則は，旧ソ連のベロウソフの垂直振動テクトニクスの考え方を取り入れ，独自の日本列島論を展開するとともに，PTに反対した(100)．

1980年代に入ると，PTに批判的に対処している地団研のあり方に，疑問を呈する意見も出始めた．たとえば，京都大学の志岐常正はPTを批判的に総括した1980年の論文で「有力な学説が現れたとき，これに対する態度はそれぞれの学問的判断に従っていろいろあろう．しかし，民主的な科学者の集団としては，いずれか特定の“立場”に集団全体が立つかのような雰囲気を作ることはかつての民科の経験に照らして避けるべきであろう」と書いた(101)．志岐は「地団研」という名前を出してはいないが，「民主的な科学者の集団」には，地団研が含まれることは明らかであろう．

この論文を受けた名城大学の桑原徹の論文にも「1つの『仮説』が正しいか，正しくないかは，あくまで個々の研究者の科学的判断にまかせるべきであり，明らかな科学的結論が与えられるまえに，科学上の問題に科学運動上の判定を下すべきでないことは云うまでもない」と書かれている(102)．

地団研がPTを肯定的に扱ったシンポジウムを開くようになるのは1986年になってからである．それに決定的な役割をはたしたのは，1970年代末から1980年代にかけて，日本列島のほとんどがプレート運動の産物である付加体と呼ばれる地質体で構成される事実が明らかにされたことである．付加体の概念や「日本列島＝付加体」説はどのようにして生まれ，確立したのかを示すのが次章のテーマである．その前に，「佐川造山輪廻」説を提唱した小林貞一の研究伝統は，その後どうなったかについても触れておきたい．

## 6.8「佐川造山輪廻」説とプレートテクトニクス

東京大学の地質学教室の教授であった小林貞一は，1962年に定年で退官した．その後を継いだのは小林の弟子の一人，木村敏雄であった(103)．木村も小林の研究伝統を受け継ぎ，地向斜概念や造山輪廻の考え方をもとに，日本列島の地質発達史を研究した．木村は，小林と同様に地向斜を「堆積の場」を表すのに便利な用語と考えていた．しかし，「堆積－褶曲－山脈化というのはあまりに単純化された考え方である」などとして，地向斜ができるとそれが必然的に山脈になるという考え方には反対した(104)．この点で地団研を中心にした日本独自の「地向斜造山論」とは一線を画していた．だが，現在主義的な考え方には反発し(105)，現地での地質調査を重視する考え方や，外国文献には依存しないという点では地団研主流の考え方と共通していた(106)．

木村は1970年代はじめから「プレートテクトニクス説の基本は正しい．しかし，日本列島の地質形成には太平洋プレートの沈み込みは影響しなかった」と繰り返し主張し続けた(107)．木村は1972年から85年にかけて全6巻2155頁に及ぶ『日本列島—その形成に至るまで』を出版した(108)．

木村のこの大著の出版の動機は，「序にかえて」によると，小林の「佐川造山輪廻」の考え方をわかりやすく提示し，PTにもとづく日本列島論の誤りを正すことであった(109)．木村は最終巻の「あとがき」でも「〔本書の執筆を〕最後まで続けさせたものは，〔中略〕世界でのはやりの学説をむりやりに日本にあてはめようとする考え方の流行に対する反発があった」と書いている(110)．

木村はこの大著で，日本列島は古生代末から中生代初めにかけての秋吉造山運動と，ジュラ紀から白亜紀にかけて起こった佐川造山運動によって基本的な骨格ができたとする小林の提唱した「佐川造山輪廻」説の考え方を堅持し，その過程をさらに細部にわたって論じている．そして，次章でも述べるように，「日本列島にはプレートの沈み込みに伴って生じた付加体はない」と主張し，「日本列島＝付加体」説に終始一貫して反対を続けた(111)．

もっとも，木村は「日本列島の地質形成には太平洋プレートの沈み込みは影響しなかった」と述べる一方で，1980年代に入ると，プレートの沈み込みに伴って火山活動が起き，それによって高温型の変成作用が起きることは認め，自説に積極的に組み入れるようになった(112)．木村は，「佐川造山輪廻」説を根本的に修正する必要のないところや，説明が容易になるところでは，PTを取り入れることによって「佐川造山輪廻」説の最新化をはかったのではないかと考えられる(113)．

20年間，東京大学地質学教室の教授の座にあった木村は，1982年に定年で退官した．木村の在職中は東京大学ではPTに関する講義は行われなかった．東京大学地学科の履修科目としてPTが採用されたのは，1986年からである(114)．明治以降，西欧の新しい学説を日本に紹介することを大きな役割としてきた東京大学の伝統は，木村の時代になって途絶えたのである(115).

## 参考文献と注

(1) J. Tuzo Wilson, "Continental Drift," *Scientific American*, vol. **208**, no.4 (1963): 86-100.
(2) ツゾー・ウィルソン・編集部訳「大陸の漂移Ⅰ」『科学』33巻8号（1963年），413-417頁．ならびに同「大陸の漂移Ⅱ」『科学』33巻9号（1963年），456-461頁．
(3) 竹内は1921年生まれ．東京帝国大学地球物理学科を卒業後，東京大学教授．1964年に「地球潮汐と地球振動の研究」でラグランジュ賞を受賞．東京大学を定年退官した1981年に科学雑誌『ニュートン』を創刊し，編集長として科学知識の普及にも努めた．
(4) 上田は1929年生まれ，東京大学地球物理学科を卒業後，同教室の助教授をつとめた後，1969年から地震研究所の教授になった．1987年にPTの研究で日本学士院賞を受賞．
(5) 竹内均・上田誠也『地球の科学』日本放送出版協会，1964年．この本は英語に翻訳されて1967年，*Debate About the Earth*（San Francisco: Freeman, Cooper）として出版された．第1章で紹介したNitecki *et al.* の論文によると，この英語版は1970年代に米国の地質学者の間でよく読まれた本・論文のベスト10に入ったという．
　また，竹内均・都城秋穂『地球の歴史』日本放送出版協会，1965年，竹内均『続地球の科学―大陸は移動する』日本放送出版協会，1970年，上田誠也『新しい地球観』岩波書店，1971年などの啓蒙書も広く読まれた．
(6) 上田誠也・杉村新「弧状列島」は『科学』38巻（1968年）2号，3号，5号，6号，7号，8号，9号の7回にわたって連載され，岩波書店から『弧状列島』として1970年に出版された．1973年にはこの英語版 *Island Arc*（Amsterdam: Elsevier）も出版された．
(7)『科学』38巻4号（1968年）の特集には，都城秋穂「大洋地殻の構成」170-176頁，斎藤常正「海洋底の堆積物」177-182頁，宝来帰一「広がる海底」183-191頁の3つの論文のほかに，日本在住の研究者の論文6篇も掲載されている．
(8) PTの誕生当時は，PTはニュー・グローバル・テクトニクス，あるいはグローバル・テクトニクスとも呼ばれた．
(9) 上田誠也「海底が移動する」『自然』24巻10号（1969年），42-51頁．
(10) 上田誠也・松田時彦「The New Global Tectonicsと地質学」『科学』40巻（1970年），262頁．
(11) たとえば，田望「地震探査による海洋底地殻構造の研究の概観」『地震』第2輯15巻（1962年），270-297頁．
(12) 茂木清夫「水平変動の解釈について」『地震予知連絡会会報』2巻（1970年），85-87頁．ならびに国土地理院地殻活動調査室「北海道東南部の上下地殻変動」『同』3巻（1970年），6-7頁．
(13) 杉村新「火山とプレートテクトニクス」『火山』16巻（1971年），72-79頁．
(14)『自然』には，三東哲夫「海底のプレート運動と地震」25巻4号（1970年），69-77頁，浅田敏「地震学からみた海洋底拡大説」26巻8号（1971年），61-69頁などの論文も掲載された．
(15)「"大陸陥没"ではない？　日本海のなりたち」『毎日新聞』1966年2月24日夕刊5面．
(16)「大揺れの日本列島―新しいカギ"熱対流"」『朝日新聞』1968年5月17日朝刊5面．
(17)「深海の底に穴をあける―地球の成因さぐる」『朝日新聞』1968年10月12日夕刊7面．

(18) たとえば「東京大震災—和歌山の地震は要注意」『朝日新聞』1972年3月15日夕刊11面.

(19) たとえば「学者が語る『新しい地震観』」『朝日新聞』1973年8月15日朝刊4面など.

(20) 文部省『高等学校指導要領解説・理科編・理数編』, 1972年, 75頁.

(21) 木村敏雄「地向斜の概念」『鉱山地質特別号』4号 (1971年), 1-16頁.

(22) 藤田至則・端山好和・原田哲朗・星野通平・絈野義夫・黒田吉益・三梨昴・野村哲・島津光夫・清水大吉郎・鈴木博之・鈴木尉元・徳岡隆夫・山下昇「日本の地質構造からみたプレート・テクトニクスの諸問題」『地球科学』27巻 (1973年), 232-254頁.

(23) 新堀友行編訳『プレート・テクトニクス批判—新しい地球像をめぐるソビエト構造地質学』築地書館, 1973年.

(24) この種のシンポジウム・討論会としては地団研主催の「地向斜の諸問題」(1974年),「日本列島構造発達史の諸問題」(1976年), 日本地質学会主催の「プレートテクトニクスをめぐる諸見解」(1978年) などがある. しかし, たとえば「地向斜の諸問題」シンポジウム世話人会がシンポのまとめとして『地団研専報』19号 (1975年) に掲載した「日本における地向斜研究の現状と展望」では, PTという言葉は一言も登場せず, シンポでPTの立場から論じた研究者の考え方はまったく無視されている.

(25)『地球科学』では, 藤田至則『日本列島の成立—グリンタフ造山』築地書館, 1973年や湊正雄『地層学・第2版』岩波書店, 1973年, 鈴木尉元『日本の地震』築地書館, 1975年などPTに反対の立場を明確にした新刊書の書評は掲載されたが, PTの立場に立って書かれた上田誠也『新しい地球観』岩波書店, 1971年や, 日本物理学会編『地球の物理—現代の地球観』丸善, 1974年などの新刊書は, 1970年代にはまったく紹介されなかった.

(26) Takashi Suzuki and Shigeki Hada, "Cretaceous Tectonic Mélange of the Shimanto Belt in Shikoku, Japan," *Journal of the Geological Society of Japan,* **85**(1979): 467-479.

(27) 外洋まで航海できる大型研究船が日本にできたのは, 1967年から航海を始めた東京大学海洋研究所の「白鳳丸」(3200トン) が最初である. 全国共同利用の研究所として1962年に発足した同研究所は, 1963年に研究船「淡青丸」(250トン) を持ったが, この船は小型で日本近海の観測しかできなかった.

(28) 田望「地震探査による海洋底地殻構造の研究の概観」『地震』第2輯15巻 (1962年), 270-297頁. ならびに宝来帰一「海洋底の地殻熱流量測定」同, 298-324頁, 金森博雄「海の重力」同, 325-340頁.

(29) たとえば, 島津康男・河野芳輝「上部マントルの非定常熱対流と造構作用①」『地震』第2輯16巻 (1963年), 115-122頁.

(30) たとえば, 友田好文「地磁気異常から見た太平洋の海底」『地震学会1968年春季大会・講演要旨』, 16頁. ならびに伊勢崎修弘・河野澄子・安井正「オホーツク海の地磁気異常について」『地震学会1968年秋季大会・講演要旨』, 31頁.

(31) 杉村新・上田誠也「島弧の活動」『地震学会1966年春季大会・講演要旨』, 5頁.

(32) 竹内均・坂田正治「マントル対流論」『地震』第2輯20巻 (1967年), 128-137頁.

(33) 島津康男・河野芳輝「地殻熱流量からみた日本列島」『地震』第2輯22巻 (1969年), 121-130頁.

(34) 勝又護「日本付近の地震の分布と活動Ⅱ」『地震』第2輯20巻 (1967年), 1-11頁.

(35) 竹内均・金森博雄「地震にともなう地殻変動とマントル対流」『地震』第2輯21巻 (1968年), 317頁.

(36) 茂木清夫「水平変動の解釈について」(注12), 85-87頁. 茂木はこの論文で「マントル対流」を,「プレートの沈み込み」や「プレート運動」とほぼ同じ意味で使っている．こうした用法は，竹内ら他の多くの研究者にも見られた．
(37) 国土地理院地殻活動調査室「北海道東南部の上下地殻変動」(注 12)，6-7 頁．
(38) 金森博雄「巨大地震とリゾスフィア」『地震学会 1970 年秋季大会・講演要旨』，31 頁．ならびに金森博雄「巨大地震と島弧」『科学』42 巻（1972 年），203-211 頁．
(39) 浅田は 1919 年生まれ，東京大学地球物理学科を卒業後，同教室の講師，助教授をつとめ，1966 年に本多弘吉の後任の教授になった．
(40) 浅田敏『地震』東京大学出版会，1972 年，206 頁．
(41) 浅田敏，同上書，240 頁．
(42) 小嶋稔「火山の年代」『火山』10 巻特集号（1965 年），65-72 頁．
(43) 杉村新「火山の分布とマントルの地震との関係」『火山』10 巻特集号（1965 年），37-58 頁．
(44) 杉村新「火山とプレートテクトニクス」(注 13)，72-79 頁．
(45) 浅田敏『地震』(注 40)，210 頁．
(46) 河野芳輝「海洋底拡大説について」『地球科学』23 巻（1969 年），169-184 頁．
(47) 中村一明「島弧のテクトニクス一仮説」『日本地質学会 76 年総会総合討論会資料』(1969 年)，31-38 頁．
(48)『科学』の「世界の変動帯」の連載は，41 巻（1971 年）4 号で同名の特集（関連論文 8 篇）が組まれた後，5 号から 42 巻（1972 年）9 号まで計 12 回連載された．この連載は，上田誠也・杉村新編『世界の変動帯』(岩波書店，1973 年）として出版された．
(49) Tokihiko Matsuda and Seiya Uyeda, "On the Pacific-Type Orogeny and Its Model," *Tectonophysics,* **11**(1971): 5-27.
(50) 第 5 章 150 頁参照．
(51) 杉村新「日本付近のプレートの境界」『科学』42 巻（1972 年），192-202 頁．
(52) 貝塚爽平「島弧系の大地形とプレートテクトニクス」『科学』42 巻（1972 年），573-581 頁．
(53) 堀越叡「日本列島の造山帯とプレート」『科学』42 巻（1972 年），665-673 頁．
(54) 上田誠也・都城秋穂「プレート・テクトニクスと日本列島」『科学』43 巻（1973 年），338-348 頁，ならびに Seiya Uyeda and Akiho Miyashiro, "Plate Tectonics and the Japanese Islands," *Geological Society of America Bulletin,* **85**(1974): 1159-1170.
(55) 宇井忠英「火山の Regional Petrology」『火山』20 巻（1975 年），299-306 頁．
(56) 久城育夫「マグマ成因論の一つの新しい方向」『科学』45 巻（1975 年），2-8 頁．
(57) 丸山茂徳，「The Dismembered Ophiolite Belt」『地球科学』32 巻（1978 年），317-320 頁．
(58) たとえば，堀越叡「紅海の泥―重金属に富む堆積物」『科学』41 巻（1971 年），617-625頁．ならびに西脇親雄・安井正「海底地下資源とプレート・テクトニクス」『科学』44 巻（1974 年），247-253 頁．
(59) Akiho Miyashiro, "Reorganization of Geological Science and Particularly of Metamorphic Geology by the Advent of Plate Tectonics: A Personal View," *Tectonophysics,* **187**(1991): 51-60. 都城は，日本で PT に理解を示した地質学者の多くは，現在主義的な見方を強調するオランダ学派の影響を強く受けていた，と指摘している．
(60) 市川浩一郎「日本の地質学― 1946 年から 1960 年代末まで」『日本の地質学 100 年』日本地質学会，1993 年，60-62 頁．この中で市川は「〔PT に対する〕地質学界での積極的反応は，少数派を除いては大勢としては 70 年代後半から 80 年代前半であった」と書いている．

(61) 藤井陽一郎「プレートテクトニクスと現代の地球科学」『日本の科学者』7巻（1972年），344頁．
(62) 星野通平「地球の時代区分に関する一つの見解」『そくほう』233号（1971年11月），8頁．
(63) 新堀友行編訳『プレート・テクトニクス批判』（注23），134頁．
(64) 井尻正二「地質学における第一法則と第二法則」『国土と教育』19号（1973年），6-7頁．
(65) 井尻正二「陸と海」『ラメール』17号（1979年），95-96頁．
(66) 藤田至則「プレートテクトニクス問題について」『日本の科学者』15巻（1980年），472-476頁．
(67) 牛来正夫編『地球科学のすすめ』筑摩書房，1970年，294頁．
(68) 黒田吉益「地向斜の火成作用と変成作用」『地団研専報』19号（1975年），233-239頁．
(69) 地団研『みんなで科学を—地団研30年の歩み』大月書店，1978年，150頁．
(70) たとえば，牛来正夫編『地球科学のすすめ』（注67），170頁，ならびに300頁．
(71) 湊正雄「日本列島の地質構造に関する諸問題」『地質学雑誌』77巻（1971年），101-108頁．
(72) 牛来正夫「カルクアルカリマグマのマントル起源説にまつわる二，三の問題」『地質学雑誌』76巻（1970年），529-536頁．
(73) 牛来正夫「大陸移動と火成活動」『地球科学』26巻（1972年），111-119頁．
(74) 藤田は1923年生まれ，東京文理科大学の3年生のときから，井尻正二の研究の手伝いをするようになり，地団研の事務局員も長年つとめた．東京教育大学の助手，助教授，教授をつとめ，東京教育大学の廃止に伴って1977年から新潟大学教授に就任した．グリーンタフ変動の研究で，1973年には日本地質学会賞を受けた．
(75) 藤田至則ら14人「日本の地質構造からみたプレート・テクトニクスをめぐる諸問題」（注22），232-254頁．
(76) 松田時彦「造山帯に関する最近の考え方」『鉱山地質特別号』4号（1971年），19頁．松田は1974年に開かれた地団研主催のシンポジウム「地向斜の諸問題」でも，同様の指摘を行っている．
(77) 堀越叡「プレートテクトニクスについての個人的経験」『月刊地球号外』5号（1992年）によると，この論文は『科学』の44巻（1974年）2号に掲載予定であったが，校正が終わった後ボツになった．戻ってきたゲラ刷りには批判的な書き込みがたくさんあったという（37頁）．
(78) 勘米良亀齢「過去と現在の地向斜堆積体の対応Ｉ」『科学』46巻（1976年），284頁．
(79) 上田誠也「松田さんとプレートテクトニクスと私」『月刊地球号外』5号（1992年），29-34頁．
(80) 八尾昭「本州地向斜から四万十地向斜へ」『地団研専報』19号（1975年），131-141頁．
(81) 猪郷久義「新しい示準化石—コノドント」『地学雑誌』81巻（1972年），142-151頁．
(82) 林信悟「栃木県葛生町のあど山層から産出したコノドントについて」『地球科学』22巻（1968年），63-77頁．
(83) 小池敏夫・渡辺耕造・猪郷久治「日本産三畳紀コノドントによる新知見」『地質学雑誌』76巻（1970年），267-269頁．
(84) 林信悟「鍋山層から産したコノドントについて」『地球科学』25巻（1971年），251-257頁．

(85) コノドント団体研究グループ「本邦の二畳系と三畳系の境界におけるコノドントについて」『地質学雑誌』78巻（1972年），355-368頁.
(86) 小池敏夫・猪郷久義・猪郷久治・木下勤「栃木県葛生地域の二畳系鍋山層と三畳系アド山層の不整合とその地史学的意義」『地質学雑誌』80巻（1974年），293-306頁.
(87) コノドント団体研究グループ「本邦の二畳系と三畳系の境界におけるコノドントについて」『地球科学』28巻（1974年），86-98頁.
(88) 村田正文・杉本幹博「北部北上山地よりトリアス紀後期コノドントの産出（予報）」『地質学雑誌』77巻（1971年），393-394頁. ならびに豊原富士夫「山口県東部・玖珂層群および領家変成岩類の時代について」『地質学雑誌』80巻（1974年），51-53頁. ならびに猪郷久治・小池敏夫「上麻生礫岩の地質時代ならびに美濃山地における三畳紀コノドントの新産出地点」『地質学雑誌』81巻（1975年），197-198頁.
(89) Akira Yao, "Radiolarian Fauna from the Mino Belt in the Northern Part of the Inuyama Area, Central Japan. Part I. Spongosaturnalids," *Journal of Geosciences, Osaka City University,* **15**(1972): 21-64.
(90) 領家研究グループ「領家帯形成史の展望—特に時代論について」『地団研専報』19号（1975年），203-208頁.
(91) 渡辺暉夫・河内洋佑「三波川帯の原岩・構造・変成作用の問題」『地団研専報』19号（1975年），81-88頁.
(92) 湊正雄「花崗礫岩からみた日本の3つの造山運動」『地球科学』46号（1960年），30-37頁.
(93)「北日本中生代以降の造山運動の諸問題」討論会世話人会「日高造山運動研究の現状と課題」『地団研専報』21号（1978年），199-210頁.
(94) 日本の地質「北海道地方」編集委員会『日本の地質1・北海道地方』共立出版，1990年，240-241頁.
(95) 林大五郎「花崗岩質岩の浮きあがり，非圧縮性Newton流体とみなして」『地質学雑誌』81巻（1975年），769-782頁.
(96)「地向斜の諸問題」シンポジウム世話人会「日本における地向斜研究の現状と展望」『地団研専報』19号（1975年），255-262頁. ならびに「北日本中生代以降の造山運動の諸問題」討論会世話人会「日高造山運動研究の現状と課題」（注93），210頁.
(97)「会費納入状況一覧」『そくほう』324号（1980年3月）によると，1980年時点で，大学ごとにつくる班に所属する会員数が最も多いのは北海道大学で90人，次いで京都大学の49人，大阪市立大学の32人，広島大学の30人となっている（3頁）.
(98) 木村学「私の学生時代」『日本地質学会News』2巻2号（1999年），22頁.
(99) 牛来正夫『地球の進化—膨張する地球』大月書店，1978年.
(100) たとえば，藤田至則『日本列島の成立・新版—環太平洋変動』築地書館，1990年.
(101) 志岐常正「地球のテクトニクス研究の現状と方向」『日本の科学者』15巻（1980年），460-468頁.
(102) 桑原徹「科学論からみたプレート論争」『日本の科学者』15巻（1980年），663-667頁.
(103) 木村は1922年生まれ，東京帝国大学を卒業後，東京大学の助手や名古屋大学地球科学科の助教授，東京大学教養学部の助教授をつとめた後，1962年から教授に就任した.
(104) たとえば，木村敏雄「地向斜の概念」（注21）.
(105) たとえば，木村は「日本の構造発達史とプレートテクトニクス説」『地学雑誌』86巻（1977年）で「もはやプレートテクトニクス説の基本は疑い得ない段階に至らしめている. しかし，それは現在の地学的事象を解釈する上で疑い得ないのであって，古い過去の地質学的記録を十分に解釈し得るには至っていない」(54-55頁）などと述べており，PTを適用して過去の地質を解釈しようという態度を批判している．

(106) 木村の教え子たちは一様に，木村が地質調査の指導に厳しかったことを語っている．また，木村の地質調査を重視する姿勢は『日本列島—その形成に至るまで・第3巻(下)』(古今書院，1985年）の「あとがき」の「とにかく私は，明治以来の大勢の地質学者が重いリュックサックを背負って集めたデータを知らないで，あるいは知っていても吟味もしないで，弊履のごとく捨てて顧みない“モデル”作り屋にがまんがならなかったのである」(2098頁）との表現にも表れている．

(107) 木村敏雄「日本列島の構造発達史とプレートテクトニクス説」(注105)，54-67頁．

(108) 木村敏雄『日本列島—その形成に至るまで・第1巻』古今書院，1977年，『日本列島—その形成に至るまで・第2巻（上)』古今書院，1979年，『日本列島—その形成に至るまで・第2巻（下)』古今書院，1980年，『日本列島—その形成に至るまで・第3巻（上)』古今書院，1983年，『日本列島—その形成に至るまで・第3巻（中)』古今書院，1985年，『日本列島—その形成に至るまで・第3巻（下)』古今書院，1985年．

(109) 木村敏雄「序にかえて」『日本列島—その形成に至るまで・第1巻』．

(110) 木村敏雄『日本列島—その形成に至るまで・第3巻（下)』，2097頁．

(111) 木村は2002年に出した著書『日本列島の地殻変動—新しい見方から』愛智出版においても，「日本列島には付加体は存在しない」との見解を堅持している．

(112) たとえば，木村敏雄『日本列島—その形成に至るまで・第2巻（下)』，822-823頁．

(113) たとえば，木村は1993年出版の『日本の地質』(速水格・吉田鎮男と共著）東京大学出版会の「まえがき」で「秩父縁海を中に挟む区域において，2回の大きな地殻変動があったことは，この区域に大洋地殻のもぐり込みが，異なる二つの時代に位置をずらせて起こったとすれば十分に説明される．プレート・テクトニクス説は秋吉・佐川地殻変動説を否定するものとはならないばかりでなく，支持する面がある」などと述べている．

(114)『東京大学理学部便覧』によると，地学科の履修科目にPTが登場するのは1986年版からである．25の選択科目の1つとして，半年間の講義で2単位が与えられた．

(115) 岩石学分野では，久野久，都城秋穂，久城育夫らによって，外国の新しい研究の潮流は，常に紹介された．

# 第7章　「日本列島=付加体」説の形成とプレートテクトニクスの受容

日本の地質学界でPTが受容されたのは，日本列島の地質の大部分が，海溝付近にたまった堆積物が，海洋プレートの沈み込みに伴ってはぎ取られ，陸側のプレートに付け加わった付加体と呼ばれる一連の地層（地質体）で構成されている，という認識が広がった時期とほとんど一致する．本章では，海外で付加体の概念が生まれ，それが日本列島に適用されて，「日本列島＝付加体」説がつくられて，それが受容されるまでの歴史を紹介する．

付加体の概念は後述するように，PTの成立直後に米国で生まれた．日本で付加体の概念を使って日本列島の地質の研究が本格的に始まったのは，1970年代後半からであった．研究着手までに時間を要したのは，前章で述べたように日本の地質学界ではPTに批判的な態度が支配的であったことが，その主な原因であったと考えられる．

当初は付加体の研究に対しても強い異論が出された．「日本列島＝付加体」説が一般的な支持を得るまでには，実証的な研究の積み重ねが必要であった．その結果，付加体の概念は日本で磨き上げられ，日本列島を舞台にした付加体の研究は世界でも類例のないほど精緻なものになった，といわれる(1)．

「日本列島＝付加体」説受容の背景に存在した地質学分野での国際交流の進展についても紹介する．

## 7.1　地質学分野での国際交流の進展

地質学分野での国際交流が盛んになるのは，1970年代に入ってからである．

日本の高度成長も手伝って，各種の国際会議に参加する研究者が増加し，国際共同プロジェクトに加わる研究者も多くなった．1972年にカナダ・モントリオールで開かれた第24回万国地質学会議には日本からも31人が参加し，初めて参加者が30人を超えた(2)．

地球物理学分野では1957-58年の国際地球観測年を契機として国際交流が盛んになったのに比べると，地質学分野の遅れは否定できない．これは第4章で述べたように地団研が「輸入地学との対決」を掲げ，1950年代から60年代にかけては旧ソ連や中国の地質学研究者との交流に力を入れたことが大きく影響している，と考えられる．だが，両国との間では渡航ビザ取得が難しいなどのために，行き来した人の数は限られていた．

地質学分野での国際交流を活発化したのは，1973年からユネスコと国際地質科学連合（IUGS; International Union of Geological Sciences）との共同事業として始まった国際地層対比計画（IGCP; International Geological Correlation Programme）である．この計画は世界各地域の地層とその年代を相互に比較することによって，世界的な標準となる地質年代とその層序を確立することなどを目指して，時代や地質現象，地域ごとに多くの委員会がつくられた．その委員会の多くに日本人研究者も参加したから，この委員会活動を通して世界の著名な地質学者との交流がなされ，最新の知識に触れる機会も多くなった(3)．

また，IUGG（国際測地学・地球物理学連合）とIUGSとの共同で1973年から77年にかけて行われた国際地球内部ダイナミックス計画（GDP; Geodynamics Projects）のシンポジウムなどを通じての国際交流も活況を呈した(4)．

国際交流が最も実り多いものであったと評価されているのは，米国の主導で行われた深海掘削計画に，日本も1975年から参加したことである(5)．深海掘削計画（DSDP）は米国の「グローマー・チャレンジャー号」という深海掘削船を使って，海洋底拡大説の検証と，世界各地で海底の堆積物を採取し，微化石による地層層序を確立することを目指して1968年から始まった．このうち海洋底拡大説を検証するという目標は，ごく短期間で達成されたことは，第1章で述べた．

米国はこの計画に加わるよう，日本や英国，フランス，旧西ドイツ，旧ソ連，カナダに要請した．カナダを除いた5カ国が要請に応え，1975年からは6カ国共同の国際深海掘削計画（IPOD; International Phase of Ocean Drilling）として，再スタートした．日本がこの国際共同事業に加わったことにより，グローマー・チャレンジャー号の世界各地の航海には，日本人研究者も毎回1-5人が乗船し，同船によって採取された海底堆積物の柱状資料を，日本人研究者が研究することも可能になった．IPODは1983年で終了し，1985年からは「ジョイデス・レゾリューション号」を使った新しい国際深海掘削計画（ODP; Ocean Drilling Program）に引き継がれた．

グローマー・チャレンジャー号に乗船して，海外の研究者と共同研究した日本人研究者は，1979年までの4年間だけで大阪大学の小泉格，静岡大学の岡田博有，東京大学海洋研究所の奈須紀幸ら30人以上に達した．また，同船によって採取された資料を研究室で研究するIPOD国内参加研究者は170人を数えた．IPODに参加した研究者の分野別では，地質学分野が3分の2以上を占めている(6)．

こうした世界各地域への航海や共同研究は，日本人研究者の関心を世界に広げるのに役立ち，日本の海洋地質学をグローバルなものへと質的に発展させる大きな原動力になった(7)．さらに日本人地質学者がPTにもとづいて研究を進めている海外の研究者にじかに接したことは，日本でのPTの受容にも大きな影響をもたらした，と推測できる．

また，日仏科学技術協力協定にもとづいて，日仏共同で日本海溝などを調査するKAIKO計画が1984年から2年間行われ，1985年にはフランスの潜水調査船「ノチール」が母船「ナジール号」とともに来日した．日本とフランスの研究者が一緒にノチールに乗り込んで日本海溝や南海トラフに潜り，プレートが沈み込む現場を観察した(8)．

1960年代までは少なかった欧米への留学も1970年代になると盛んになり(9)，後に述べるように，付加体の研究では海外で最新の知識を身につけた留学組が活躍した．1980年代に入ると，日本列島の地質を研究する目的で来日する海外の研究者も増え始めたことも，日本人研究者の大きな刺激になった(10)．

日本の地質学界の国際化が進んだことは，『地質学雑誌』に掲載された論文にもうかがえる．5.4 節に述べたように，1960 年には『地質学雑誌』に掲載された論説 62 篇のうちで引用文献として外国文献をまったく含まないものが 29 篇あった．全引用文献に占める外国文献の割合も 1 割強にすぎなかった．これが 1980 年になると，全論説 39 篇のうち，引用文献に外国文献をまったく含まないものは 6 篇に減少し，全引用文献に占める外国文献の割合は 4 割弱までに増加している．

## 7.2 海外での付加体概念の誕生

PT の考え方の基本になった海洋底拡大説では，中央海嶺で誕生した新しい海底は，マントル対流によって海溝へと運ばれ，そこで沈み込んでゆく．海溝に沈み込んでゆく深海底の上には，移動途中に降り積もった生物の遺骸や大陸から運ばれてきた塵などが堆積している．その堆積物がどうなるかは，当初から考えられるべき課題であった．

海洋底拡大説を唱えた最初の論文で，ヘスは「堆積物は大陸に溶接される」と書き(11)，ディーツも「堆積物は大陸に付け加わり，大陸が安定であることもこれで説明できる」と述べている(12)．だが，海溝まで運ばれた堆積物が本当に大陸に付け加わるのか，この段階では推測の域を出なかった．

推測が正しかったことは，カリブ海のプエルトリコ海溝の西側にあるバルバドス島沖合付近で行われた調査で初めて確かめられた．プエルトリコ海溝には東側から大西洋の海洋底がカリブプレートの下に沈み込んでいる．米国ウッズホール海洋学研究所のチェイス（R. L. Chase）らは 1969 年，エアガンなどから発射された音波（人工地震波）が海底の地層に反射して返ってくる時間の違いを解析する反射法地震波探査によって，堆積物でできたバルバドス海嶺東側の地質構造を描き出した．

すると，東から西側に向かって，瓦を次々に斜めに重ねてゆくような形で，堆積物が次々と付け加わっている様子が見られたのである．このような折り重なった堆積物の形状は，板の上に砂の層を敷いて板を一方向に動かし，障害物で砂層だけをせき止めたときにできる砂層の形状に酷似していた．チェイスらは，堆積物が西側に押し上げられるように変形したのは，大西洋の海底が西側に沈み込んでいるためである，と主張した(13).

海溝側から陸側に押し上げられるように変形した堆積物の存在は，その後米国カリフォルニア北西沖(14) や，中部アリューシャン海溝(15) などでもやはり反射法地震波探査によって確かめられた．もっとも太平洋のペルー・チリ海溝や中米グアテマラ沖，西部アリューシャン海溝など，こうした地質体が発見できないところもあった．

1973年には深海掘削船グローマー・チャレンジャー号が，四国・足摺岬沖約100 kmの南海トラフの陸側斜面で，こうした地質体を600 mあまり掘削した．その結果，こうした地質体は予想通りプレートの沈み込みに伴ってできたものであることが実際に確認された(16)．こうした地質体は当初さまざまな名称で呼ばれたが，その後「付加体」(accretionary prism または accretionary complex）と呼ばれるのが普通になった．

過去に形成された付加体と考えられる地質体が，陸上にも存在することも明らかになった．米国カリフォルニア州の西海岸には中生代のフランシスカン層群と呼ばれる複雑な地質体が分布する．この地質体の実態が今でいう付加体であることを最初に指摘したのは，米国地質調査所のハミルトンが1969年に発表した論文である(17).

フランシスカン層群は砂岩，泥岩，火山岩，チャート，多色頁岩などで構成される．化石をほとんど含まず，破砕された泥岩の基質の中に砂岩，火山岩，チャートなどの大小のブロックが雑然と混在しているのが特徴である(18)．フランシスカン層群の成因についてはさまざまな議論があり，チューリヒ工科大学のシュー（K. J. Hsü）は，フランシスカン層群はいくつかの地層が強力な力を受けて混じり合ったメランジュ（混在岩）であるとの論文を1969年に発表した(19)．シューは，フランシスカン層群のメランジュは，大きな土砂崩れ（重力すべり）が原因ではないか，とこの時には述べている．

一方，ハミルトンは，火山岩は中央海嶺付近で発見される枕状溶岩などの玄武岩であり，チャートと多色頁岩は現在の遠洋性の深海泥とそっくりで，現在の海溝堆積物に一致する，と指摘した．こうした海洋底物質や遠洋性堆積物は，移動する海洋プレートに乗って海溝まで運ばれてくると，そこで砂岩や泥岩を中心とした近海性の砕屑堆積物で覆われる．こうしてできた複合物は，海洋プレートが沈み込むのに際して，海洋底物質の一部を含めてはぎ取られ，大陸斜面堆積物の下に付け加わる．この際，堆積物は構造的な大きな変形を受け，また一部分は相当深くまで運び込まれ，高圧の変成作用を受けた．このようにしてジュラ紀後期から白亜紀後期にかけて形成されたのが，フランシスカン層群である，とハミルトンは主張した．

この論文でハミルトンは，プレートの沈み込みによって三畳紀以前の海洋底は地球上に存在しないが，昔大陸に付け加わった付加体を研究すれば，昔の海洋底についての情報が得られるに違いない，との卓見を披露している．

一方，その後 PT に「改宗」したシューも 1971 年には，カリフォルニア西部の中生代初期から白亜紀までの地史を，プレートの沈み込みと衝突によって説明する論文を発表した(20)．そして，シューもメランジュや高圧型の変成作用はプレートの沈み込みによって起きたものであると認めた．

テキサス大学のマックスウェル（J. C. Maxwell）は，フランシスカン層群やそれに隣接する地層は，西にいくほど時代が若くなっていることを明らかにすると同時に，フランシスカン層群のメランジュはプレートの沈み込みに伴うものであることを認める論文を発表した．そして，メランジュのできる具体的な成因として，いったん地下深く引きずり込まれた海洋底の堆積物と海洋地殻の一部が，海溝にたまった乱泥流堆積物中を上昇してくるメカニズムを強調した(21)．

ハミルトンとシュー，マックスウェルの論文ではともに，フランシスカン層群の形成の仕組みを説明する際に，「付加（accretion）」という言葉が使われている．またシューらの論文によって，付加体の 1 つの特徴を表す「メランジュ」という言葉も有名になった(22)．

その後，アラスカ半島の付け根付近に長さ 1700 km にわたって存在するコディアック層やアラスカ南部も付加体であることが，地質調査の結果によって確認された(23)．

このように海外では，海溝の陸側斜面ではプレートの沈み込みによって付加体が生じており，過去の付加体と見られる地質体が陸上にも存在することが，PT の成立の直後から認識され，付加体に着目した研究も比較的早い時期に始まっていたのである．

## 7.3 日本列島への付加体概念の適用

前章で述べたように，日本でも 1960 年代末から 1970 年代前半にかけて，海洋底拡大説や PT の枠組みを使って日本列島の地質を再解釈したり，日本列島の成り立ちを論じたりする論文が，相次いで発表された．

しかしながら，こうした初期の議論の中では，海外ですでに存在した付加体の萌芽的概念はあまり注目されなかった．上述したハミルトンやシューなどの論文が参考文献として掲げられているのは，約 1 億 5000 万年前以降の日本列島の形成を，海洋プレートや海嶺の沈み込みや，プレートの運動方向の変化に関連付けて議論した上田誠也と都城秋穂共著の 1974 年の "Plate Tectonics and the Japanese Islands" くらいである(24)．これは，PT にもとづいて日本列島論を論じた初期の研究者の多くは，専門分野が第四紀の地質や岩石学であったために，古い時代の地質については「地向斜造山論」のもとで集められた既存のデータを，そのまま使ったからだと考えられる．四万十帯の形成もプレートの沈み込みに関係しているのではないかと言及されたことはあったが，推測の域を出なかった(25)．

付加体の概念は，PT というパラダイムのもとで誕生した新しい概念である．「地向斜造山論」のもとで集められた既存のデータからは，付加体は見えてこない．付加体であることを説得力をもって示すためには，フランシスカン層群などで行われたように，新しい概念枠組みの下で現地調査をやり直す必要があったのである．

日本列島の地質構造の細部を付加体概念を使って最初に説明しようと試みたのは，九州大学の勘米良亀齢である．

南西諸島から西南日本の太平洋岸，さらに関東地方にかけて四万十帯と呼ばれる地層が長さ約 1300 km，幅最大 100 km にわたって分布する．砂岩と泥岩の互層を主体とする地層であるが，ところどころに緑色岩（枕状溶岩などの玄武岩が緑色に変質した岩）やチャート，多色頁岩，石灰岩などが混在した層（メランジュ層）が挟まっている．ごくまれに見付かるアンモナイトや貝などの化石から，白亜紀にできた北帯と，新生代になってからできた南帯に大きく分けられ，1970年代までは，いずれも典型的な地向斜にたまった厚い堆積層だと考えられてきた(26).

宮崎県北部の四万十帯を調査した勘米良らは，諸塚帯と呼ばれる地層が，泥質岩を主とし枕状溶岩やチャートを伴う地層（下部層）と，砂岩と泥岩の厚い互層（上部層）の2つに分けられることに着目した．1975年に発表した論文の中で勘米良らは，厚さ約10 km以上もある諸塚層は，これら2つの層が北傾斜の逆断層によって3回以上も瓦を斜めに重ねるようにして繰り返しており，実際の層の厚さは3分の1以下しかなく，こうした地層の配列様式は，南海トラフの陸側斜面で見られるものと酷似している，と指摘した(27)．その上で，このような地質体は地向斜の海で徐々に堆積した一連成層の地層とは考えられず，プレートの沈み込みに伴って陸側斜面に次々に押し込まれた海溝堆積物（海溝まで運ばれてきた海洋底堆積物＋陸側から流れ込んだ堆積物）であると主張した.

勘米良らは，この論文の中では付加体という言葉は使っていない．しかし，勘米良が提出した海溝系の陸側斜面の地質構造断面モデル（**図7-1**）には，プレートの沈み込みに伴って付加体が成長していく図が描かれている．勘米良らは同じ趣旨の発表を1975年の日本地質学会学術大会でも行っている(28).

勘米良は1976年，雑誌『科学』に発表した論文の中で，初めて「四万十帯＝付加体」説を打ち出した．論文で勘米良は，世界各地の海溝の調査によって，海溝堆積物が陸側斜面に次々に押し込まれた付加体と考えられる堆積体が見付かっていること，同様の堆積体は陸上でも見付かり，フランシスカン層群がその典型例として考えられていることなど，海外での最新の研究成果を紹介した．そして，慎重な表現ながらも，海洋プレートが沈み込む太平洋周縁の島弧などでは付加体の形成が期待され，日本列島では四万十帯がそれにあたる，と述べた．この論文の引用文献には，前述のハミルトンやシューの論文があげられている(29).

勘米良はこの論文で“accretionary prism”に初めて「付加体」の訳語をあてた．当時の英和辞典の“accrete”の項には，「固着」「付着」などの訳語があるだけで「付加」はなく，「付加」は勘米良の苦心の訳であった(30)．以

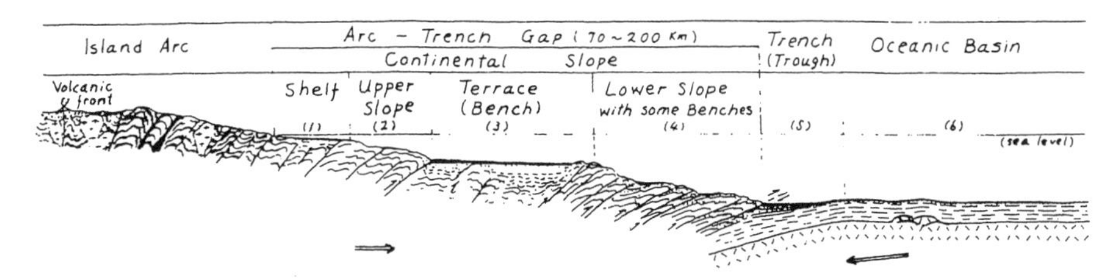


**図 7-1** 勘米良らが描いた海溝系の陸側斜面の地質構造断面モデル
(勘米良亀齢・坂井卓「四万十帯北帯の形成場は現在の海底ではどのような所に対応するのか」『GDP 連絡紙Ⅱ-1(1) 構造地質』3 号（1975 年），62 頁より)

来この訳語が定着する．

こうした勘米良の見解には，当初は研究者の間では反対が強かった．勘米良は 1987 年に出版された退官記念論文集で「この見解には反論が相次ぎました．ただ一人，平朝彦さんが評価してくれただけで，他は全部反対でした．特に黒潮古陸を主張されていた京都大学関係のグループや木村敏雄先生門下の東京大学の方々は“全然話にならない”“すぐに外国の考えに飛びつく”〔中略〕というわけです」と思い出を語っている(31)．

しかしながら 1979 年になると，他の研究グループからも「四万十帯＝付加体」説を支持する研究結果が発表されるようになる．

1つは，『地質学雑誌』の同年 7 月号に発表された高知大学の波田重熙と鈴木堯士の英文の論文である(32)．波田らが研究対象に選んだのは，四国の四万十帯の中に分布する須崎層であった．須崎層は，①砂混じりの泥岩の中に，激しい変形を受けた緑色岩やチャートなどが乱雑に混じりあったメランジュ（混在岩）の層と，②乱泥流堆積物と考えられる砂岩・泥岩の互層，の 2 層からなる．それまでは，地向斜の堆積物と考えられてきた．

ところが，波田らが調べたところでは，①層の緑色岩の多くは玄武岩で，ハワイなどの海底火山のものに似ていた．また，①層の砂岩の粒子は丸くて粒が揃っているのに対し，②の層の砂岩の粒子は不揃いで角張り，花崗岩が含まれている．したがって，2 つの層はまったく違う堆積環境でできたと考えられる，とした．波田らは，メランジュ層は大洋底堆積物が海溝まで運ばれて，そこで次々に陸側斜面に押し込まれてできた付加体で，②層はその上にのった乱泥流の堆積物である，と主張した．

同じ号には，「四万十帯＝付加体」説を提唱した勘米良ら九州大学を中心とした研究グループの論文3篇も掲載されている．この中で，佐野弘好らは四万十帯のチャートの成因は，海底の火山活動と関連して放散虫が大量発生・死滅したものと考えられるとした(33)．また，土谷信之らは，四万十帯の緑色岩の外見や性状は，ハワイのような火山島や海山のものに似ていると主張した(34)．四万十帯に含まれる緑色岩の化学成分の分析をした杉崎隆一らは，海洋底の玄武岩に類似しているなどとした(35)．

続いて，四国の四万十帯を幅広く調査した高知大学の平朝彦・甲藤次郎らのグループも「四万十帯＝付加体」説を支持する研究結果を相次いで発表した．1979年10月に秋田大学で開かれた日本地質学会学術大会で平たちは，四万十帯は，①プレートの沈み込みによってはぎ取られた海洋底堆積物（緑色岩，チャートなど）からなる付加体，②海溝で生じた海底地すべり堆積物（オリストストローム），③前弧海盆に堆積した乱泥流堆積物，で構成されると考えられる，と発表した(36)．

平たちの四万十帯についての詳細な論文は，1980年になって発表される(37)．それによると，四万十帯のあちこちには，メランジュが縞状に分布している．このメランジュは，主として陸源性の砂や泥，酸性の火山灰からなる時代の若い基質の中に，より時代の古い緑色岩，チャート，多色頁岩などが外来性のブロックとして取り込まれている．このうち，緑色岩は海洋地殻あるいは海山の「かけら」，チャートは遠洋性堆積物の「きれはし」であり，多色頁岩は半遠洋性の堆積物である．また，高知市近郊の手結住吉メランジュに含まれていた枕状溶岩ができた時代の古地磁気を調べると，枕状溶岩は赤道近くの低緯度で形成されたものであることがわかった．これらの事実から論文は，メランジュはプレートの沈み込みによってできた可能性が高い，と結論している．

波田はカナダ地質調査所，平はテキサス大学での留学から帰ってきた直後であった．波田や平たちの論文には，勘米良の前述の2つの論文が参考文献としてあげられていたが，勘米良らがプレートの沈みこみに伴って陸側に付け加わる堆積物全体（海洋底堆積物＋陸源の主として乱泥流堆積物）を付加体と呼んだのに対し，波田や平らはメランジュ部分だけを付加体と呼んだ．

こうした混乱は1980年代半ばには落ち着き，陸側に付け加わる堆積物全体が付加体と呼ばれるようになる．

「四万十帯＝付加体」説の決定的な証拠は，1982年になって示された．この年，新潟大学で開かれた日本地質学会の学術大会で「四万十帯の形成過程」をテーマに討論会が行われた．その席で，高知大学の研究グループの岡村真らが，新しく開発された放散虫という微化石を使った年代推定法（次節で詳述）を使って手結住吉メランジュの中にブロック状に含まれる各岩の年代を調べた結果を発表し，緑色岩，チャート，多色頁岩，それを取り囲む砂岩の順に，できた年代が若くなっていることを明らかにしたのである(38)．

中央海嶺でつくられた海洋プレートの上には，最初は枕状溶岩などが乗っている．その上に珪質や石灰質の殻を持ったプランクトンの死骸や，大陸から風に乗って運ばれてきた塵が降り積もり，チャートや多色頁岩などになる．プレートが大陸に近づくと，その上に火山灰や乱泥流堆積物が覆う（**図7-2**参照）．このようにしてできた堆積物の積み重なりは，海洋プレート層序と呼ばれる．

岡村らは，手結住吉メランジュから四万十帯ができた時代に沈み込んだ海洋プレート層序を復元した．それによると，緑色岩の玄武岩が噴出した年代は約1億3000万年前，チャートが堆積したのは約1億2800万-9000万年前，

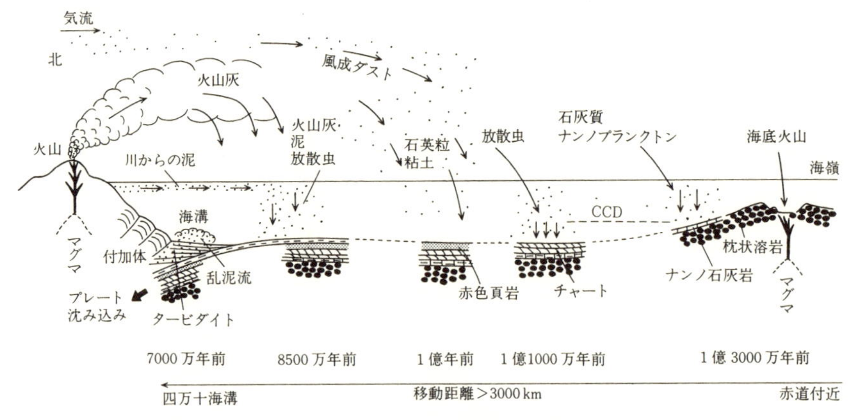


**図7-2**　プレートの移動に伴って海底にたまる堆積物
（平朝彦『日本列島の誕生』岩波書店，1990年，63頁より）

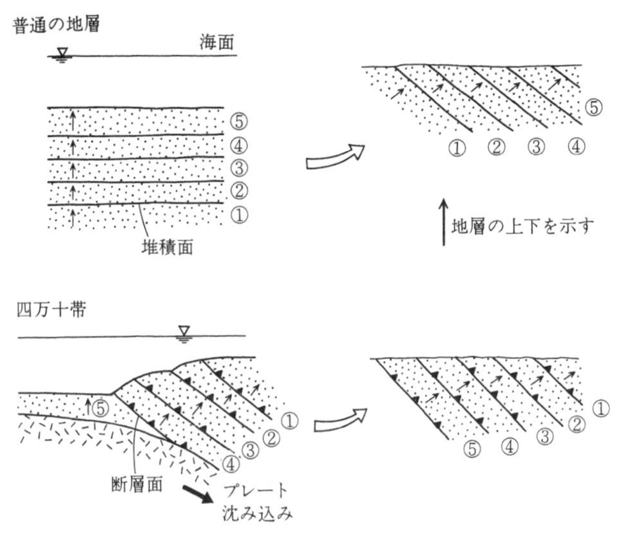


**図 7-3**　普通の地層と四万十帯での地層の年代を示す模式図
（平朝彦『日本列島の誕生』岩波書店，1990 年 56 頁より）

多色頁岩は約 9000 万-8000 万年前，これらの混在岩を取り囲んでいる泥岩は約 8000 万-7000 万年前の堆積物である．すなわち，中央海嶺で約 1 億 3000 万年前に誕生した海洋底が，その上に堆積物を降り積もらせながら約 5000 万年かかかって海溝まで移動してゆく．海溝手前で海底地すべりが起きて海洋プレート層序が崩壊し，陸源性の堆積物の中に崩れ落ちる．この混合崩壊物がプレートの沈み込みに伴って，強いせん断変形を受けながら深くに引きずり込まれ，メランジュを形成したと考えれば，こうした年代の違いがよく説明できるのである．

このように堆積環境や堆積年代が違う堆積物が混在し，しかも地層の下にいくほど全体的に年代が新しくなる地層ができる仕組みを，地向斜内での堆積によって説明するのは，ほとんど不可能に近い（**図 7-3** 参照）．また厚さ数十 km もある地層の堆積を地向斜の沈降に求めるのも難しかったが，厚い堆積物が形成される仕組みもまた「付加」によって無理なく説明できた．放散虫化石による年代決定によって，「四万十体＝付加体説」は，揺るぎない経験的基礎を固めたのであった．

勘米良亀齢や平朝彦らは，日本の地質や付加体の形成を論じた論文の中で「斉一観に立てば」「斉一説の立場に立てば」などという表現をしばしば使っている(39)．彼らもまた現在主義の研究伝統に属していたといえよう．

勘米良や平は，「四万十帯＝付加体」説を支持する証拠を積み上げると同時に，四万十帯以外の日本の地質体の多くも，ジュラ紀以降のプレートの沈み込みに伴う付加によってできたものである，と主張した．勘米良は「〔日本列島が複雑な地質を持つに至ったのは〕古生代までさかのぼって，大陸と大洋との境界地帯に位置し，両プレートの相互作用による堆積・造構史をたどったことに起因していると考えられる．その枠組みの主体は，海洋性地殻を含む付加堆積体，島弧系火成活動の産物および外来陸塊の接合体であり，それらを覆う表層堆積が複合している」と述べ，付加体や島弧が次々に付け加わることで日本列島ができたとする日本列島構造発達史の概要を描いた(40)．

平も「従来本州地向斜とされていた地帯も，四万十帯同様，砂岩や頁岩の海溝堆積物中に，プレート運動によってもたらされた古い時代の海洋底起源の火山岩や堆積岩が混在していると考えられる」と述べ，日本列島の大部分はジュラ紀以降のプレートの沈み込みによってできた付加体である，との見解を表明した．そしてプレートの斜め沈み込みによって横ずれ断層が発達することに着目して，こうしてできた横ずれ断層の運動によって形成された付加体が再配列して日本列島が形成された，と考えた(41)．

しかし，その時点ではこうした見解を支持するデータが十分に整っていたわけではない．四万十帯以外の地質体の多くも付加体であることを決定的にしたのは，放散虫化石の研究であった．

## 7.4 放散虫化石と「日本列島＝付加体」説の形成

放散虫化石が一般的になる前に使われたのが，前章で紹介したコノドントである．そこで述べたように，日本列島の古生代にできたと考えられてきた地層から，三畳紀のコノドント化石が見付かったとの報告は，1960 年代からあったが，その発見が急増したのは，1970 年代後半になってからである(42)．それには，大阪市立大学の大学院生であった松田哲夫の貢献が大きかった．

松田と彼の共同研究者は1975年に，それまで古生代にできたと考えられた丹波帯から三畳紀のコノドント化石の発見を報告したのを皮きりに(43)，80年までに，やはり古生代にできたと考えられていた秩父帯，三波川帯，美濃帯でも三畳紀のコノドントを相次いで見付けた(44)．松田らが調査した地層からは，同時に石炭紀やペルム紀のコノドント化石や紡錘虫化石も見付かった．また，白亜紀にできたと考えられていた四国の四万十帯では，それより2時代古い三畳紀のコノドント化石も見付かった．

地団研が出版した*Japanese Islands*では，丹波帯，美濃帯，秩父帯，三波川帯などは，古生代の本州地向斜で堆積した地層とされていた．これらの地質体で見付かる主に石灰岩中の紡錘虫の化石が石炭紀やペルム紀のものであることが，その根拠になっていた．

これまで古生代と考えられていた地層から中生代の化石が見付かる．逆に比較的新しい時代と考えられていた地層から古い時代の化石が見付かる．しかも古い時代の化石と新しい時代の化石が同じ地層の中に同居する．「それまでの日本列島の中・古生代地史のとらえ方（地向斜・造山論）に対して重大な問題が指摘され，抜き差しならない状況になりつつあった」と，やはり大阪市立大学で研究していた八尾昭は，当時の状況をこのように回顧している(45)．地向斜で形成されたと考えられてきたこれらの地層の形成の仕方と，その形成年代の再検討が迫られたのである．

こうした事実をどう解釈すべきなのか．松田との共同研究者でやはり大阪市立大学の大学院生だった磯崎行雄は1980年に発表した論文で，美濃・丹波帯から三畳紀末期のコノドントとともにジュラ紀の放散虫を見付けた事実をあげ，「従来，一連整合の連続的な地向斜の堆積物とされてきたが，堆積物の二次的な混合やスライスなど，何度かの地層の再配置によって形成された」と述べている(46)．

コノドントは三畳紀を最後に絶滅したために，それ以降の時代の地層からは見付からない．このため，三畳紀以降のジュラ紀や白亜紀までも調べられる微化石として日本でも脚光を浴びたのが，世界で研究が盛んになっていた放散虫であった．

**図 7-4**　ジュラ紀の放散虫化石

（松岡篤，"Middle and Late Jurassic Radiolarian Biostratigraphy in the Sakawa and Adjacent Areas," *Journal of Geoscience, Osaka City University,* **26**（1983），p. 37 より）

放散虫は，直径 0.2 mm 程度の外洋性浮遊プランクトンの 1 種である（**図 7-4** 参照）．珪質の殻を持つため，化石として保存されやすい．古生代から現世まで，すべての地質時代に生きており，広い地域からその化石が産出することから，標準的な年代を推定する示準化石としての価値は高い．しかし，ごく微小なこの化石を，硬い岩石から個体として分離・抽出して，同定するのは難しく，1970 年代初めまでは放散虫化石はほとんど使われていなかった(47)．

放散虫研究が世界的に盛んになったきっかけは，1968 年から始まった

DSDPである．計画の一つとして，世界各地の深海底の堆積物が集められ，その中に含まれる放散虫の化石が，時代によってどう進化したか，種類がどう変わったかが詳しく調べられた結果，示準化石として使えるようになった．

また，この頃に弗酸溶液を使って硬い岩石から放散虫化石を取り出す方法が確立された．放散虫の同定に必要な高精度の走査型電子顕微鏡が普及し始めたことも，研究にはずみをつけた(48)．

日本での放散虫化石の研究を盛んにしたのは，大阪大学の中世古幸次郎である．四万十帯の放散虫の研究に最初に着手したのも中世古である(49)．中世古は高知大学の平朝彦たちと共同で，四国の秩父帯についても調査し，1979年に放散虫化石の詳しい解析結果を発表した．それによると，調査した高知県の秩父帯は，砂岩と泥岩の互層と，石灰岩や玄武岩を含むチャート層が交互に繰り返しているが，チャート層からは三畳紀後期の放散虫が見付かったのに対し，砂岩と泥岩の互層ではジュラ紀中期～早期の放散虫が見付かった．サンドイッチ状になっている2つの地層の時代には著しい時代の相違があるのである．「〔この事実は〕西南日本の地史解明上の幾つかの基本的な示唆を含んでいる」と中世古はこの論文で述べている(50)．

これをきっかけに放散虫化石の研究がブームになり，1981年に大阪で開かれた「第1回放散虫研究会」には，約120人の研究者が参加した(51)．中世古はこの研究会開催のために，参加者の一部の旅費を補助するなど少なからぬ私費を投じたといわれる．

1970年代末から1980年代初めにかけ放散虫化石の研究の主な舞台になったのは，西南日本の美濃帯，丹波帯，秩父帯，三波川帯であった．多くの研究者が放散虫化石とコノドント化石を調べた結果，かつては古生代にできたと考えられていた美濃帯，丹波帯，秩父帯では，調査地点にかかわらず，どこでも三畳紀やそれよりも若いジュラ紀の放散虫が発見された(52)．

たとえば美濃帯では，緑色岩の年代はペルム紀，チャートは三畳紀，頁岩はジュラ紀のものと同定された(53)．緑色岩の古地磁気を調べたところ，これらの緑色岩は赤道近くで噴出して磁化したものであることもわかった(54)．

四国の四万十帯の北側に接する秩父帯でも，年代の古い順から層状珪質粘土岩層，チャート層，珪質泥岩層，粗粒砕屑岩層を1つの単位とする地層が何回も繰り返して見られ，しかも北から南にかけて系統的に年代が新しくなっていることが報告された(55)．

また，美濃・丹波帯よりも時代が古いと考えられていた秋吉帯では，ペルム紀の放散虫化石が見付かり，ペルム紀から三畳紀初めにかけてできた地質体であることも明らかになった．これらの地質体に見られる石炭紀やペルム紀の石灰岩やチャートなどは，ブロック状に取り込まれたメランジュであること，緑色岩やチャート，石灰岩を含むメランジュ層と砂岩・泥岩の互層がサンドイッチのように繰り返し，全体として下部にいくほど年代的に若くなることが明らかになった(56)．

こうした特徴は四万十帯での発見と共通しており，これらの地質体もプレートの沈み込みに伴ってできた昔の付加体である，との認識が広がった．兵庫教育大学の小澤智生らは1985年に発表した論文で，こうした研究結果をもとに，西南日本の美濃・丹波帯，領家帯，三波川帯，秩父帯などは，いずれもジュラ紀から白亜紀にかけて形成された付加体であると述べた(57)．

1986年には，別の研究グループによって，関東山地の秩父帯もジュラ紀の付加体であること(58)，北海道の西部でも，やはり白亜紀の付加体が存在すること(59) がそれぞれ発表された．1987年には北部北上帯も三畳紀からジュラ紀にかけての付加体であるとする研究が発表された(60)．

1980年代後半には，新しい放射年代測定の技術が開発され，変成作用を受けているために，放散虫化石を取り出すのが難しかった変成岩の変成年代を測定することも可能になった．これを使って，これまでよくわからなかったさまざまな地質体の形成時期や，その細部構造も調べることが可能になった．これによって，三波川変成帯は元は白亜紀の付加体，三郡変成帯はペルム紀の付加体で，海溝部で20–30 kmの深部に引きずり込まれて，そこで変成作用を受けた後，それぞれ約2000万年かかって上昇してきたものであることが解明された．変成帯の上昇には海嶺の沈み込みが関係していた，と考えられる(61)．

このようにして，1990年代初めまでには，日本列島の大部分はアジア大陸の縁辺に次々に付け加わった付加体と，プレートの沈み込みによって生じた火成岩（主に花崗岩）でできており，約2000万年前に日本海が誕生して大陸から切り離され，現在の日本列島ができたとする歴史が描かれるようになった．日本列島は4億年前以降，約1億年ごとに海嶺の沈み込みを受け，それに伴って大規模な変動があった，と考えられている(62)．新しい歴史像は，これまでの *Japanese Islands* や「佐川造山輪廻」説などとは根本的に異なるもので，地質学界では「放散虫革命」などと呼ばれることも多い．

## 7.5「日本列島＝付加体」説への反対

「日本列島＝付加体」説に対する反対も少なくなかった．初期に最も反対が強かったのは，前章で述べたように，プレート運動が過去の地質時代にも存在したと仮定して，それを古生代や中生代の日本列島の地質に適用する点であった．PT は現在の地球上で生じるさまざまな現象をうまく説明できることは認めたとしても，それが過去どのくらいまでさかのぼって存在したかについては，明らかになってはいないのではないかという反対である(63)．このような反対があったからこそ，付加体概念を日本列島に適用する研究の着手にも時間を要したのである．

だが，こうした概念的な反対は，PT の目で見た日本列島の地質の観察が進み，その多くが付加体であると解釈される証拠が積み上げられていくに従って，次第に説得力を失っていった．そして，「日本列島＝付加体」説への反対は，経験的な事実にもとづいて行われるようになった．その反対のほとんどは，従来の「四万十帯＝地向斜堆積体」説に立つ研究者からのものであった．中でも，黒潮古陸（後述）の存在を主張する京都大学を中心とした研究グループと，1970年代初めから「プレートテクトニクス説の基本は正しい．しかし，日本列島の地質形成にはプレートの沈み込みは影響しなかった」と実質的に PT に反対し続けた木村敏雄(64) を中心とする東京大学の研究グループがその双璧だった．

黒潮古陸というのは，かつて日本列島の南方に存在したとされた幻の大陸である．地団研の紀州四万十帯団体研究グループによって1960年代末から唱えられるようになった．同団研は，京都大学の地質学鉱物学教室の民主化運動の中から出発し，京都大学の大学院生らを中心にして，紀伊半島南部に分布する四万十帯の調査を1959年から始めた(65).

この調査によって，四万十帯の一部を構成する牟婁(むろ)層群でオーソコーツァイトと呼ばれる岩の礫が多数存在するのが発見された．オーソコーツァイトは，大陸の花崗岩や片麻岩などが風化してできた砂が堆積してできた砂岩の一種で，石英が95%以上を占める．大陸で形成されたと考えられ，それまでは日本列島では見付かっていなかった．また，地層をつくる堆積物がどの方向から流されてきたかを調べたところ，南から供給されてきたと考えられるものが少なからずあることがわかった．

こうした結果から，同団研では新生代初めには現在の南海トラフ付近に，幅が日本列島程度で長さ1500 kmにわたる大陸性の陸地が存在したと推定し，この陸地を黒潮古陸と名付けた(66)．そして，四万十地向斜はアジア大陸と黒潮古陸の間に存在した地向斜であり，四万十地向斜の堆積物は日本列島（当時は大陸の一部であった）と黒潮古陸の両方から供給された浅海性の堆積物だと主張した．そして，「チャートや緑色岩は，明らかに浅海成である堆積物中に整合的にはさまれている例が数多く認められる」などとして「四万十帯＝付加体」説に反対した(67).

一方，東京大学グループが「四万十帯＝付加体」説に反対する理由としてあげたのは，①海溝まで運ばれてきた海洋底堆積物は全部，海洋底とともに沈み込んでいくので，付加体は形成され得ない，②大きく見れば四万十帯は順序良くつながった一連成層の地層と見なすことができる，③四万十帯のところどころで，浅い海にすむ二枚貝やアンモナイトの化石が発見され，これは海溝のような深海で堆積したものでないことを示す，④宇和島層群のように明らかに浅い海で堆積した地層も四万十帯の一部をなしている，などであった(68).

①は，東北日本沖の日本海溝など多くの海溝では，海洋底堆積物は海溝の中にすべて沈み込んでいるらしく，付加体は形成されていないことを根拠にしている．②には，メランジュ層と砂岩・泥岩の互層の2つの堆積環境が仮に違うと認めたとしても，時代によって堆積環境がそのように周期的に変化したとも解釈できる，あるいは褶曲作用によって同じ地層が何枚にも折り畳まれたとも解釈できる，という主張が含まれている.

これに対して「四万十帯＝付加体」説を唱える研究グループ側から正面切っての反論は出されていない．しかし，彼らの論文を読むと，①については，陸側からの砕屑物の供給の少ないところでは，海洋底堆積物は海溝に沈み込むが，陸側からの砕屑物の供給が多いところでは付加体が形成される，と理解されていたようである．③については，浅い海の化石がたまに見付かるのは，海底地すべりなどで陸棚などの堆積物が海溝付近までたまたま運ばれたことを示している，と考えられていた．④については，付加体が形成された後で，その上に新たな大陸性の堆積層ができることは不思議なことではなかった．

四万十帯に含まれる砂岩の組成や酸性凝灰岩の組成を調べたところ，それらは大部分が陸側起源と考えられるとして，付加体説を否定する論文も発表された(69)．しかし，付加体説でも，海溝堆積物の主体は陸側からやってくる砕屑物であることを認めているので，これは反論といえないかも知れない．

ところが，高知大学研究グループによって，四万十帯に含まれる緑色岩，チャート，多色頁岩，砂岩・泥岩などの年代が違い，緑色岩，チャート，多色頁岩，砂岩・泥岩と海洋プレート層序が上部にいくほど全体として年代が若くなっている事実が示されると，以上のような点を論拠とする反対論は強く主張されなくなった．反対論が前提とする「四万十帯＝地向斜堆積体」説では，そうした年代の違いを説明するのが困難だったからである．

代わって強く主張されるようになったのが，チャートは遠洋の海で堆積したのではなく，大陸近くの浅い海で堆積したものであるという反論である．四万十帯，美濃・丹波帯など日本列島の地質体に存在するチャートは，珪質の殻を持つ放散虫や珪藻などの浮遊生物の遺骸などが海底に降り積もってできたものである．チャートが近海起源なら，付加体説には矛盾が生じる．

「チャート＝浅海生成」説が最初に発表されたのは1977年である．神戸大学の清水洋らは，DSDPで海洋底から採取されたチャートとそこから分離した放散虫化石，岐阜県の美濃帯のチャートについて，それぞれその中に含まれる希元素を分析して比較した．

その結果，深海底のチャートや放散虫化石では，他の希元素の含有量に比べ相対的にセリウムの含有量が少ないという異常を示したのに対し，美濃帯のチャートではセリウムのこうした異常は見られなかった．浅い海でできたチャートでも，こうした異常は見られず，このことは美濃帯のチャートが浅い海でできたことを示唆する，と清水らは主張した(70)．

また，名古屋大学の杉崎隆一らも美濃帯のチャートの化学組成を分析し，それを大陸からさまざまな距離だけ離れた現在の海底堆積物のそれと比較した．それらの間で，アルミや鉄などの元素の相対的な含有量は大きな違いはなかったが，マンガンの相対的な含有量には差が見られた．大陸棚域や縁海域の堆積物ではマンガンが少ないのに対し，海溝域や遠洋域の堆積物では多く，美濃帯のチャートのマンガンは，大陸棚域の堆積物に近かった．これを根拠に杉崎らは「チャートは比較的近海域で生成したとの説を支持するものである」と結論した(71)．

東京大学の飯島東らや木村敏雄のグループも，同じような化学組成の分析結果などをもとに「チャート＝浅海生成」説を主張し続けた(72)．

「チャート＝浅海生成」説には反論が行われた．最も強く主張されたのは，松田哲夫らが発表したチャートの堆積速度の見積もり結果を根拠にするものである．松田らは三畳期からジュラ紀にかけて堆積した美濃帯や丹波帯のチャート層に含まれる放散虫やコノドント化石の年代を細かく調べ，厚さ30 m のチャートができるのに，1000 万-2000 万年かかったことを突き止めた．この結果から推定されるチャートの堆積速度は 1000 年間で数 mm で，日本海などの縁海域の堆積速度の 10 分の 1 以下であった．この堆積速度からすると，チャートは遠洋域で堆積したとしか考えられない(73)．

また，美濃帯などのチャートにマンガンが少ないのは，もともとマンガンが少ないのではなく，再結晶する過程などでマンガンが移動・再分配した結果と考えられ，続成過程を考慮する必要がある，との反論も行われた(74)．

現在では，遠洋域の堆積物ほど必ずしもマンガンが多いというわけではなく，マンガンの多少は，堆積した場所や岩石化する段階での酸化・還元状態の違いを反映している可能性が高い，とされている．セリウム異常についても，同様に堆積した後の酸化・還元状態の違いによって生じるようで，化学組成の違いだけで堆積環境を推定するのは難しいことがわかっている(75)．

「日本列島＝付加体」説へのもう 1 つの大きな疑問は，西南日本ではほぼ同じ時期にできたと考えられる付加体が，並列・重複して存在するという点である．アジア大陸の東縁で次々に付加体が付け加わり，日本列島のもとになったとすると，形成された付加体は北から南に（あるいは西から東へと）時代が若くなっているはずである．

ところが，西南日本を見ると，ジュラ紀にできたと考えられる美濃・丹波帯と秩父北帯，さらにその南側に黒瀬川帯をはさんで秩父南帯の3つが，並行・重複して東西に走っている．これは単純な付加体説では説明がつかない．

このような帯状配置を説明するための考え方としては，大きく分けて2つがある(76)．1つは，大規模な水平移動を考えるものである．秩父北帯，秩父南帯などは美濃・丹波帯とはそれぞれ違う場所で形成された付加体であり，ジュラ紀末から白亜紀初めに起きた大きな横ずれ運動によって，西側から1000 km 程度も移動してきて，美濃・丹波帯などの外側に付け加わったという仮説である．この仮説では，中央構造線などはこの時動いた横ずれ断層の1つとなる．四万十帯は大規模なこの水平移動が終わってから形成された付加体と考える(77)．

もう1つは，付加体が形成された後の侵食などを考慮する．これらの付加体は北から南に，そして下に下にと順次付け加わったものであるが，その後褶曲をうけ，上部から侵食された，現在見られる地層はその侵食を免れた部分が地表に露出しているにすぎない，という考え方である(78)．「ナップ説」と呼ばれる．ナップ説によれば，美濃・丹波帯や秩父帯は同じ沈み込み帯で形成された付加体であり，新しい地質体の中に存在する黒瀬川帯などの古い地質体は，侵食を免れて残ったものである，ということになる．これによれば，大規模な横ずれ運動を考えなくても，複雑な地質体の配置が無理なく説明できる．最近の研究では，「ナップ説」を支持する証拠が続々と見付かっている(79)．

ほかにも，三波川変成帯などのように地下深所で高圧型の変成作用を受けた付加体が，どのような仕組みで地上まで上昇してくるのか，また日本海が誕生したのは何が原因であったのかなど，いまだに解けていない問題が残されていることも事実である(80)．

## 7.6「転向」と「日本列島＝付加体」説の受容

以上のような問題が残ってはいるものの，「日本列島＝付加体」説をめぐる議論は，1990年代初めには収束した．「地向斜造山論」を捨てて，PTを受け入れることを明らかにする研究者が続出したのである．

自ら「転向」を宣言したのは，信州大学教授だった山下昇である．山下は1922年生まれで，東京帝国大学を卒業し，東京大学の助手を長年務め，教授であった小林貞一の「佐川造山輪廻」説を批判する「本州造山運動」という考え方を提唱し，地団研の *Japanese Islands* の基礎を築いた1人である．1968年に信州大学の教授になり，1973年に『地球科学』に発表されたPT批判論文の共著者14人の1人でもあった．その後もPTに懐疑的であった(81)．その山下は1988年，信州大学での退官講義で，「地向斜造山論」を放棄して，プレート構造論に転じることを表明し(82)，集まった多くの卒業生や研究者仲間を驚かせた(83)．

京都大学名誉教授の中沢圭二も，1986年にあった日本地質学会関西支部のシンポジウムで，地質学的現象を説明するのには古典的造山論よりも，PTの方が合理的に説明できる，と明確に述べている(84)．中沢は1921年生まれで，京都帝国大学卒である．中沢が助教授だった1959年に京都大学を定年で退官した槇山次郎の後任人事は難航したが，地団研に所属する学生たちの強力な支援もあって，1962年に中沢が教授に昇任した(85)．1970年代には「地向斜造山論」にもとづいて西南日本の地質を説明してきた．前節で紹介した黒潮古陸説の提唱者の1人でもあった．

また，大阪市立大学教授であった池辺展生も同じシンポジウムで「書きかえられる地史とその問題点」と題する記念講演を行い，自身が関係する高校の地学の教科書を，同年からプレート論に従ったものに改訂したことを明らかにした(86)．

「四万十帯＝地向斜堆積体」説を主張していた紀州四万十帯団研も1986年には，紀伊半島南部の四万十帯がプレートが沈み込んでいる海溝付近で形成された地質体であることを実質的に認め(87)，1991年にはそれが付加体であるといい切った(88)．

PTに批判的な立場を取り続けていた地団研も，1986年の札幌総会でPTを初めて肯定的に取り上げたシンポジウムを開催した(89)．以降，地団研の総会でもPTや付加体説が積極的に取り上げられるようになる．1987年には，地団研のニュース誌『そくほう』に，地団研がPTを批判していたにもかかわらず，何の総括もせずにPTを肯定的に扱うシンポジウムを開くようになったことに対して不満を表明する会員の声が紹介されている(90)．

地団研が1986年から92年にかけて出版した『日本の地質』全9巻にも，研究者の見解の転換ぶりがうかがわれる．このシリーズの刊行は，地団研が1965年に出版した*Japanese Islands*以降，新たな知見が加わったとして，1982年の地団研の総会で決議された(91)．しかし当時，PTによって日本列島の構造発達史を見直そうという動きが起きており，地団研として何らかの統一した構造発達史をまとめることは事実上不可能であると判断された．この結果，全国を9地域に分け，その後新たに判明した記載的事実を中心に各巻をまとめ，それに「地向斜造山論」にもとづく構造発達史と，PTにもとづく構造発達史を両論併記的に述べた章を付け加えることになった(92)．

地方ごとに編集委員会がつくられ，各巻の執筆にはそれぞれの地方の地質に詳しい数十人の研究者が参加した．地方によっては，地団研の会員以外の研究者も加わった．

シリーズの第1冊目は1986年に出版された『関東地方』であった．同書第6章「地質構造発達史の諸問題」を見ると，従来の「地向斜造山論」に立った解釈が中心を占め，関東地方の地質が付加体であるとの解釈も紹介はされているものの，そのほとんどは批判に終わっている(93)．

これに対し2冊目として1987年に出版された『近畿地方』の第8章「近畿地方の地質構造発達史」では，「地向斜造山論」にもとづく解釈も紹介されているものの，PTに立つ付加体説を中心にして書かれており，『関東地方』と逆転した構図になっている(94)．

このシリーズはその後『中国地方』（1987年），『中部地方Ⅰ』（1988年），『中部地方Ⅱ』（1988年），『東北地方』（1989年），『北海道地方』（1990年），『四国地方』（1991年），『九州地方』（1992年）の順に刊行された．各巻の「地質構造発達史」の章を見ると，両論併記の姿勢は貫かれているが，次第に付加体説に重点が移り，1989年以降に出版された4巻では，「地向斜造山論」にもとづいた解釈は歴史的な記述以外には見られなくなった．

こうした事実は，地団研に参加する研究者の大勢も次第に「日本列島＝付加体」説の受容に傾き，1989年時点で多くの研究者が「日本列島＝付加体」説を受け入れていたことを物語っていると解釈できる．

地震，火山，地質構造，地史などの地学現象をPTによって初めて体系付けた教科書も，1986年に出版された(95)．河野長『地球科学入門』(96)と藤井昭二編『現代地学要説』(97)である．2冊とも，地向斜概念は登場しない．これを皮切りに1980年代後半になると，本格的なPTの入門書・解説書が続々出版されるようになる(98)．PTの登場の前には主役だった地向斜やその発展段階説についての記述は，1980年代末には歴史的な記述を除いて消えた．

日本地質学会では1993年，その創設100周年を記念して『日本の地質学100年』を出版した．この本の筆者の多くは地団研の活動に積極的であった人で占められている．しかし，その内容は，PTや「日本列島＝付加体」説を中心にして，その確立にいたるまでの歴史や思い出話で主に構成されている．これに対し，日本地質学会が1985年に発行した論文集『日本の地質学—70年代から80年代へ』では，PTや「日本列島＝付加体」説は批判的に紹介されているだけである．

このように見てくると，「日本列島＝付加体」説は，「地向斜造山論」では解けなかった「変則例」を解決したことによって1986年頃に，日本の地質学界に受容されたといえる．それは同時にPTが受容されることをも意味していた．「日本列島＝付加体」説とPTがほとんど同時に受け入れられたことは，明治以降の日本の地質学が地域主義的・地史中心主義的な性格を強く帯びていたことの現れでもあった．

**参考文献と注**

(1) たとえば，日本地質学会フィールドジオロジー刊行委員会編『付加体地質学』共立出版，2005年，「はじめに」．
(2) 八木健三ほか「第24回万国地質学会議（モントリオール）出席報告」『地質学雑誌』79巻（1973年），130-140頁．

(3) 黒田吉益「国際地層対比計画—IGCP」『日本の地質学100年』日本地質学会，1993年，465-472頁.
(4) 黒田吉益「国際地球内部ダイナミックス計画（GDP）」『日本の地質学100年』（注3），475-478頁.
(5) 水野篤行「日本の海洋地質学と国際共同研究」『日本の地質学100年』（注3），481-484頁.
(6) 奈須紀幸「IPODの諸資料」『海洋科学』11巻（1979年），870-873頁.
(7) 水野篤行「日本の海洋地質学と国際共同研究」（注5），481頁.
(8) たとえば，多喜実「プレートの沈み込みを目で確認」『科学朝日』45巻10号（1985年），64-65頁.
(9) 日本から海外留学する学生が増えたことに対応して，文部省が留学先の大学との単位互換制度を新設し，留学期間を休学扱いにせず，在学年数に加算できるように大学設置基準を改正したのは1972年である.
(10) たとえば，『地質学雑誌』90巻（1984年），853-856頁には，フランス・オレルアン大学から留学した Andre Guidi らの “Finding of Granitic Olistoliths and Pre-Cretaceous Radiolarians in the Northwestern Kanto Mountains, Gunma Prefecture” と題する論文が掲載されている.
(11) Harry H. Hess, “History of Ocean Basins,” in Albert E. J. Engel, Harold L. James, and Benjamin F. Leonard, eds., *Petrologic Studies: A Volume in Honor of A. F. Buddington* (Boulder: The Geological Society of America, 1962), pp. 599-620.
(12) Robert S. Dietz, “Continent and Ocean Basin Evolution by Spreading of the Sea Floor,” *Nature,* **190**(1961): 854-857.
(13) Richard L. Chase and Elizabeth T. Bunce, “Underthrusting of the Eastern Margin of the Antilles by the Floor of the Western North Atlantic Ocean, and the Origin of the Barbados Ridge,” *Journal of Geophysical Research,* **74**(1969): 1413-1420.
(14) Eli A. Silver, “Transitional Tectonics and Late Cenozoic Structure of the Continental Margin off Northernmost California,” *Geological Society of America Bulletin,* **82**(1971): 1-22.
(15) Mark A. Holmes *et al.,* “Seismic Reflection Evidence Supporting Underthrusting Beneath the Aleutian Arc near Amchitka Island,” *Journal of Geophysical Research,* **77**(1972): 959-964.
(16) J. Casey Moore and Daniel E Karig, “Sedimentology, Structural Geology, and Tectonics of the Shikoku Subduction Zone, Southwestern Japan,” *Geological Society of America Bulletin,* **87**(1976): 1259-1268.
(17) Warren Hamilton, “Mesozoic California and Underflow of Pacific Mantle,” *Geological Society of America Bulletin,* **80**(1969): 2409-2429.
(18) このようなフランシスカン層群の特徴は，7.3節で述べる四万十帯のメランジュのそれと似ている.
(19) K. Jinghwa Hsü and Richard Ohrbom, “Mélanges of San Francisco Peninsula: Geologic Reinterpretation of Type Franciscan,” *Bulletin of the American Association of Petroleum Geologists,* **53**(1969): 1348-1367.
(20) K. Jinghaw Hsü, “Franciscan Mélange as a Model for Eugeosynclinal Sedimentation and Underthrusuting Tectonics,” *Journal of Geophysical Research,* **76**(1971): 1162-1170.
(21) John C. Maxwell, “Anatomy of an Orogen,” *Geological Society of America Bulletin,*

**85**(1974): 1195-1204.

(22) たとえば，木村敏雄『日本列島—その形成に至るまで・第2巻（下)』古今書院，1980年，812-813頁.

(23) たとえば，J. Casey Moore, "Complex Deformation of Cretaceous Trench Deposits, Southwestern Alaska," *Geological Society of America Bulletin,* **84**(1973): 2005-2020.

(24) Seiya Uyeda and Akiho Miyashiro, "Plate Tectonics and the Japanese Islands: A Synthesis," *Geological Society of America Bulletin,* **85**(1974): 1159-1170. なお，この論文のもとになったと思われる上田誠也・都城秋穂「プレート・テクトニクスと日本列島」『科学』43巻（1973），338-348頁の参考文献には，ハミルトンやシューの論文はあげられていない.

(25) たとえば，Tokihiko Matsuda and Seiya Uyeda, "On the Pacific-Type Orogeny and Its Model," *Tectonophysics,* **11**(1971): 5-27では，四万十帯で見付かる枕状溶岩などは，プレートの沈み込みに際して海洋底から引きはがされたものかも知れない，との推測が述べられている.

(26) 平朝彦『地質学2・地層の解読』岩波書店，2004年，292頁.

(27) 勘米良亀齢・坂井卓「四万十川層群の形成場は現在の海底ではどのような所に対応するか」『GDP連絡紙Ⅱ-1(1)，構造地質』No. 3（1975年），55-64頁.

(28) 勘米良亀齢・坂井卓「四万十帯北帯と西南日本外縁との地質的構造的対応」『日本地質学会第82年学術大会講演要旨集』，1975年，81頁.

(29) 勘米良亀齢「過去と現在の地向斜堆積体の対応Ⅰ」『科学』46巻5号（1976年），284-291頁．ならびに勘米良亀齢「過去と現在の地向斜堆積体の対応Ⅱ」『科学』46巻6号（1976年），371-378頁.

(30) 勘米良亀齢から泊次郎への私信による.

(31) 勘米良亀齢「地向斜造山論から付加造山論への歩み」『勘米良亀齢先生退官記念論文集・亀齢』記念文集発刊世話人会，1987年，7-8頁.

(32) Takashi Suzuki and Shigeki Hada, "Cretaceous Tectonic Mélange of the Shimanto Belt in Shikoku, Japan," *Journal of the Geological Society of Japan,* **85**(1979): 467-479.

(33) 佐野弘好・勘米良亀齢・坂井卓「四万十帯の緑色岩に伴う堆積物」『地質学雑誌』85巻（1979年），435-444頁.

(34) 土谷信之・坂井卓・勘米良亀齢「九州耳川中流域における四万十帯緑色岩類の産状と岩石学的特徴」『地質学雑誌』85巻（1979年），445-454頁.

(35) Ryuichi Sugisaki *et al.*, "Chemical Compositions of Green Rocks in the Shimanto Belt, Southwest Japan," Journal of the Geological Society of Japan, **85**(1979): 455-466.

(36) 平朝彦「島弧-海溝系における造構作用と堆積体の形成プロセス」『日本地質学会第86年学術大会講演要旨集』，1979年，214頁.

(37) 平朝彦・岡村真・甲藤次郎・田代正之・斎藤靖二・小玉一人・橋本光男・千葉とき子・青木隆弘「高知県四万十帯北帯（白亜系）における“メランジェ”の岩相とその時代」『四万十帯の地質学と古生物学—甲藤次郎教授還暦記念論文集』林野弘済会高知支部，1980年，179-214頁，ならびに，平朝彦・田代正之・岡村真・甲藤次郎「高知県四万十帯の地質とその起源」同上書，319-389頁.

(38) 岡村真・平朝彦「高知県四万十帯の微化石と海洋プレート層序」『日本地質学会第89年学術大会講演要旨集』，1982年，73-74頁.

(39) たとえば，勘米良亀齢「過去と現在の地向斜堆積体の対応Ⅱ」，372頁や，平朝彦・甲藤次郎・田代正之「白亜紀以降西南日本の地史と島弧-海溝系のテクトニズム」『地質ニュース』296号（1979年），27頁など.

(40) 勘米良亀齢「第10章・地質構造とその発達」『岩波講座地球科学第15巻・日本の地質』岩波書店, 1980年, 325-350頁.
(41) たとえば, 平朝彦「日本列島形成の基本的プロセス」『科学』51巻 (1981年), 508-515頁.
(42) 市川浩一郎・波田重熙・八尾昭「中・古生界の微化石層序と西南日本の中生代造構史の最近の諸問題」『地質学論集』25号 (1985年), 1-18頁.
(43) 松田哲夫「コノドントによる丹波地帯北東部の"古生層"層序の再検討」『日本地質学会第82年学術大会講演要旨集』, 1975年, 244頁.
(44) 前島渉・松田哲夫「和歌山県湯浅北方秩父累帯北帯"古生層"からのトリアス紀コノドント化石の発見とその意義」『地質学雑誌』83巻 (1977年), 599-600頁や, 松田哲夫「四国中央部三波川南縁帯石灰質片岩よりトリアス紀中・後期コノドント化石Metapolygnathusの発見」『地質学雑誌』84巻 (1978年), 331-333頁, 松田哲夫「岐阜県赤坂石灰岩からペルム紀型・トリアス紀型コノドント化石混在群集の発見」『地質学雑誌』86巻 (1980年), 41-44頁など.
(45) 八尾昭・水谷伸治郎「放散虫化石の研究と中・古生界層序の再検討」『日本の地質学100年』(注3), 131-137頁.
(46) Yukio Isozaki and Tetsuo Matsuda, "Age of the Tamba Group along Hozugawa Anticline, Western Hill of Kyoto, Southwest Japan," *Journal of Geosciences, Osaka City University,* **23**(1980): 115-134. なお, 磯崎へのインタビューによると, この論文は最初に『地質学雑誌』に投稿したが,「地向斜説に合わない」という理由で, 掲載を拒否されたという.
(47) 中世古幸次郎「放散虫化石の生層序における役割について」『地学雑誌』93巻 (1984年), 508-514頁.
(48) 中世古幸次郎・水谷伸治郎・八尾昭「放散虫化石と日本列島の中生代」『科学』53巻 (1983年), 177-183頁.
(49) 中世古幸次郎・岡村真「四万十帯の放散虫群集の分布と年代」『日本地質学会第89年学術大会講演要旨集』, 1982年, 71-72頁.
(50) 平朝彦・中世古幸次郎・甲藤次郎・田代正之・斎藤靖二「高知県西部の"三宝山層群"の新観察」『地質ニュース』302号 (1979年), 22-35頁. ならびに中世古幸次郎ほか「三宝山帯および美濃帯のトリアス系放散虫について」『日本地質学会第86年学術大会講演要旨集』, 1979年, 238頁.
(51) 八尾昭・水谷伸治郎「放散虫化石の研究と中・古生界層序の再検討」(注45), 136頁.
(52) たとえば, 磯崎行雄・前島渉・丸山茂徳「和歌山県・徳島県秩父累帯北帯先白亜系からのジュラ紀型放散虫化石の産出」『地質学雑誌』87巻 (1981年), 555-558頁. 1981年の日本地質学会学術大会では, 竹村厚司ほか「丹波帯中央部からの三畳紀・ジュラ紀放散虫化石」(講演要旨集154頁), 中谷登代治「愛媛県城川地域秩父累帯の中・上部ジュラ系」(同162頁), 西園幸久ほか「九州球磨山地における中生界層序と放散虫化石群集」(同169頁)」などの発表があった. また, 翌1982年の大会では久田健一郎「関東山地東南部の秩父帯・四万十帯北帯の層序と地質構造」(講演要旨集207頁) や大和田清隆ほか「関東山地多摩川上流秩父帯中のジュラ紀層」(同208頁) などの発表があった.
(53) Shinjiro Mizutani and Isamu Hattori, "Hida and Mino: Tectonostratigraphic Terranes in Central Japan," in Mitsuo Hashimoto and Seiya Ueda, eds., *Accretion Tectonics in the Circum-Pacific Regions* (Tokyo: Terra Sci., 1983), pp. 169-178.
(54) Isamu Hattori and Kimio Hirooka, "Paleomagnetic Results from Permian

Greenstones in Central Japan and Their Geologic Significance," Tectonophysics, **57** (1979): 211-235 など.
(55) 松岡篤「高知県西部秩父累帯南帯の斗賀野層群」『地質学雑誌』90 巻（1984 年），455-477 頁.
(56) Kametoshi Kanmera and Hiroshi Nishi, "Accreted Oceanic Reef Complex in Southwest Japan," in Mitsuo Hashimoto and Seiya Ueda, eds., *Accretion Tectonics in the Circum-Pacific Regions*（注 53), pp. 195-206.
(57) 小澤智生・平朝彦・小林文夫「西南日本の帯状地質構造はどのようにしてできたか」『科学』55 巻（1985 年），4-13 頁.
(58) 久田健一郎・岸田容司郎「関東山地西部の浜平層―ジュラ系－下部白亜系付加体の発達過程」『地質学雑誌』92 巻（1986 年），569-590 頁.
(59) 田近淳・岩田圭示「北海道東部，常呂帯の上部白亜系湧別層群の層序・構造の再検討」『日本地質学会第 93 年学術大会講演要旨集』，1986 年，198 頁．ならびに岡村真・木村学「北海道の白亜紀付加体」同上書，199-200 頁.
(60) 田沢純一「南部北上ナップ」『日本地質学会第 94 年学術大会講演要旨集』，1987 年，598 頁.
(61) 磯崎行雄・丸山茂徳「日本におけるプレート造山論の歴史と日本列島の新しい地体構造区分」『地学雑誌』100 巻（1991 年），697-761 頁.
(62) 磯崎行雄「日本列島の起源，進化，そして未来」『科学』70 巻（2000 年），133-145 頁.
(63) たとえば，今井功・片田正人『地球科学の歩み』（共立出版，1978 年）では「こうしたプレート・テクトニクスによる造山論は，主として第三紀以降の島弧－海溝系の形成機構からの類推であり，それが中生代以前の造山運動にどこまで適用できるかは，まだ検討の余地が多い」（191 頁）と書かれている.
(64) たとえば，木村敏雄「地向斜の概念」『鉱山地質特別号』4 号（1971 年），1 頁.
(65) 紀州四万十帯団体研究グループ「紀伊半島四万十累帯の研究（その 2）―研究の現状と南方陸地の存在に関する一試論」『地球科学』22 巻（1968 年），224-231 頁.
(66) 原田哲朗・徳岡隆夫「黒潮古陸」『科学』44 巻（1974 年），495-502 頁.
(67) 鈴木博之・紀州四万十帯団体研究グループ「紀州四万十累帯の形成過程」『日本地質学会第 89 年学術大会講演要旨集』，1982 年，67-68 頁.
(68) このような反対論はたとえば，木村敏雄「日本の構造発達史とプレートテクトニクス説」『地学雑誌』86 巻（1977 年），54-67 頁や，木村敏雄『日本列島―その形成に至るまで・第 1 巻』古今書院，1977 年，155-156 頁などに見られる.
(69) 寺岡易司「西南日本中軸帯と四万十帯の白亜系砂岩の比較―四万十地向斜堆積物の供給源に関して」『地質学雑誌』83 巻（1977 年），795-810 頁．ならびに寺岡易司「砂岩組成からみた四万十地向斜堆積物の起源」『地質学雑誌』85 巻（1979 年），753-789 頁.
(70) Hiroshi Shimizu and Akimasa Masuda, "Cerium in Chert as an Indication of Marine Environment of Its Formation," *Nature,* **266**(1977): 346-348.
(71) Ryuichi Sugisaki, Koshi Yamamoto, and Mamoru Adachi, "Triassic Bedded Cherts in Central Japan are not Pelagic," *Nature,* **298**(1982): 644-647. ならびに山本鋼志「岐阜県上麻生付近の三畳系チャートの地球化学的研究」『地質学雑誌』89 巻（1983 年），143-162 頁.
(72) 飯島東「造山帯の層状チャートの成因」『地学雑誌』93 巻（1984 年），481-487 頁など.
(73) 松田哲夫・磯崎行雄・八尾昭「美濃帯犬山地域におけるトリアス－ジュラ系の層序

関係」『日本地質学会第87年学術大会講演要旨集』，1980年，107頁．ならびにTetsuo Matsuda and Yukio Isozaki, “Well-Documented Travel History of Mesozoic Pelagic Chert, from Mid-Ocean Ridge to Subduction Zone,” *Tectonics,* **10**(1991): 475-499.

(74) 斎藤靖二「日本列島をつくった深海珪質堆積物」『科学』56巻（1986年），141-145頁．

(75) 堀利栄・樋口靖・藤木徹「付加体層状チャート—化学組成からのアプローチ」『地質学論集』55号（2000年），43-59頁．

(76) 平朝彦『地質学2・地層の解読』（注26），418頁．

(77) たとえば，平朝彦『日本列島の誕生』岩波書店，1990年，122-135頁．

(78) 磯崎行雄・板谷徹丸「四国中西部秩父累帯北帯の先ジュラ系クリッペ—黒瀬川内帯起源説の提唱」『地質学雑誌』97巻（1991年），431-450頁．ならびにYukio Isozaki, “Anatomy and Genesis of a Subduction-related Orogen: A New View of Geotectonic Subdivision and Evolution of the Japanese Islands,” *The Island Arc,* **5**(1996): 289-320.

(79) たとえば，2002年に四国の中央構造線を垂直に横切る約150 kmの測線で行われた反射法地震探査では，深さ約30 kmまでの構造が追跡でき，中央構造線は垂直ではなく，北に緩く傾斜していることがわかった．佐藤比呂志ほか「西南日本外帯の地殻構造—2002年四国－瀬戸内海横断地殻構造探査の成果」『地震研究所彙報』80巻（2005年），53-71頁．

(80) たとえば，木村学『プレート収束帯のテクトニクス学』東京大学出版会，2002年，169-184頁．

(81) 山下は，山下昇「Global Tectonicsへの渇仰」『月刊地球号外』5号（1992年）で「私は，今プレートに乗って旅している人たちの幾人かが以前にそうであったと同様に，プレート懐疑者であった．〔中略〕定年退職のとき転向声明を出したら，昔の教え子たちにうんと恨まれたが，これは仕方がない」（53頁）と書いている．

(82) 山下は，山下昇『フォッサマグナ』東海大学出版会，1995年の裏表紙で自らの略歴を紹介．この中で，この「転向宣言」についても明記している．

(83) 小坂共栄「山下昇先生のご逝去を悼む」『地質学雑誌』102巻（1996年），1082頁．

(84) 中沢圭二「シンポジウム『近畿を中心とする地質学的諸問題』・結言」『日本地質学会関西支部報』100号（1986年），35-36頁．

(85) たとえば，「学園だより」『そくほう』143号（1962年11月）には「昨年から問題になっていた京大地鉱第3講座の教授には，民主的討議の結果，中沢圭二氏がなることとなり，10月1日付で発令されました」（4頁）と書かれている．

(86) 池辺展生「書きかえられる地史とその問題点」『日本地質学会関西支部報』100号（1986年），3-6頁．

(87) 紀州四万十帯団体研究グループ「和歌山県西部中津村周辺の日高川層群美山累層—紀州半島四万十累帯の研究（その11）」『地球科学』40巻（1986年），274-293頁．

(88) 紀州四万十帯団体研究グループ「和歌山県中東部の日高川層群湯川累層・美山累層—紀州半島四万十累帯の研究（その12）」『地球科学』45巻（1991年），19-38頁．

(89) 1986年に札幌で開かれた地団研の第40回総会学術シンポジウムのテーマは「北日本の地質構造発達史—中生代以降の島弧・海溝系の変遷および日高変成帯の形成」．シンポジウムの参考資料として『地団研専報』31号「北海道の地質と構造運動」が総会直前に出版された．この論文集では，収録された31篇の論文のほとんどが，PTや付加体説にもとづいて北海道の地質の形成を論じている．

(90)「広島総会参加者の声」『そくほう』408号（1987年12月），4-5頁．森山義博と名乗る会員は「一時期プレートテクトニクスに対する相当厳しい評価が地団研内で行なわれた．〔中略〕しかし最近総会で行なわれるシンポの中にはどう考えてもプレートテクトニクスを既成の事実として討論が進んでいるようにみえるものがある．そのこと自体は構わないのだが，プレートテクトニクス批判への正面からの批判や決着（現在の段階での正当な評価）をシンポで取り上げたり，討論しているのを私は聞いたことがない」などと不満を述べている．

(91)「東北地方」編集委員会編『日本の地質2・東北地方』共立出版，1989年，337頁．

(92)「近畿地方」編集委員会編『日本の地質6・近畿地方』共立出版，1987年，295頁．

(93)「関東地方」編集委員会編『日本の地質3・関東地方』共立出版，1986年，265-276頁．

(94)「近畿地方」編集委員会編『日本の地質6・近畿地方』(注92)，232-244頁．

(95) 1979年に発刊された『岩波講座・地球科学11・変動する地球II』が，PT全般にわたって日本で最初に書かれた専門書といえるが，教科書と呼ぶにはレベルが高すぎた．

(96) 河野長『地球科学入門―プレート・テクトニクス』岩波書店，1986年．

(97) 藤井昭二編『現代地学要説』朝倉書店，1986年．

(98) この時期に出版された本格的なPTに関する本としては，杉村新『グローバルテクトニクス―地球変動学』東京大学出版会，1987年や，上田誠也『プレート・テクトニクス』岩波書店，1989年などがある．

# 終章　プレートテクトニクスの受容とそれ以降の日本の地球科学

欧米では少数の反対はあったものの，海洋底拡大説やPTは誕生すると間もなく，大部分の研究者に受け入れられた．これに対して日本では地球物理学分野ではPTがすみやかに受け入れられたものの，地質学分野の大部分の研究者にPTが受け入れられるようになったのは1986年頃である．そこには10年以上の差が見られる．

日本の地質学分野ではPTの受容に時間がかかった理由は，結局のところどのように説明されるのか．本章ではこれまでの各章を受け，その結論を述べる．PTが受容された後，日本の地質学界がどのように変わったかについても紹介しておきたい．最後に，この小論では十分に検討できず，今後の課題として残された問題についても触れた．

## 日本の地質学界ではなぜプレートテクトニクスの受容が遅れたのか

第一にあげなければならないのは，日本の地質学が地域主義的・記載主義的・地史中心主義的な性格がきわめて強いものとして成長し，日本の地質学の課題は日本列島の地質発達史の解明にある，と多くの地質研究者が考えていた点である．言い換えれば，地震や火山などのグローバルな地質現象に関心を示す地質研究者が少なかったことである．この点で，グローバルな現象の解明を志向した地球物理学分野とでは決定的な差があった．

PTが登場すると地質学分野では，PTによってそうしたグローバルな現象がどのように説明されるかではなく，PTにもとづけば日本列島の地質の発達史はどのように説明されるか，というPT支持者の側からすればこれから解かれるべき問題が重要視された．地域主義的・地史中心主義的な地質学に慣れ親しんだ多くの研究者にとって，PT は自分たちの研究には直接関係ない理論として映ったし，一部の研究者からは声高な反対があった．そんな状況下で，PT にもとづく日本列島論の形成に携わったのは少数の地質研究者であったから，多くの地質研究者をある程度納得させられる日本列島論をつくり上げるまでには，当然のことながら時間がかかった．

日本の地質学界で PT が受け入れられたのは，日本列島の大部分はプレートの沈み込みに伴ってできる付加体で形成されている，という PT にもとづく日本列島論が形を現したのとほとんど同時であった．こうした日本の特殊性は，日本の地質学が地域主義（日本列島第一主義）的でかつ地史中心主義的なものとして発展したことを，何よりも雄弁に物語っている．

日本の地質学分野のこのような特徴は，明治以降の歴史の中で形成されたものである．明治維新時に日本に本格的に導入された西洋近代地質学に期待された役割はまず，石炭や鉱物資源の調査・開発にあった．続いて，近代国家の基礎になる全国の地質調査事業が加わった．日本の地質学は，明治政府の掲げる「殖産興業」「富国強兵」の方針と結び付き，日本列島の地質を調査・記載するところから出発した．学問としての地質学も，お雇い外国人の手で始まったが，植民地科学としての性格が強く，全国で見付かる珍しい化石や鉱物を記載・報告する研究が中心であった．

お雇い外国人が帰国すると，植民地科学的性格からの脱皮が強く意識され，産出する化石によってその地層の形成された年代を識別し，それを基礎に日本列島の地質構造や成り立ちを論じようとする地史学の研究が盛んになった．

一方，日清戦争前後から日本の海外侵略が始まると，日本の支配する面積は日本固有の領土の何倍にも広がった．そこでの石炭・石油，鉱物資源の調査や地質調査に多くの地質家が動員され，その地域の地質の記載に追われることになった．そこでは日本人による植民地科学が展開された．日本の海外侵略は，記載主義的な日本の地質学の性格をより強めることにもなった．

太平洋戦争開戦直前に発表された小林貞一の「佐川造山輪廻」説は，日本列島の地質の発達史を日本人自らの手で初めて体系的に論じたものであった．それは同時に，戦前の地域主義的・記載主義的・地史中心主義的な地質学の

1つの集大成でもあった．関心はもっぱら日本列島に向けられ，地球の成り立ちや地球全体の地質現象に関係する地球論が議論されることはほとんどなかった．望月勝海が『日本地学史』の中で嘆いたように(1)，これが日本の戦前の地質学の特徴であった．

このような戦前の地質学の状況は，西洋から地質学を導入した後発国にはある程度共通するものである，といえるかもしれない．しかしながら，このような日本の地質学の特徴は，戦後より強化された．戦後の民主主義運動の中から誕生した地団研は，小林の「佐川造山輪廻」説を否定して，新たな日本列島論をつくり上げることに力を注いだ．地団研の名称の由来にもなった団体研究は，地質調査の方法として提案されたものであり，そこでは室内での実験や理論的考察よりも，現場での地質調査が重視された．そして地団研は「輸入地学との対決」を叫んだこともあって，地質学分野では国際化が遅れた．これによって，日本の地質学の地域主義（日本列島第一主義）的，地史中心主義的な性格はより一層強められたと考えられる．

第二にあげなくてはならないのは，1950 年代から 70 年代にかけて日本の地質学界に「地団研体制」とでも呼べるほどの大きな影響力を築き上げた地団研が，PT に対して批判的な態度をとったことである．

地団研は運動体という側面と，学術団体（学会）という側面を兼ね備え，両者が渾然一体となっていたのが特徴である．誕生直後の地団研が運動の中心にすえたのは，日本の地質学界の民主化であった．地団研はそのために，日本地質学会の役員選挙に際して運動し，役員の多数を占めることによって，地質学界の民主化をはかる戦術を採用した．

地団研は学会の一応の民主化が達成された 1950 年代後半以降になっても，役員選挙に際して組織的な運動を続けた．この戦術によって 1980 年代まで常に地団研の関係者が，日本地質学会の役員の過半数を握っていた．そして評議員会や執行委員会の決定などを通じて，学会や大学の人事，科学研究費の配分，学会誌の編集，学会賞の選考などに影響力を行使した．地団研の会員数は 1970 年代半ばには 3000 人を超え，一時は日本地質学会の会員数と肩を並べるまでに成長し，地団研は日本の地質学界を実質的に支配した．

地団研をユニークなものにした団体研究法は，第 3 章で述べたように数々の優れた研究成果を生み出した．その一方で，団体研究法では「グループの世界観や思想の一致」や「選んだリーダーへの絶対服従」が強調されたために，地団研の組織を一枚岩的なものにする上で大きな役割を果たし，団体研究にもとづいた成果が後に誤りであるとわかっても，それを修正するのを難しくした．同時に団体研究法は，その発案者である井尻正二に対する個人崇拝に近いものが生まれるきっかけになり，井尻を取り巻く人々が大きな影響力を持つことにもつながった．「地団研体制」に批判的な言動を行うには，少なからぬ勇気が必要であった，と考えられるのである．

地団研はその一方で，「地質学は地球の発展の法則を探究する歴史科学である」という主張をもとに，小林の「佐川造山輪廻」説などの旧来の学説を批判し，「歴史法則主義」とでも呼ぶべき地質学の新しい学風をもつくりあげた．この背景には，戦後日本で大きな影響力をもった「マルクス主義」からきた「弁証法的唯物論」や「2 つの科学」の考え方が存在した．

歴史法則主義的な地質学では，通時的な地球の発展法則を見付け出すことが目標にされたので，現在地球を支配している共時的な法則を手がかりにして地球の歴史を説明しようとする現在主義の研究伝統としばしば衝突し，それを「物理化学主義」「機械論」などと攻撃した．

歴史法則主義的な地質学が見付け出した唯一の「地球の発展の法則」といえそうなのが，日本独自の「地向斜造山論」である．それはドイツのシュティレらの亜流といえなくもないが，シュティレが地向斜が山脈に発展する力を，地球の冷却・収縮という地向斜の外に求めたのに対し，地向斜が山脈まで成長するのは，地向斜自身の「自己運動」（具体的には花崗岩の浮力）によるとしたのが特徴である．これによって，「地向斜造山論」は他の地球論の力を借りることなく造山運動を説明できるようになり，1 つの地球論としての地位を得ることができた．

地団研の生み出した歴史法則主義的な地質学や「地向斜造山論」は，1965 年出版の *Japanese Islands* と，その一部を改訂して 1970 年に日本語版として出版された『日本列島地質構造発達史』で頂点に達した．それは「地団研体制」の確立をも意味した．海洋底拡大説や PT が登場したのは，ちょうどこの時期であった．

海洋底拡大説やPTは，地球上で起きている地震や火山などのさまざまな地質現象を統一的に説明するものとして誕生した．PTにもとづく地質学は，過去にも現在と同じようなプレート運動が存在したと仮定して，過去に起こった地質現象を解釈しようとする．いずれも，現在主義的な考え方を基礎にしている．PTにもとづく地質学ではまた，造山運動の原因をプレート運動という外力によって説明しようとした．

一方，地団研がつくりだした歴史法則主義的な地質学では，地球の進化の段階によって地球上では異なった法則が存在したと考えられた．この点で，現在と同じ法則が昔もあったとして地球の歴史を再構成しようとするPTにもとづく地質学とは概念的に対立した．「地向斜造山論」では，地向斜自体の「自己運動」によって山脈が形成されると考えた．この点でも，プレート運動という外力によって山脈形成を説明するプレート造山論と概念的に対立した．そして，それ以上に重要であったと思われるのは，PTにもとづく日本列島論は，*Japanese Islands* の主張を根底から否定する内容を含んでいたことである．

さらに地団研は運動体として，戦後間もなく始まった東西冷戦下のイデオロギー対立の下で，旧ソ連で支配的であった「2つの科学」の考え方に従って，親ソ反米路線をとり，日米科学協力に反対した．PTは，米国と英国で誕生したという理由でも批判の対象になった．4.5節で紹介したような「プレートテクトニクスは日米科学協力を背景として生み出された」などというデマが流布されたのは，こうしたイデオロギー的な側面の現れであったと解釈できる．

「地団研体制」の下で，地団研の有力者がPTに反対すると，個人的にPTを受容しようとしても，それが難しい状況が存在したのである．

日本の地質学界ではPTの受容に時間がかかった3番目の理由は，東京大学の地質学教室の木村敏雄を中心にした「佐川造山輪廻」説へのこだわりである．第6章で触れたように東京大学地質学教室でも，久野久や都城秋穂の研究伝統を受け継いだ岩石学講座の久城育夫らは，PTを早い時期に受け入れていた．これに対して木村は，小林貞一によって作られた研究伝統を継承・発展させようとした．その研究伝統は，地向斜ができるとそれが「自己運動」によって山脈に成長するという地団研の「地向斜造山論」とは一線を画していたものの，地域主義・地史中心主義的なものであることには変わりがなかった．木村もグローバルな問題には関心が薄く，現在主義的な考え方には反発し，フィールド調査を重視した．そして木村は，自らの使命を小沢儀明や小林貞一によって築き上げられてきた日本列島の発達史を完成させることにあると考え，それと対立するPTにもとづく日本列島論やその研究を否定し続けた．PTに転向しようとする教え子が現れると，木村は強圧的に抑えつけた，という．第6章で述べたように，木村の在職中は東京大学地学科ではPTに関する講義はなく，PTに関する講義が履修科目に登場するのは1986年からである．東京大学のこのような状況は，日本の地質学界のPTの受容の遅れに少なからぬ影響を及ぼしたと考えられる．

木村は1982年に定年退官したが，後任の教授は永らく空席になっていた．その大きな理由は，木村の教え子の中には，PTにもとづいた地質学を講じるのに適当な人物が見付からなかったためである．その席が埋まったのは，1998年になってからである．後任の教授になった木村学は，北海道大学の出身であった．

日本の地質学界でPTが受け入れられたのは，1980年代半ばをすぎてからであった．それは，日本列島の大部分は地向斜の海に堆積した堆積物によってできたのではなく，プレートの沈み込みに伴ってできた付加体である，と解釈されるようになったのとほとんど同時であった．これには，それまで古生代末にできたと考えられてきた日本列島の骨格部で，中生代のコノドントや放散虫などの微化石が続々見付かるなど，「地向斜造山論」や「佐川造山輪廻」説の主張するところと合わない「変則例」が続々と発見されたことが大きく関係していた．こうした「変則例」に，納得ゆくような説明を与えたのがPTにもとづく地質学，具体的には付加体の考え方を日本列島に適用した研究であった．

このことは「地向斜造山論」などによっては解決が難しかった日本列島の成り立ちという経験的問題を，PTにもとづく地質学が解決したがゆえに，PTが抱える概念的問題は後景に退き，日本でもPTが受け入れられるようになった，と考えられる．と同時に，日本の地質研究者にとっては，グローバルな現象の説明よりも，日本列島の地質の成り立ちをどう説明するかの方が，より重要な問題であると考えられたことをも物語っている．

1970年代には国際交流が盛んになり，国際会議への参加，海外の研究者との共同研究，海外留学などを通じて，多くの地質研究者が，PTをパラダイムとして通常研究を進めている海外の研究者と直接触れ合い，その知識を吸収し，視野を海外に広げたことも，PTの受容を後押しした，と考えられる．

## プレートテクトニクス受容以降の日本の地質学界

長年にわたってPTの受容に抵抗があった日本の地質学界でもPTが受容されたことによって，日本の地質学界は変わった．1つは，日本の地球科学の世界にも1つの支配的なパラダイム，ないしは研究伝統が誕生したことである．これによって，欧米で1970年代初めに起きたのと同じように，これまで別々な研究分野であった地球物理学や地質学の諸分野が，PTを中核にして1つの学問分野に再編成されることになった．

大学では，学科や専攻の再編成が進んだ．九州大学理学部地質学科は，1990年から地球惑星科学科とその名称を変更した．それに続くようにして，多くの大学の地学科や地球科学科も，地球惑星科学や地球環境学科，地球惑星物質科学科などと名前を変えた．2017年3月現在で学科名に「地質」を残している大学は，新潟大学だけである．新潟大学は，地団研の会員も多く，活動が活発な大学であった．

地質学と地球物理学の両方の学科・専攻が存在した東京大学，京都大学，北海道大学，九州大学では，大学院では「地球惑星科学」として専攻が統一された．学部レベルでも，たとえば，東京大学では地球惑星環境科学科と地球惑星物理学科になり，専攻との関連が明確になっている．

もう1つは，学会の再編である．日本地質学会，日本火山学会，日本鉱物学会，日本地震学会，日本測地学会，日本地球化学会などの学会は，別々に学会・総会を開くのが慣例になっていた．ところが1990年春からは，地球科学に関連する学会が合同して学会を開くようになった．地球惑星科学関連学会合同大会と呼ばれる．この合同大会は発展して，2005年には地球科学に関連する学会40余が集まって，日本地球惑星科学連合が結成された．個々の学会ももちろん健在で，秋にはそれぞれの学会が独自の年会を開いている．

このようにして，地質学と地球物理学の垣根は徐々に取り払われ，地球惑星科学という新しい学問分野が成長しつつある．

日本の地質学界の国際化も進んだ．1992年には，地質科学最大の第29回万国地質学会議が京都で開催された．会議には世界各国から約4500人が参加し，プレート境界域で起きる地質現象を中心に約3000の研究が発表された(2)．万国地質会議の日本開催と歩調を合わせて，日本地質学会，日本古生物学会，日本第四紀学会，日本岩石鉱物鉱床学会，資源地質学会が共同で国際雑誌 *The Island Arc* の出版も始めた．この雑誌を舞台にして，プレート収束域である西太平洋地域での研究の国際的な交流をはかるのが，雑誌発行の目的である(3)．PTの受容によって，日本の地質学もようやく国際的な舞台を意識して，研究が進められるようになったのである．

日本地質学会も変わった．地質学会の会長は1950年代初め以降1993年まで，地団研の関係者でほとんど占められてきた．しかし1994年以降は，日本でのPTの受容に際して積極的な態度をとった人が選ばれるようになった．そして，学会の社団法人化に向けて組織や諸規則の見直しが進められ，2004年の総会で法人化を決議した．その過程では以下のように，一部に抵抗も見られた．

日本地質学会は1995年の評議員会で，法人化する方向を打ち出した．それに対して，法人化すると監督官庁からの干渉があり得る，学会の民主的な運営が損なわれる，十分に審議すべきである，などとして反対が起きた．反対の中心になったのは，地団研の古参会員の一部であった．

法人化問題をめぐって日本地質学会と地団研の間で，1997年には紛争が起きた．発端は，地団研の『そくほう』に，日本地質学会の評議員会の傍聴記が掲載されたことに始まる．この傍聴記は，法人化問題に関して「一般の会員が知らないところで，事が動いているようで，いずれにしても，どうも“上からの改革”という感じが否めないのである」などと批判したものであった(4).

これに対して，日本地質学会会長の秋山雅彦が「地質学会評議員会の傍聴記事を『地質学雑誌』ではなく，貴学会の機関誌に載せて，評議員会のあり方を批判するようなことは，両学会の友好関係を損なうものである」と抗議した．地団研会長の川辺孝幸は，抗議を受け入れ，「結果的に内政干渉になってしまった」などとする「おわび」を出した．地団研の事務局も「地団研は，日本地質学会のあり方や方針（例えば法人化問題）に対して，組織的に方針を出して行動しているわけではない，ということをあらためて確認したいと思います」と釈明した(5).

日本地質学会と地団研の間では，この「おわび」で決着がついたが，地団研の内部は収まらなかった．『そくほう』には，おわび問題に関する投稿が続々と掲載され，この問題についての討論会が開催される騒ぎにもなった．投稿には「地質学会に関する議論は地質学会の場で正々堂々とすべきだ」との正論もあったが，「おわび」を出すのは軽率だったと非難する方が多かった(6).

1998年には，「地質学会の民主主義を守る会（準備会）」がつくられ，『5000人のニュース』（以下，『ニュース』と略す）が地質学会会員有志に配られた．『ニュース』は，法人化問題にからんで「日本地質学会の民主的な運営が危惧されている」と訴える内容であった．これに対して『ニュース』を受け取った会員の一人が，『日本地質学会News』の「会員の声」欄で「ある特定の考えを持った会員の集団をつくろうとする〔中略〕，このような会をつくるのはまちがっている」とこうした動きを批判した(7)．これに対して，『ニュース』を発行したグループは「『会員の声』への投稿では，掲載までに時間がかかる」などと反論した(8).

この問題に関しては，日本地質学会の「元会長有志」8人も連名で「執行部の学会運営に対して，会員の間に非公式の批判文書が配布されることは決して望ましいことではありませんが，評議員会や執行委員会はこのような事態にも目を向けて，会則改正を要する重要な案件については，慎重に審議するような配慮を要望する」との要望書を出した(9)．8人はいずれも地団研の会長を経験するなどした地団研の元有力メンバーであり，喧嘩両成敗の形をとりながらも，実質的には法人化にブレーキをかける役割を果たした．

1999年には，国際賞の名称問題が起きた．日本地質学会は1997年から，日本の地質学の発展に貢献した外国人研究者を対象に「国際賞」を新設した．海外のこの種の賞の例に倣って，賞の名称には国際的に知られる研究者名を付けたいとして，会員からその名称を公募した．これに対して，①4.3節で紹介した「対の変成帯」の提唱者・都城秋穂にちなんで「都城賞」とする，②日本の地質調査事業の基礎を築いたナウマンにちなんで「ナウマン賞」とする，の2案の応募があった．日本地質学会の検討委員会は，都城の名前の方がナウマンより国際的に知られているなどとの理由で，「都城賞」にすることに決め，評議員会でもこれが了承された．

これを1999年3月に開かれた日本地質学会の総会で報告，承認を得ることになった．ところが，総会では地団研の事務局員の小林忠夫が発言を求め，「都城賞」にすることは承認できない，と述べた．小林はその理由として，①都城はその著作(10)で地団研を誹謗中傷してきた，②地質学会が都城の名を「国際賞」に冠することは，地質学会が都城の発言を支持することになる，③地質学会と地団研が長年築いてきた友好関係が崩れることを危惧する，などと主張した．これに対して提案者側からは「都城の著作は地質学会とはまったく無関係である」などとの説明がなされた．しかし，挙手による採決の結果，承認する人は過半数に1人達せず，名称問題は評議員会に差し戻された(11)．

地団研は，1970年代には3000人を超えた会員数が1980年代から減少を続け，2006年時点では2000人程度である(12)．会員は高齢化の一途をたどり(13)，たとえば埼玉支部では2003年の総会まで，10年間も学生会員の参加がなかったと伝えられる(14)．地団研総会が定足数に足りず成立しない，という事態も生じるようになり，2001年総会では定足数を「会員数の10分の1」から「15分の1」へと引き下げた(15)．1999年ごろからは，地団研の設立期のメンバーであった井尻正二や舟橋三男，牛来正夫らが次々死去し，『そくほう』誌上では追悼の記事が毎号のように掲載されている．井尻への個人崇拝をやめようという，会員の声も掲載されるようになった(16)．

PTにまつわる歴史問題についての地団研内部の議論の一部が，『そくほう』誌上に紹介されたことがある(17)．議論の舞台になったのは，地団研が2000年につくった「将来構想のための総括委員会」である．その総括委員会がまとめた「中間報告」を叩き台にして，総括委員全体で議論が行われた．

それによると「地団研が組織としてPTに反対や不支持をした事実はない」との公式見解を述べる人もいたが，「しかし，地団研内外に『地団研はプレートに反対している』と捉えていた（誤解していた）人がいることも事実である」「ともかく，地団研ではプレート論の受け入れで，10年くらい遅れたといえるのではないか」との認識は，ある程度共通していたようである．

PTの受け入れが遅れた原因としては「1970年代後半のころ，学生であった自分にとって，地団研内の雰囲気は，『有力会員』が強く反プレートを言い，それには反対できない雰囲気があったのは事実と思う」などと，有力会員が反対したことがあげられた．一方，「『有力会員』に従った事が唯一の原因ではないだろう．〔中略〕プレートテクトニクスに反対する事が地団研らしさであるという風潮があった事，地団研会員の勉強不足，否定の精神の誤った発現なども原因ではないか」との意見も出された．

最後に委員長が「今回の議論で，この問題の受け止め方にかなりの幅が今もあることが出された．しかし，学会が組織としてある学説を支持するとか支持しないということは問題であるという点については全員で確認できた」などと議論をまとめている．

前にも指摘したように，地団研は学会でもあり，運動体でもある．学会としてある特定の学説に対して批判的立場をとるには問題があろうが，運動体としてある学説に対して批判的な立場をとること自体が誤りであるとは考えられない．運動とは何らかの目標や目的を定め，それをこの世に実現しようという性格を持つ．その目標や目的は，何らかの世界観や価値観にもとづいて設定されており，ある学説を評価する場合には，その価値観が入り込むのは避けられないからである．

地団研は，学会としての側面と運動体としての側面が分かち難く結びついていた．PTに対する批判的な言動も，それは運動としての言動なのか，学会としてのものなのかが，明確に区別されたことはなかった．そこに誤解・混乱を生む余地があった．さらに「有力会員のいうことに反対できない雰囲気・体質」にも大きな問題があった，と考えられる．

地団研は2006年に，約60年にわたるその活動を紹介した『地球のなぞを追って―私たちの科学運動』を出版した．この本の中では，「地質学は地球の発展の法則を探究する歴史科学である」というかつての歴史法則主義的な考え方は大幅に弱められ，代わって団体研究の成果が強調されている．かつて地団研にはPTに反対する人が多く，地団研としても批判的態度をとったことについては一言も触れられていない．

終章の「科学運動の未来をきりひらくために」にはこれからの研究課題があげられているが，その中には「この30年ほどの間に広く受け入れられるようになったプレートテクトニクスを，今後，発展させたり，あるいはのりこえるような新しい考え方を提案したりできるように，議論を活発に展開し，地球史のなぞをより一層深く究明していきたいものです」との1節がある(18)．何も知らない若い人たちがこれを読むと，それほどの議論もなく地団研もPTを受け入れてきた，と理解してしまうことであろう．

## 残された課題

本書では，十分に解明できなかったり，言及できなかったりした問題もまた多い．最大の課題は，科学者の運動と科学の学説との関係をどう考えるべきかという問題である．

戦後の日本で，科学運動と学説との関係が問われたもう1つの事件は，第4章で触れたルイセンコ論争である．そこでは，学説上の問題とイデオロギー上の問題がひっくるめて議論され，不毛な論争に終わった(19)．地団研やその中心的な人物によるPTに対する批判も，ルイセンコ論争ほど露骨ではなかったにせよ，運動上の問題と学説上の問題とが混交して議論された．

科学には，一定の自立した論理があり，その論理が特定のイデオロギー・価値観によって無視されれば，科学としての存在価値も失われる．したがって，運動上の問題と学説上の問題は区別して論議することが望ましい．問題は，運動上の問題（政治）と学説上の問題（科学）をどのように分けて議論することが可能かである．科学技術が国家の制度として深く組み込まれてしまっている現代においては，政治と科学の問題を別々に議論することは一層難しくなっているように見える．

本書がPTの受容という側面から地団研に焦点をあてたにすぎないとはいえ，戦後の地質学界を支配した地団研が，なぜ多数の会員を結集することができたかについての説明も不十分である，と考えている．地団研が研究費の配分や大学の人事をどの程度左右していたのか，あるいは，地団研の運動が地質学界以外の当時の社会の動き（たとえば，日本共産党の運動(20)）とどのように結びついていたのかなどについても十分に明らかにできなかった．

もう1つの残された課題は，旧ソ連と中国でPTがどのように受容されたかである．第2章でその受容の時期についての概略は紹介したが，両国ともPTの受容に際しては日本と同じように固有の歴史状況が存在した．そのような状況との関係で，PTがどのように受容されていったのかについては十分な調査・検討ができなかった．こうした点を明らかにして日本のケースと比較すれば，日本でのPTの受容の過程をより一層鮮明なものにすることができただろう，と考えている．

## 参考文献と注

(1) 望月は『日本地学史』（平凡社，1948年）で，たとえば「地質学の當時〔明治中期〕の連中が箕作以来の地質学という名を自分らでもちいながらも多少それに不服で，自分たちの学問を地球学の意味で地学とよんでいたことを，今われらははなはだ深い興味を以てながめる．もしこの意味の地学がそのままつづいていたとしたならば，その後の発達も少しちがったであろうと思われる」（100頁）などと，日本の地質学の地史中心主義的，日本列島第一主義的性格を批判している．

(2) 小出仁「万国地質学会議雑感」『地学雑誌』101巻（1992年），397-399頁．ならびに盛谷智之「大成功をおさめた第29回万国地質学会議」『地学雑誌』101巻（1992年），402-407頁．

(3) Asahiko Taira, Masayuki Komatsu, and Kazuto Kodama, “Editorial,” *The Island Arc*, **1**(1992): 1.

(4) 佐瀬和義「地質学会評議員会傍聴記—法人化の議論について」『そくほう』510号（1997年3月），3頁．

(5)「日本地質学会へのおわび」『そくほう』513号（1997年6月），4頁．

(6) この「おわび問題」をめぐる地団研内部の論争は約1年半続き，1998年の8月の総会で「謝罪の決定は議論が不十分であり，拙速であったが，謝罪は撤回しない」ことで，ようやく決着をみた．

(7) 周藤賢治「『地質学会の民主主義を守る会（準備会)』に思う」『日本地質学会News』1巻1号（1998年），35頁．

(8) 倉林三郎ほか「なぜ『5000人のニュース』を発行したか」『日本地質学会News』1巻4号（1998年），27頁.
(9) 日本地質学会元会長有志「学会運営についての要望書」『日本地質学会News』1巻9号（1998年），24頁.
(10) 小林が問題にした都城の著作とは，1965年から翌年にかけて『自然』に計15回連載された「地球科学の歴史と現状」と，1998年に岩波書店から刊行された『科学革命とは何か』などを指す.
(11) 嶋本利彦「『日本地質学会国際賞』の名称問題が提示したこと」『日本地質学会News』2巻9号（1999年），16-17頁など.
(12) 地学団体研究会『地球のなぞを追って—私たちの科学運動』大月書店，2006年，奥付.『そくほう』や『地球科学』の記事によると，地団研の会員の減少は2006年以降も続いている．しかし，その後の会員数に関する記載はない.
(13) たとえば，神奈川支部・後藤仁敏「40歳以上の会員は奮起しよう」『そくほう』570号（2002年8月），5頁.
(14) 倉川博「久々に大学生が参加—元気もらった埼玉支部総会」『そくほう』579号（2003年6月），5頁.
(15)「この1年が正念場，総括の議論を活発に」『そくほう』560号（2001年10月），1頁.
(16) たとえば，京都支部・志岐常正「井尻さんを想い，井尻正二を否定しよう」『そくほう』544号（2000年4月），5頁．また，『そくほう』567号（2002年5月）に掲載された東京支部・青木斌「3つの具体的提案」には，「井尻さんを偲んだり称えたりする会に地団研として関与することを一切やめよう」（6頁）などと書かれている.
(17)「総括委員会で，議論進む」『そくほう』564号（2002年2月），4-5頁.
(18) 地団研『地球のなぞを追って—私たちの科学運動』（注12），207頁．なお『地球科学』や『そくほう』には，プレートテクトニクスにもとづかない論文やプレートテクトニクスに批判的な意見が，この後にも時折掲載されてる.
(19) 中村禎里『日本のルィセンコ論争』みすず書房（1997年），292頁.
(20) 地団研がプレートテクトニクスに批判的に対応したのに対し，日本共産党は1970年代に入ると，プレートテクトニクスには柔軟に対応した.

# あとがき

日本でのプレートテクトニクスの受容の歴史を記述することは，私の長年の宿願でした．それは，私が生きてきた戦後の日本の社会とはどのようなものであったのかを，検証することにもつながっているからでした．

私が大学に入学したのは1963年です．プレートテクトニクスの前身となる海洋底拡大説が登場した直後でした．翌年秋，理学部の地球物理コースへの進学が決まりました．地球をあちこち駆け巡ってフィールドワークができる，というのが地球物理を選んだ最大の動機でした．

海洋底拡大説を知ったのは，地球物理への進学が決まった直後です．竹内均先生と上田誠也先生共著の『地球の科学—大陸は移動する』が出版されたのでした．そこでは，古地磁気学によって大陸移動説が復権し，大陸移動を起こす原動力としてマントル対流が有力視されていることや，海洋底拡大説の考え方がわかりやすく紹介されていました．大変興奮しました．

4年生（1966年）の竹内先生の授業では，*Science* や *Nature* に掲載された最新の研究論文を読み，地球科学に革命が起きつつあることを実感しました．当時はまだプレートテクトニクスという術語は存在しませんでしたが，私は何の抵抗もなく，プレートテクトニクスの考え方を受け入れたのでした．

プレートテクトニクスに反対する人がいることを知ったのは，朝日新聞社に就職してからです．中でも1973年の出来事は忘れられません．この年は関東大震災の50周年に当たりました．朝日新聞の夕刊社会面には「地震列島」という連載記事が7月16日から8月31日まで計20回掲載されました．私もこの連載の取材・執筆グループの一人に加えてもらったのです．

連載は第1部と第2部に分かれていましたが，第1部の主題になったのは，プレートテクトニクスという新しい理論が登場し，日本列島で起きる地震や火山噴火などの現象を統一的に説明できるようになったという内容でした．その年の6月には根室半島沖地震が起きたこともあって，連載は大きな反響を呼びました．

と同時に，牛来正夫さんや藤田至則さんら地団研に関係したたくさんの方々から，抗議がありました．「プレートテクトニクスというのはまだ仮説の段階にすぎないのに，これが正しい理論だといわんばかりに新聞紙上に紹介するのは，はなはだしく公正さを欠く」という趣旨がほとんどであった，と記憶しています．

1985年のことも忘れられません．私は当時，『科学朝日』という雑誌の副編集長をしていました．1985年6月号で「新大陸移動説」という特集を組んだのです．プレート運動が実際に観測できるようになったことや，「日本列島＝付加体」説が有力になっていることなど，プレートテクトニクスのその後の発展を紹介することが，特集のねらいでした．この特集も好評だったのですが，やはり抗議もきました．牛来さんの地球膨張説や，藤田さんの日本海の陥没説もあるのに，これらを取り上げないのはどうしてなのか，プレートテクトニクスだけがすべてではない，というものでした．

ジャーナリズムの世界ではその10年以上前から，プレートテクトニクスが「常識」になっていました．にもかかわらず，プレートテクトニクスを受け入れようとしない地学関係者が少なくないのをどのように理解すればよいのか，大変困惑しました．以来，その疑問を解くべく，さまざまな人に話を聞くと同時に，資料を集め始めました．

新聞社を辞めて本格的にこのテーマについて研究を始めると，新しい発見がありました．プレートテクトニクスに反対する理由が，それなりに理解できるようになったことです．プレートテクトニクス反対の背景にあった「弁証法的唯物論」や歴史法則主義的な考え方は，当時の社会のあり方に疑問を抱く学生にとって，慣れ親しんだものでした．ベトナム戦争反対運動が高まる中で，被害者意識に寄りかかった戦後の民主主義運動は問い直さねばならない，と感じてはいましたが，基本的人権の尊重を高く掲げた「民主主義」の理念や憲法第9条の理想は，私の中でも依然として輝いていました．

プレートテクトニクスへの反対を不可解に感じたのは，私が地球物理に進んだために地団研の運動やその研究伝統を知らなかったに過ぎないことがわかってきました．地団研の運動が活発であるところに進学していたなら，私も何らかの形で地団研の運動に加わっていたことだろう．そう考えると，それまで「ナンセンス」と思っていた人々が，同時代を生きた身近な存在として感じられるようになってきました．

本書のもととなったつたない原稿を多くの人に読んでもらい，たくさんのコメントをいただきました．批判的なコメントは，2つに分けられます．1つは，「日本の地球科学を遅らせた地団研に対する厳しさが足りない」という批判です．これは，地団研に「被害感情」を抱いている人々からです．もう1つは「昔のことをあげつらって何になるのか」という感想です．これは，主に地団研の活動とともに生きてきた人々からです．同じような感想を抱かれる読者もあることでしょう．

誤解がないよう強調しておきたいのは，私が描いた歴史は，地団研の運動の歴史ではなく，「日本でのプレートテクトニクスの拒絶と受容」というフィルターを通して見たものに過ぎない，という点です．プレートテクトニクスの受容という面では問題があったにしても，それを理由に地団研の運動すべてを否定するつもりは毛頭ありませんし，それは誤りであると，私は考えています．

「科学とはただ1つの真理を求める活動である」と理解している人も少なくないようですが，自然を理解するにはさまざまな解釈がありえます。その解釈には，そのときどきの社会・政治情勢や科学者集団内部の権力・利害関係などさまざまな要素がからんできます．科学とは自然を忠実に模写したものではありえず，科学者集団による社会的な営みとしての側面を持つものなのです．「日本でのプレートテクトニクスの拒絶と受容」というフィルターを通して見えてきたのも，そうした現実の人間味あふれる科学でした．現在進行中の科学もこうした社会的なさまざまな要素がからみ合って営まれていることを，理解して欲しいと思うのです．

20世紀後半を代表する科学史家のクーンの科学革命論は，新しい理論が出現する際，大抵の科学者は旧来の説に固執し，新しい理論に抵抗することを指摘しています．「日本でのプレートテクトニクスの拒絶と受容」の際にも同様の事態が起こったわけです．

もとより，この仕事は私一人の力で成し遂げられたものではありません．

まえがきにも記したように多くの方々の指導・協力の賜物です．とりわけ，佐々木力・東京大学総合文化研究科教授には心から感謝しています．苦難の時代にあったにもかかわらず，懇切丁寧な指導と励ましをいただきました．先生と出会うことがなければ，本書の完成はありえなかったことでしょう．

我が良き伴侶・朝江は，定年を待たずして会社を辞めて研究に専念することを勧めてくれた上に，研究・出版に伴う経済的な負担を喜んで引き受けてくれました．感謝にたえません．

最後になりましたが，東京大学出版会の小松美加さんには，草稿段階から編集・校閲作業にわたるまで大変お世話になりました．深謝します．

本書はもちろん，ひとつの解釈，ひとつの歴史記述に過ぎません．さらに説得力を持った新しい研究が現れることを期待して，筆をおきます．

2008年3月

泊　次郎

# プレートテクトニクス関連年表（1912-1993年）

| | 欧米 | 日本（積極的な反応） | 日本（地団研関係と否定的な反応） | 国内外の社会の動き |
|---|---|---|---|---|
| 1912年 | Wegener：大陸移動説を発表 | | | |
| 1945年 | | | | 終戦，連合国軍日本に進駐 |
| 1946年 | | | 民主主義科学者協会設立 | 普通選挙権にもとづく初の総選挙 |
| 1947年 | | | 地学団体研究会設立 | 新憲法施行 |
| 1948年 | | | 井尻正二，牛来正夫，日本学術会議の会員に当選 | 東條英機ら9人に死刑執行 |
| 1949年 | | | 地団研，民科への合同決める<br>井尻正二『古生物学論』 | 第一次レッドパージ<br>中華人民共和国建国 |
| 1950年 | | | 日本地質学会「平和のための科学を守る決議」採択 | 朝鮮戦争始まる |
| 1952年 | | | 井尻正二『地質学の根本問題』 | サンフランシスコ講和条約発効 |
| 1953年 | | | 湊正雄『地層学』，最初の岩石学論争 | 朝鮮戦争休戦協定 |
| 1955年 | Menard：太平洋で断裂帯発見 | | | 社会党統一，自由民主党結成 |
| 1956年 | Ewingら：海洋地殻の厚さは約7kmと薄い，と発表<br>Bullardら：大西洋中央海嶺上での熱流量が高いことを発見<br>Runcorn：岩石古地磁気による極移動曲線発表 | | 「生越」事件 | フルシチョフ第一書記がスターリン批判演説<br>経済白書「もはや戦後ではない」<br>日ソ国交回復，日本が国連加盟<br>神武景気 |
| 1957年 | Ewingら：地球を取り巻く中央海嶺系を発見 | | 地団研，民科から脱退<br>会員40歳以下の年齢制限撤廃 | ソ連が初の人工衛星「スプートニク」打ち上げ<br>国際地球観測年開始 |
| 1958年 | MasonとRaff：カリフォルニア沖で地磁気異常の縞模様発見を報告 | | 地団研，初めて会長をおく<br>湊正雄・井尻正二『日本列島』 | 1万円札発行，東京タワーが完成，<br>インスタントラーメン発売 |
| 1959年 | | | 『地球科学序説』出版，2度目の岩石学論争 | 皇太子が結婚 |

| | 欧米 | 日本（積極的な反応） | 日本（地団研関係と否定的な反応） | 国内外の社会の動き |
|---|---|---|---|---|
| 1960年 | | 『地震』にマントル対流に関する論文 | | 新日米安保条約調印，国民所得倍増計画 |
| 1961年 | Dietz：海洋底拡大説 | | 放射年代論争，「井尻氏をとりまく7人の侍」事件 | 池田・ケネディ会談で日米科学協力に合意 |
| 1962年 | Hess：海洋底拡大説 | 地震学会春季大会シンポ「海域の地球物理」 | | キューバ危機 |
| 1963年 | Vine と Matthews：地磁気異常の縞模様に関するテープレコーダー・モデル<br>Wilson：大西洋の火山島，中央海嶺からの距離に比例して年代が古い，と発表 | ウィルソン「大陸の漂移」『科学』 | 地団研総会で「日米科学協力反対」を決議 | 米英ソが部分的核実験停止条約に調印<br>日本初の高速道路・名神高速道部分開通<br>ケネディ米大統領，ダラスで暗殺 |
| 1964年 | Bullard ら：南北アメリカ大陸とアフリカ大陸の重ね合わせ | 竹内均・上田誠也『地球の科学―大陸は移動する』 | | 東海道新幹線開業，オリンピック東京大会<br>中国が初の原爆実験 |
| 1965年 | Wilson：トランスフォーム断層のアイデア | | 地団研 *Japanese Islands* 出版 | 米軍機によるベトナム北爆開始，ベ平連結成 |
| 1966年 | Pitman Ⅲ ら：テープレコーダー・モデルを検証 | 杉村新・上田誠也「島弧の活動」地震学会春季大会 | 地団研『科学運動』出版 | 中国文化大革命が本格化<br>ビートルズ来日 |
| 1967年 | MacKenzie と Parker：太平洋プレートのオイラー極と運動方向 | 竹内均・坂田正治「マントル対流論」『地震』 | | 東京都知事に美濃部亮吉当選<br>佐藤首相東南アジア訪問阻止の第一次羽田事件で学生死亡 |
| 1968年 | Morgan：太平洋，アメリカ，アフリカ，南極ブロックのオイラー極と回転角速度<br>LePichon：ユーラシア，インドなど6つのブロックの相対運動 | 上田誠也・杉村新「弧状列島」『科学』に連載<br>竹内均・金森博雄「地震にともなう地殻変動とマントル対流」『地震』 | | パリで学生デモ，「5月革命」<br>ベトナム和平会談始まる<br>東大はじめ全国の大学で学園闘争多発<br>ソ連軍などがチェコに侵入，民主化運動を武力弾圧 |
| 1969年 | MacKenzie と Morgan：三重会合点の幾何学 | 中村一明「島弧のテクトクス―1仮説」日本地質学会総合討論会 | | 東大の安田講堂の封鎖解除<br>米国の宇宙船「アポロ11号」月 |

| | | | | |
|---|---|---|---|---|
| | Hamilton：フランシスカン帯は付加体と主張 | 上田誠也「海底が移動する」『自然』<br>河野芳輝「海洋底拡大説について」『地球科学』 | | 面に着陸 |
| 1970年 | Dewey と Bird：プレート運動による造山帯の生成の説明<br>DSDP の調査結果発表：大西洋で年間2cmの速度で拡大が起きたことを実証 | 茂木清夫「水平変動の解釈について」『地震予知連絡会会報』<br>金森博雄「巨大地震とリソスフィア」地震学会秋季大会<br>文部省，高校指導要領改訂，地学で大陸移動・海洋底拡大説を教えることに（実施は1973年度から） | 地団研『日本列島地質構造発達史』『地学事典』出版<br>湊正雄「日本列島の地質構造に関する諸問題」日本地質学会総会<br>牛来正夫「カルクアルカリマグマの起源説にまつわる2,3の問題」『地質学雑誌』 | アジア初の万国博，大阪で開幕<br>米ソ戦略兵器削減交渉，ウィーンで開始<br>日米安保条約自動延長<br>公害国会で公害関係法14法案可決 |
| 1971年 | | 「世界の変動帯」『科学』に連載開始<br>上田誠也『新しい地球観』<br>Matsuda & Uyeda, “On the Pacific-Type Orogeny” *Tectonophysics* | 木村敏雄「地向斜の概念」『鉱山地質特別号』<br>星野通平「地球の時代区分に関する1つの見解」『そくほう』 | 佐藤内閣，沖縄返還協定に調印<br>環境庁発足<br>ニクソン大統領，ドル防衛策，日本も変動相場制に |
| 1972年 | | 杉村新「日本付近のプレートの境界」『科学』<br>堀越叡「日本列島の造山帯とプレート」『科学』<br>貝塚爽平「島弧系の大地形とプレートテクトニクス」『科学』<br>浅田敏『地震』 | 牛来正夫「大陸移動と火成活動」『地球科学』 | ニクソン訪中，米中共同声明<br>沖縄の施政権返還<br>米ソ戦略兵器削減条約に調印<br>日中国交回復の日中共同声明<br>総選挙で日本共産党38議席獲得 |
| 1973年 | | 上田誠也・都城秋穂「プレート・テクトニクスと日本列島」『科学』 | 井尻正二「地質学における第一法則と第二法則」日本地質学会総会<br>藤田至則他「日本の地質構造からみたプレート・テクトニクスをめぐる諸問題」『地球科学』 | ベトナム和平協定調印<br>金大中事件<br>第4次中東戦争開始，「石油ショック」始まる<br>物価高騰，トイレットペーパーなどの買いだめ騒ぎ |

| | 欧米 | 日本（積極的な反応） | 日本（地団研関係と否定的な反応） | 国内外の社会の動き |
|---|---|---|---|---|
| 1973年 | | | 新堀友行（訳編）『プレート・テクトニクス批判』 | |
| 1974年 | | | 地団研京都総会シンポ「地向斜の諸問題」 | 米ソ ABM 制限条約などに調印 |
| 1976年 | | 勘米良亀齢「過去と現在の地向斜堆積体の対応」『科学』 | 地団研シンポ「日本列島構造発達史の諸問題」 | ロッキード事件で田中角栄前首相逮捕<br>毛沢東死去，江青ら4人組逮捕 |
| 1978年 | | 岩波講座『地球科学』シリーズ配本開始 | 日本地質学会討論会「PT をめぐる諸見解」<br>地団研『みんなで科学を』出版 | |
| 1979年 | | 『地質学雑誌』に「四万十帯＝付加体」説の論文掲載 | | 第二次石油危機 |
| 1985年 | | | 「日本の地質学―70年代から80年代へ」『地質学論集』 | ゴルバチョフ・レーガン会談 |
| 1986年 | | 地団研札幌総会，PT や付加体説を肯定的に取り上げたシンポ開催<br>プレートテクトニクスにもとづく教科書出版 | 地団研『日本の地質3・関東地方』 | |
| 1987年 | | 地団研『日本の地質6・近畿地方』出版 | | |
| 1992年 | | 第29回万国地質学会議，京都で開催 | | |
| 1993年 | | 日本地質学会『日本の地質学100年』 | | |

**参考 1**　地質年代表（米国地質学会のホームページをもとに作成）

| | 代 Era | 紀 Period | | 世 Epoch | 年代（$10^6$年） |
|---|---|---|---|---|---|
| 顕生累代 PHANEROZOIC | 新生代 CENOZOIC | 第四紀 Quaternary | | 完新世 Holocene | 0.01 |
| | | | | 更新世 Pleistocene | 1.8 |
| | | 第三紀 Tertiary | 新第三紀 Neogene | 鮮新世 Pliocene | 5.3 |
| | | | | 中新世 Miocene | 23.8 |
| | | | 古第三紀 Paleogene | 漸新世 Oligocene | 33.7 |
| | | | | 始新世 Eocene | 54.8 |
| | | | | 暁新世 Paleocene | 65.0 |
| | 中生代 MESOZOIC | 白亜紀 Cretaceous | | | 144 |
| | | ジュラ紀 Jurassic | | | 206 |
| | | 三畳紀 Triassic | | | 248 |
| | 古生代 PALEOZOIC | ペルム紀 Permian | | | 290 |
| | | 石炭紀 Carboniferous | | | 354 |
| | | デボン紀 Devonian | | | 417 |
| | | シルル紀 Silurian | | | 443 |
| | | オルドビス紀 Oldovician | | | 490 |
| | | カンブリア紀 Cambrian | | | 543 |
| 先カンブリア時代 PRECAMBRIAN | 原生代 PROTEROZOIC | | | | 2500 |
| | 太古代（始生代）ARCHEAN | | | | 3800(?) |
| | 冥王代 HADEAN | | | | |
| | | 地球誕生 | | | 4560 |

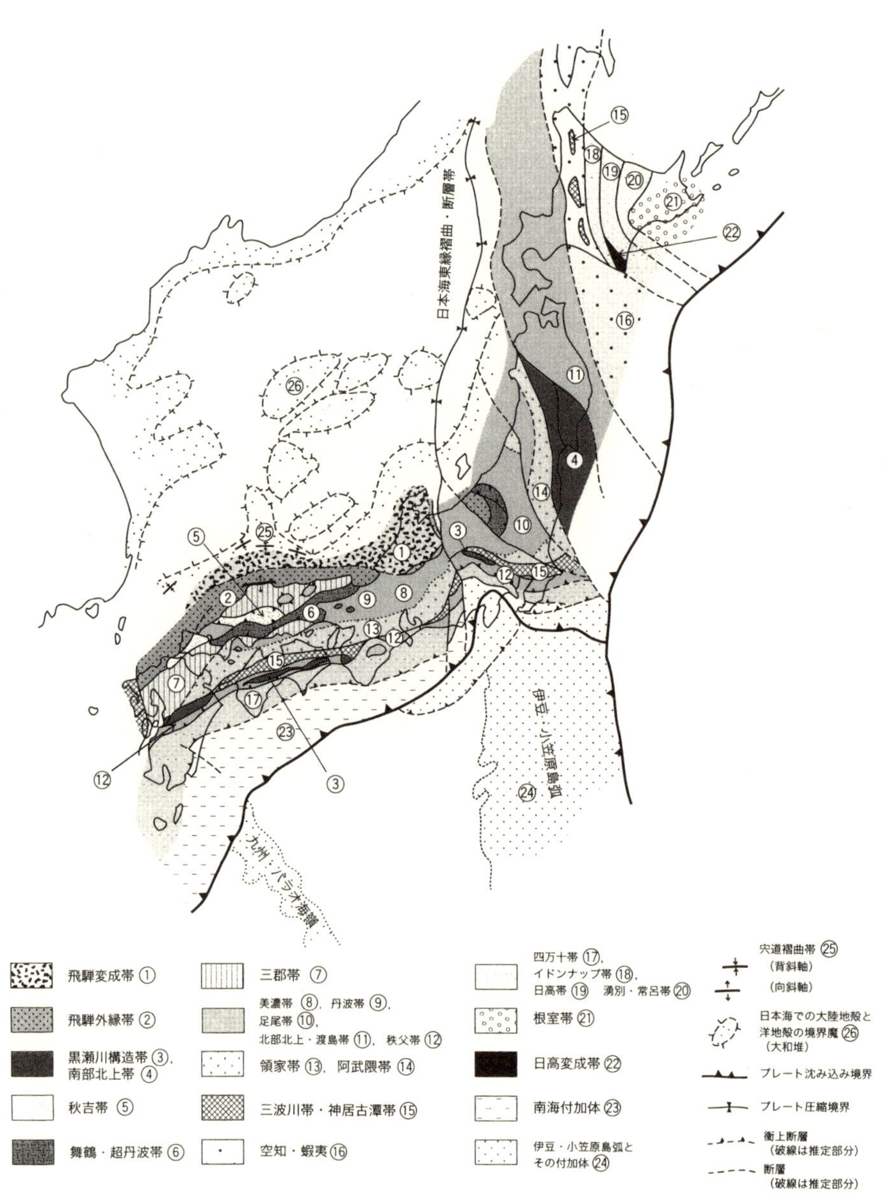


**参考 2**　日本列島の地質帯の区分（平朝彦『地質学 2　地層の解読』岩波書店，2004 年，413 頁より；Asahiko Taira, “Tectonic evolution of the Japanese island arc system,” *Annual Rev. Earth Planet. Sci.*, **29** (2001): 109–134; Reprinted, with permission, from the Annual Review of Earth and Planetary Sciences, **29** ©2001 by Annual Reviews）

# 事項索引

### タ行



### ナ行

### ハ行



### マ行



### ヤ行



### ラ行

# 人名索引

## ア行



## カ行



## サ行

## タ行



## ナ行



## ハ行

### マ行



### ヤ行



### ラ行



### ワ行

## 著者略歴


泊（とまり） 次郎（じろう）

1944年　京都府に生まれる
1963年　京都府立東舞鶴高等学校卒業
1967年　東京大学理学部物理学科地球物理コース卒業，朝日新聞社入社
　科学朝日副編集長，大阪本社科学部長，編集委員などを歴任
2002年　東京大学大学院総合文化研究科科学史・科学哲学講座博士課程入学
2003年　朝日新聞社退社
2007年　上記課程修了，博士（学術）
現　在　東京大学大気海洋研究所研究生
著　書　『地震列島』（共著，1973年，朝日新聞社）
　『都市崩壊の科学—追跡・阪神大震災』（共著，1996年，朝日新聞社）
　『美しい地球を遺す』（共著，1998年，朝日新聞社）
　『はじめての地学・天文学史』（共著，2004年，ベレ出版）
　『日本の地震予知研究130年史—明治期から東日本大震災まで』（2015年，東京大学出版会）



プレートテクトニクスの拒絶と受容—戦後日本の地球科学史　新装版

2008年6月2日　初版発行
2017年5月18日　新装版発行

［検印廃止］

著　者　泊　次郎

発行所　一般財団法人　東京大学出版会

代表者　吉見俊哉

153-0041 東京都目黒区駒場4-5-29
電話 03-6407-1069　FAX 03-6407-1991
振替 00160-6-59964

印刷所　株式会社平文社
製本所　誠製本株式会社




ISBN 978-4-13-060319-5 Printed in Japan